"十二五"江苏省高等学校重点教材

高等职业教育计算机类专业规划教材

ASP.NET（C#）动态网站开发案例教程

第3版

主　编　李　萍　杨文珺

副主编　王得燕

参　编　徐大江

主　审　刘培林

机械工业出版社

本书根据高等职业技术教育的教学特点，结合教学改革和应用实践，以项目任务为载体，全面系统地介绍了在 Visual Studio 2012 集成环境下使用 C#语言进行 ASP.NET 动态网站开发的各种技术。本书涵盖了 ASP.NET 概述、服务器控件、网站设计、页面跳转与状态管理、ASP.NET 数据库编程、ASP.NET 高级应用技术、ASP.NET 应用程序配置与部署、综合案例——产品在线订购系统等方面。

全书引入"校友录系统""图书管理系统""产品在线订购系统"3 个网站开发实例，分别从理论、实训和综合案例的角度介绍动态网站开发技术，并将理论知识融入实际项目任务中。通过工程案例贯穿整个教学体系，由浅入深，由易到难，循序渐进，强调实践性，突出实用性。

本书内容广泛翔实，适用对象广且实用性强，既可作为高职高专计算机专业 WEB 开发课程教材，又可作为自学人员和动态网站编程开发人员的技术参考资料或培训教材。

本书配备丰富的数字化资源，包括电子课件、教学视频、实训、数据库备份文件、习题答案等，学习者可登录机工教育服务网 www.cmpedu.com 下载基本教学资源，也可通过扫描书中二维码观看教学视频等。

图书在版编目（CIP）数据

ASP.NET（C#）动态网站开发案例教程／李萍，杨文珺主编. —3 版.
—北京：机械工业出版社，2019.9（2022.1 重印）
"十二五"江苏省高等学校重点教材 高等职业教育计算机类专业规划教材
ISBN 978-7-111-63891-9

Ⅰ.①A… Ⅱ.①李… ②杨… Ⅲ.①网页制作工具-程序设计-高等职业教育-教材②C 语言-程序设计-高等职业教育-教材 Ⅳ.①TP393.092.2②TP312.8

中国版本图书馆 CIP 数据核字（2019）第 214544 号

机械工业出版社（北京市百万庄大街 22 号 邮政编码 100037）
策划编辑：赵志鹏　　责任编辑：赵志鹏　徐梦然
责任校对：肖　琳　　封面设计：陈　沛
责任印制：李　昂
北京捷迅佳彩印刷有限公司印刷
2022 年 1 月第 3 版·第 3 次印刷
184mm×260mm · 18 印张 · 467 千字
标准书号：ISBN 978-7-111-63891-9
定价：49.80 元

电话服务	网络服务
客服电话：010-88361066	机 工 官 网：www.cmpbook.com
010-88379833	机 工 官 博：weibo.com/cmp1952
010-68326294	金 书 网：www.golden-book.com
封底无防伪标均为盗版	机工教育服务网：www.cmpedu.com

前 言

随着 Internet 技术日新月异的发展，作为其重要组成部分的 Web 应用也日趋广泛。ASP. NET 4.5 作为新一代 Web 开发架构，它的推出在很大程度上提高了动态网站开发人员的工作效率。本书以 ASP. NET 4.5 技术、C#开发语言和 Visual Studio 2012 开发平台为背景，全面介绍动态网站开发的各种技术。

本书是编者根据高等职业技术教育的教学特点，结合多年教学改革和应用实践经验编写而成的。全书采用"项目导向、任务驱动"的组织模式，以实际项目开发为主线，以 20 个工作任务为载体，将"校友录系统"项目的实施与动态网站开发的教学实施结合在一起。基于动态网站的开发过程划分为前 7 章的教学内容，分别是 ASP. NET 概述、服务器控件、网站设计、页面跳转与状态管理、ASP. NET 数据库编程、ASP. NET 高级应用技术、ASP. NET 应用程序配置与部署。编写过程中将各知识点的讲解有机地融合到项目功能模块开发的 20 个工作任务中。每章配有习题和实训项目，以便读者深入地进行学习。

本书在各章实训部分和最后一章的动态网站开发案例中还分别引入"图书管理系统"和"在线产品订购系统"（企业真实项目），从实训和综合案例的角度将 ASP. NET 技术融入实际工程案例中。

本书中的每一个工作任务由完整的项目描述、相关知识、项目设计、项目实施和项目测试 5 个部分组成，自成体系，在实践中可操作性强，易于实施。所有工作任务都有完整的教学视频进行讲解，并配备源码参考文件。

本书遵循读者的认知规律和技能形成规律，尽可能使用通俗易懂的语言，采用图示法、类比法等多种适合读者的讲解形式，由浅入深、循序渐进地介绍各章节内容，尽可能将知识融于形象的案例之中，易于读者学习和掌握，逐步培养读者的学习兴趣。

本书配备丰富的数字化资源，包括电子课件、教学视频、实训、数据库备份文件、习题答案等，学习者可登录机工教育服务网 www.cmpedu.com 下载基本教学资源，也可通过扫描书中二维码观看教学视频。

本书是无锡职业技术学院在线开放课程"web 数据库设计及应用"的配套教材（网址为：https://mooc1.chaoxing.com/course/201014488.html，共 32 讲总时长 1100 分钟）。

ASP. NET 动态网站开发是软件技术、计算机网络技术、计算机应用技术、电子商务技术等专业的一门专业主干课程。通过本课程的学习，学生可以了解基于.NET 平台的 Web 程序架构、运行原理和开发流程；掌握构建系统环境、实现特定界面设计、完成具体功能和处理业务逻辑代码编写、系统配置等动态网站开发技能。本书建议讲解学时为 64~80 学时，64 学时的学时分配如下：

章 节 名	参考学时
第1章 ASP.NET概述	4
第2章 服务器控件	10
第3章 网站设计	6
第4章 页面跳转与状态管理	8
第5章 ASP.NET数据库编程	14
第6章 ASP.NET高级应用技术	14
第7章 ASP.NET应用程序配置与部署	4
第8章 综合案例——产品在线订购系统	4

  本书由无锡职业技术学院李萍、杨文珺任主编，王得燕任副主编，无锡海润软件有限公司软件工程师徐大江参与编写。其中，第1、5、6章由李萍编写、第2、3章由王得燕编写、第4、7章由杨文珺编写、第8章由徐大江根据企业真实项目编写。全书由李萍负责整体设计并完成统稿，无锡职业技术学院刘培林教授任主审。

  本书的编写得到了编者所在院系领导和同事的帮助和大力支持。程载和、许敏、颜惠琴等老师提出了许多宝贵意见并进行了教学模式与教学方法的探讨，在此对他们的工作表示深深的谢意。同时在本书的编写过程中，参考了目前国内外优秀的ASP.NET动态网站开发方面的书籍资料，在此谨向有关作者表示感谢。

  由于编者水平有限，书中错误与不足之处在所难免，敬请广大读者给予批评指正。

编 者

二维码索引

序号	名称	图形	页码	序号	名称	图形	页码
1	BS 结构工作原理		3	11	html 基本结构		24
2	安装 IIS		9	12	广告控件		42
3	iis 的配置		11	13	自定义 web 服务器控件创建		50
4	创建虚拟目录更改发布位置		13	14	工作任务 2		52
5	iis 四种访问方式		14	15	工作任务 3		54
6	安装与注册 .NET Framework		14	16	样式文件		67
7	创建解决方案和项目		15	17	本地化与全球化		68
8	新建页面与页面工作原理		17	18	工作任务 4		70
9	编写 ASP.NET 代码		19	19	工作任务 5		73
10	工作任务 1		20	20	工作任务 6		74

（续）

序号	名称	图形	页码	序号	名称	图形	页码
21	WEB Form 网页执行流程		80	31	工作任务12		150
22	工作任务7		103	32	工作任务13		151
23	工作任务8		104	33	工作任务14		153
24	工作任务9		106	34	构建分层模型框架		164
25	数据库的快速实施		113	35	工作任务15		191
26	数据源控件作用		113	36	工作任务16		205
27	ADO.NET数据访问流程		131	37	工作任务17		208
28	登录的秘密		134	38	工作任务18		209
29	工作任务10		139	39	工作任务19		227
30	工作任务11		147	40	工作任务20		230

目　录

前言
二维码索引

第1章　ASP.NET 概述 ··· 1
1.1　Web 应用开发基础 ··· 1
1.1.1　网页的基本概念 ··· 1
1.1.2　静态网页与动态网页 ··· 2
1.1.3　应用程序结构分类 ··· 2
1.2　ASP.NET 基本概念 ··· 4
1.2.1　.NET Framework ··· 4
1.2.2　Web 窗体 ·· 5
1.2.3　ASP.NET 应用程序 ··· 6
1.2.4　ASP.NET 事件模型 ··· 9
1.3　构建 ASP.NET 开发环境 ··· 9
1.3.1　安装与配置 IIS ··· 9
1.3.2　安装 Visual Studio 2012 ·· 14
1.3.3　安装与注册 .NET Framework ······································ 14
1.4　创建 ASP.NET Web 应用程序 ·· 15
1.4.1　启动 Visual Studio 2012 ··· 15
1.4.2　创建 ASP.NET 网站 ··· 15
1.4.3　新建 ASP.NET 页面 ··· 17
1.4.4　编写 ASP.NET 代码 ··· 19
1.4.5　编译与运行网页程序 ··· 19
1.4.6　发布网页程序 ··· 19
工作任务1　熟悉 Visual Studio 2012 动态网站开发环境 ················· 20
本章小结 ·· 22
习题1 ·· 23
实训1　创建简单的图书管理系统网站 ·· 23

第2章　服务器控件 ·· 24
2.1　基本控件 ··· 24
2.1.1　Label 标签控件 ··· 24
2.1.2　TextBox 文本框控件 ·· 24
2.1.3　Button、ImageButton、LinkButton 按钮控件 ···················· 26
2.1.4　Image 图像控件 ··· 28

2.1.5　HyperLink 超链接控件 …………………………………………………… 28
2.1.6　Panel 控件 ………………………………………………………………… 31
2.1.7　RadioButton 与 RadioButtonList 单选按钮控件 ………………………… 31
2.1.8　CheckBox 与 CheckBoxList 复选框控件 ………………………………… 34
2.1.9　ListBox 列表框控件 ………………………………………………………… 35
2.1.10　DropDownList 下拉式列表框控件 ……………………………………… 38
2.1.11　Table 表格控件 …………………………………………………………… 38
2.2　高级控件 ……………………………………………………………………………… 40
2.2.1　Calendar 日历控件 ………………………………………………………… 40
2.2.2　FileUpload 文件上传控件 ………………………………………………… 41
2.2.3　AdRotator 广告控件 ………………………………………………………… 42
2.3　验证控件 ……………………………………………………………………………… 45
2.3.1　RequiredFieldValidator 控件 ……………………………………………… 45
2.3.2　CompareValidator 控件 …………………………………………………… 45
2.3.3　RangeValidator 控件 ……………………………………………………… 46
2.3.4　RegularExpressionValidator 控件 ………………………………………… 46
2.3.5　CustomValidator 控件 ……………………………………………………… 47
2.3.6　ValidationSummary 控件 …………………………………………………… 48
2.4　用户创建控件 ………………………………………………………………………… 48
2.4.1　用户控件 …………………………………………………………………… 48
2.4.2　自定义 Web 服务器控件 …………………………………………………… 50
工作任务 2　设计校友录系统登录模块界面 ……………………………………………… 52
工作任务 3　设计注册校友信息模块界面 ………………………………………………… 54
本章小结 ……………………………………………………………………………………… 57
习题 2 ………………………………………………………………………………………… 57
实训 2　设计图书管理系统信息录入模块界面 …………………………………………… 58

第 3 章　网站设计

3.1　母版页 ………………………………………………………………………………… 59
3.1.1　母版页的概念 ……………………………………………………………… 59
3.1.2　母版页的设计 ……………………………………………………………… 59
3.1.3　母版页的使用 ……………………………………………………………… 60
3.1.4　嵌套母版页 ………………………………………………………………… 62
3.2　站点导航 ……………………………………………………………………………… 63
3.2.1　Menu 站点导航控件 ………………………………………………………… 63
3.2.2　站点地图 …………………………………………………………………… 64
3.2.3　SiteMapPath 站点导航控件 ………………………………………………… 65
3.2.4　TreeView 站点导航控件 …………………………………………………… 65

3.3 主题与皮肤 …… 66
3.3.1 主题 …… 66
3.3.2 皮肤文件（.skin） …… 66
3.3.3 样式文件（.css） …… 67
3.4 本地化与全球化 …… 68
3.4.1 资源文件 …… 68
3.4.2 本地化处理 …… 69
工作任务 4 设计网站母版页 …… 70
工作任务 5 设计网站导航 …… 73
工作任务 6 设计网站主题与皮肤 …… 74
本章小结 …… 76
习题 3 …… 77
实训 3 设计及美化图书管理系统网站 …… 77

第 4 章 页面跳转与状态管理 …… 79
4.1 页面执行过程 …… 79
4.1.1 Page 对象 …… 79
4.1.2 Web Form 网页执行的流程 …… 80
4.2 页面跳转 …… 82
4.2.1 超链接控件实现页面跳转 …… 82
4.2.2 跨页面发送实现页面跳转 …… 82
4.2.3 浏览器重定向实现页面跳转 …… 83
4.2.4 服务器传输实现页面跳转 …… 84
4.2.5 ASP.NET 页面跳转小结 …… 85
4.3 跨页面传值 …… 86
4.3.1 使用 QueryString 实现跨页面传值 …… 86
4.3.2 使用 Cookie 对象实现跨页面传值 …… 89
4.3.3 使用 Session 对象实现跨页面传值 …… 92
4.3.4 使用 Application 对象实现跨页面传值 …… 94
4.4 ASP.NET 状态管理 …… 97
4.4.1 浏览器端的状态管理 …… 97
4.4.2 服务器端的状态管理 …… 98
4.5 ASP.NET 缓存技术 …… 100
4.5.1 页面输出缓存 …… 100
4.5.2 应用程序缓存 …… 101
工作任务 7 获取用户输入信息和浏览器端环境信息 …… 103
工作任务 8 记录用户访问网站的时间和次数 …… 104
工作任务 9 设计校友录聊天室 …… 106

本章小结 …………………………………………………………………………… 110
习题 4 ……………………………………………………………………………… 110
实训 4　设计图书管理系统留言板 ……………………………………………… 110

第 5 章　ASP.NET 数据库编程 …………………………………………………… 112

5.1　数据源控件 ……………………………………………………………… 112
5.1.1　SqlDataSource 数据源控件 ……………………………………… 113
5.1.2　AccessDataSource 数据源控件 ………………………………… 118
5.1.3　XmlDataSource 数据源控件 …………………………………… 118
5.1.4　SiteMapDataSource 数据源控件 ………………………………… 119

5.2　数据绑定控件 …………………………………………………………… 119
5.2.1　GridView 控件的属性与方法 …………………………………… 120
5.2.2　GridView 控件的基本应用 ……………………………………… 121
5.2.3　GridView 控件的高级应用 ……………………………………… 123
5.2.4　DetailsView 控件 ………………………………………………… 127
5.2.5　Repeater 控件 …………………………………………………… 128
5.2.6　DataList 控件 …………………………………………………… 129

5.3　ADO.NET 数据库访问技术 …………………………………………… 129
5.3.1　ADO.NET 概述 ………………………………………………… 129
5.3.2　ADO.NET 数据访问流程 ……………………………………… 131
5.3.3　常用 ADO.NET 对象的使用 …………………………………… 132

工作任务 10　使用 GridView 控件实现校友录信息浏览 …………………… 139
工作任务 11　使用 DetailsView 控件实现校友详细信息浏览 ……………… 147
工作任务 12　使用 DataList 控件显示校友录班级列表 …………………… 150
工作任务 13　使用 Repeater 控件显示校友录公告栏 ……………………… 151
工作任务 14　使用 ADO.NET 实现信息维护管理 ………………………… 153
本章小结 …………………………………………………………………………… 159
习题 5 ……………………………………………………………………………… 159
实训 5　设计图书管理信息浏览与维护模块 …………………………………… 160

第 6 章　ASP.NET 高级应用技术 ………………………………………………… 163

6.1　分层结构设计 …………………………………………………………… 163
6.1.1　分层结构概述 …………………………………………………… 163
6.1.2　构建分层模型框架 ……………………………………………… 164
6.1.3　模型层中业务实体类的设计 …………………………………… 166
6.1.4　分层结构的用户登录程序设计 ………………………………… 168

6.2　Web 服务 ………………………………………………………………… 173
6.2.1　Web 服务概述 …………………………………………………… 173

  6.2.2 ASP.NET Web 服务体系 …………………………………………………… 174
  6.2.3 构建 ASP.NET Web 服务 …………………………………………………… 175
  6.2.4 使用 Web 服务 ……………………………………………………………… 177
 6.3 ASP.NET AJAX ………………………………………………………………………… 179
  6.3.1 AJAX 概述 …………………………………………………………………… 179
  6.3.2 ASP.NET AJAX 简介 ……………………………………………………… 180
  6.3.3 ASP.NET AJAX 的安装 …………………………………………………… 180
  6.3.4 ASP.NET AJAX 常用控件 ………………………………………………… 181
  6.3.5 ASP.NET AJAX 控件工具包的使用 ……………………………………… 184
 6.4 报表设计 ………………………………………………………………………………… 187
  6.4.1 报表简介 ……………………………………………………………………… 187
  6.4.2 使用报表的一般步骤 ………………………………………………………… 187
 工作任务 15 分层结构的校友录管理程序设计 ……………………………………………… 191
 工作任务 16 使用 Web 服务实现用户登录与用户注册 …………………………………… 205
 工作任务 17 使用 ASP.NET AJAX 优化查询班级通讯录页面 …………………………… 208
 工作任务 18 实现校友信息报表打印 ………………………………………………………… 209
 本章小结 ……………………………………………………………………………………… 211
 习题 6 ………………………………………………………………………………………… 212
 实训 6 图书管理系统的分层开发与 Web 服务的使用 ……………………………………… 212

第 7 章 ASP.NET 应用程序配置与部署 ………………………………………………………… 214
 7.1 配置 Global.asax 文件 ………………………………………………………………… 214
  7.1.1 Global.asax 文件的结构 …………………………………………………… 214
  7.1.2 Global.asax 文件的应用 …………………………………………………… 215
 7.2 配置 Web.config 文件 ………………………………………………………………… 218
  7.2.1 Web.config 文件的结构 …………………………………………………… 218
  7.2.2 使用 Web.config 文件存放常量 …………………………………………… 219
  7.2.3 网站的安全性配置 …………………………………………………………… 222
  7.2.4 Web.config 文件的其他配置 ……………………………………………… 224
 7.3 ASP.NET 应用程序的部署 …………………………………………………………… 225
  7.3.1 使用 Visual Studio.NET 中的发布工具部署 …………………………… 225
  7.3.2 使用 Web 安装项目部署 …………………………………………………… 227
 工作任务 19 网站的安全认证与授权 ………………………………………………………… 227
 工作任务 20 校友录系统部署 ………………………………………………………………… 230
 本章小结 ……………………………………………………………………………………… 234
 习题 7 ………………………………………………………………………………………… 234
 实训 7 图书管理系统的部署与安全性配置 …………………………………………………… 235

第 8 章 综合案例——产品在线订购系统 ………………………………… 236
8.1 开发环境与开发工具 …………………………………………… 236
8.2 系统需求分析 …………………………………………………… 236
8.2.1 总体需求 …………………………………………………… 236
8.2.2 业务分析 …………………………………………………… 236
8.2.3 非功能性需求 ……………………………………………… 237
8.2.4 功能分析 …………………………………………………… 237
8.3 数据结构设计 …………………………………………………… 237
8.3.1 物理模型设计 ……………………………………………… 237
8.3.2 数据字典 …………………………………………………… 238
8.4 系统实现 ………………………………………………………… 242
8.4.1 数据库操作类 ……………………………………………… 242
8.4.2 数据实体类 ………………………………………………… 245
8.4.3 实体操作类 ………………………………………………… 245
8.4.4 产品在线订购系统登录页面 ……………………………… 250
8.4.5 产品在线订购系统主页面 ………………………………… 252
8.4.6 产品在线订购功能实现 …………………………………… 254
8.5 案例开发小结 …………………………………………………… 269

附录 ……………………………………………………………………… 270
附录 A 校友录系统数据表结构 …………………………………… 270
附录 B 常用 HTML 标记 …………………………………………… 272

参考文献 ………………………………………………………………… 275

第 1 章　ASP.NET 概述

随着 Internet 技术的飞速发展，Web 技术的应用日益广泛，微软（Microsoft）公司推出的 ASP.NET 技术融合 Visual Studio 开发环境，使得 Web 开发架构更加高效简捷。许多在互联网上提供服务的大型网站都构建于 ASP.NET 之上，如戴尔网站（www.dell.com）、易趣网站（www.ebay.com）、MySpace 网站（www.myspace.com）以及微软公司的网站（www.microsoft.com）等。在构建一个能同时处理数千个并发请求的高交互性网站时，ASP.NET 已成为众多动态网站编程人员的首选。本章将从 Web 应用开发和 ASP.NET 基础知识入手，介绍 Web 应用程序结构、ASP.NET 运行环境等，并应用 Visual Studio 2012 创建完成一个 ASP.NET 的 Web 应用程序。

理论知识

1.1　Web 应用开发基础

1.1.1　网页的基本概念

1. 网页

浏览者输入一个网址，在浏览器中看到文字、图片、超级链接、动画、表单、音频、视频等内容，而承载这些内容的就是网页。实际上，网页是一个纯文本文件，它存放在某一台计算机中，而这台计算机与互联网相连，通过浏览器，任何一台机器都可以来浏览这个文件。

2. 网页开发标准

网页文件必须符合一定的开发标准才能让任何一台计算机都能浏览到，HTML（HyperText Markup Language，超文本标记语言）就是这样的标准。"超文本"是指页面内可以包含图片、链接、音视频、程序等非文字元素。一个网页无论样式多么复杂，都是由 HTML 语言编写出来的。浏览器将 HTML 语言"翻译"过来，并按照定义的格式显示出来，转化成网页。XHTML（Extended HyperText Markup Language，扩展超文本标记语言）是替代 HTML 的一种新标准，它兼容 HTML，比 HTML 更严密，而且可以向 XML 过渡。

3. 网站

网站是指在互联网上根据一定的规则，使用 HTML 等工具制作的用于展示特定内容的相关网页的集合。网站是一种通信工具，人们可以通过网站来发布自己想要公开的资讯，或者利用网站来提供相关的网络服务。网站由域名、服务器空间、网页 3 部分组成。网站的域名就是在访问网站时在浏览器中输入的网址，多个网页由超链接联系起来，上传到服务器空间中供浏览器访问。

4. 首页

当在浏览器的地址栏中输入网址，而未指向特定目录或文件时，通常浏览器也会打开网站的第一个页面，即首页。大多数首页的文件名是 index、default 或 main 加上扩展名。

5. HTTP

HTTP 即超文本传输协议，其设计的最初的目的是为了提供一种发布和接收 HTML 页面的方法。它定义了信息如何被格式化、如何被传输，以及在各种命令下服务器和浏览器所采取的响应。HTTP 是目前互联网上应用最为广泛的一种网络协议，所有的 Web 文件都必须遵守这个标准。

6. 浏览器

浏览器是指可以显示网页服务器或者文件系统的 HTML 文件内容，并让用户与这些文件交互的一种软件。网页浏览器主要通过 HTTP 与网页服务器交互并获取网页，是最常用的客户端程序。常见的网页浏览器包括微软的 Internet Explorer、Mozilla 的 Firefox、Apple 的 Safari 以及 Opera 等。

1.1.2　静态网页与动态网页

1. 静态网页

静态网页是指网页文件中没有程序代码、只有 HTML 标记的网页，通常该类网页文件的扩展名为 .html、.htm、.xml 等。静态网页是以文件形式（每个网页为一个独立文件）保存在 Web 服务器中供用户浏览使用的。静态网页的内容相对稳定，因此较容易被搜索引擎检索。但是由于静态网页没有数据库的支持，所以静态网页的交互性、维护性较差。

访问浏览静态网页的流程如下：在浏览器地址栏中输入静态网页的网址后，向服务器端提出浏览网页的请求；服务器端接到请求后找到要浏览的静态网页文件，然后发送给客户端显示。

2. 动态网页

动态网页是指网页中既有 HTML 标记又有程序代码的网页。动态网页文件的扩展名为 .asp、.aspx、.jsp、.php 等。动态网页与网页上的各种 Flash 动画、滚动字幕等视觉上的"动态效果"没有直接关系。判断是否为动态网页不是看网页是否有动态效果，而是判断程序是否在服务器端运行。

动态网页是以数据库技术为基础，可以将用户数据保存到数据库中（如教师网上录入学生成绩），也可以根据用户要求从数据库查询所需数据（如学生网上查询成绩）。

访问浏览动态网页的流程如下：在浏览器地址栏中输入动态网页的网址后，向服务器端提出浏览网页的请求；服务器端接到请求后首先找到要浏览的动态网页文件，然后根据动态网页的执行条件动态产生网页（如为每位学生提供其自身的成绩单），最后将产生的网页发送给客户端显示。

1.1.3　应用程序结构分类

1. 客户端/服务器体系结构（C/S 结构）

客户端/服务器体系结构采用服务器与工作站通过局域网连接的结构方式，数据库应用系统软件分成客户端（应用程序）与服务器端（SQL 程序），如图 1-1 所示。客户端工作站运行用户的应用程序，服务器端运行数据库管理程序。客户端与服务器端通过网络连接，客户端工作站将数据处理请求通过网络发给服务器，由数据库中的管理程序在服务器中完成数据处理工作，然后将结果返回给客户端，如医院、学校、财政局等企事业单位的内部管理系统均采用 C/S 结构。

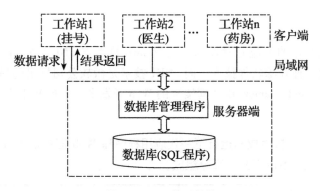

图 1-1　C/S 体系结构

2. 浏览器/Web 应用服务器/数据库服务器体系结构（B/S 结构）

浏览器/Web 应用服务器/数据库服务器体系结构采用 Web 浏览器（如 IE 浏览器）作为客户端应用软件，采用网页发布软件（如 IIS）为 Web 应用服务器，再加上数据库服务器（如 SQL Server），有人将它简称为浏览器/服务器（Browser/Server，B/S）结构，如图 1-2 所示。由于几乎每台计算机都安装 Web 浏览器，因此对于用户来说，B/S 结构的数据库应用系统不需要安装任何应用软件即可使用，极大地方便了用户，因而得到了广泛的使用。B/S 结构是互联网技术与数据库技术有机结合的产物，当前数据库应用系统的开发大都采用这种结构。ASP.NET 正是用于开发 B/S 体系结构的应用程序。

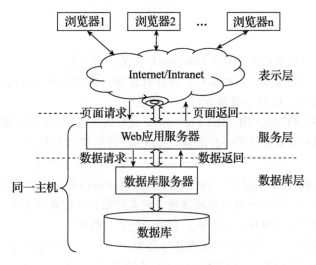

观看视频

图 1-2　B/S 体系结构

这里 Web 应用服务器是用于存放网页界面与程序代码的服务器，供用户通过域名浏览访问网页内容。常用的 Web 服务器软件有微软公司的 Internet 信息服务器（IIS）和 Apache Web 服务器等。

用户使用浏览器通过 Internet 向 Web 应用服务器发出页面请求，Web 应用服务器对用户页面请求进行处理。若是静态请求则直接将静态页面返回给用户浏览器，供用户浏览阅读。若是动态请求，则将数据请求（SQL 语句）发送给数据库服务器，并由数据库服务器从数据库取出所需数据，通过 Web 应用服务器将数据与动态页面返回给用户浏览器，供用户阅读。

1.2 ASP.NET 基本概念

目前各软件公司采用的主流开发技术主要有 Java 技术与.NET 技术两种。Java 技术是以 Sun 公司为主开发的一种开源软件技术,而.NET 技术是微软公司推出的另一种软件技术,其中 ASP.NET 是基于.NET Framework(框架)的 Web 开发平台,是 Web 开发主流技术之一。

1.2.1 .NET Framework

.NET Framework 是支持生成和运行下一代应用程序和 Web 服务的内部 Windows 组件,其结构如图 1-3 所示,主要由以下几个部分组成。

C#.NET	VB.NET	C++.NET	J#.NET	
公共语言规范(Common Language Specification,CLS)				Microsoft Visual Studio 开发环境
ASP.NET Web Service｜Web Form		Windows Forms	控制台	
ADO.NET 和 XML				
.NET Framework 类库				
公共语言运行库(Common Language Runtime,CLR)				
Windows 操作系统				

图 1-3 .NET Framework 结构

1. 公共语言运行库

公共语言运行库(CLR)是.NET Framework 的基础及运行环境,负责运行和维护程序代码,包括代码编辑、代码编译、代码执行、内存管理等,符合通用语言规范(CLS)的任何语言都可以在 CLR 上运行。CLR 主要负责以下几种工作:

1)创建与执行托管代码。用.NET Framework 编写的代码就是托管代码,它在 CLR 的控制下运行。用户可根据自身情况选择一种语言(如 C#语言)进行软件开发,开发完的程序被编译成中间语言(MSIL),最后由.NET Framework 转换成机器代码供执行。

2)自动内存管理。CLR 提供了一种使程序员只需申请内存而不管释放内存的自动内存管理机制。CLR 后台有一个专门的垃圾回收线程,它会按照自己的算法不定时地检查它托管的内存,如果发现没有引用的对象在占据内存,它就会把内存收回。

3)跨语言的互操作性。跨语言的互操作性是指用一种语言编写的代码同用另一种语言编写的代码进行交互操作的能力。.NET Framework 的通用语言规范(CLS)支持多种语言(VB、C#、C++等)的互操作性。

2. .NET Framework 类库

.NET Framework 的另一个主要组件是类库,它是一个综合性的面向对象的可重用类型集合,可以使用其开发多种应用程序。这些应用程序包括传统的命令行(控制台应用程序)或图形用户界面(Windows 窗体),也包括基于 ASP.NET 所提供的最新的应用程序(如 Web 窗体、XML Web Services、Windows 服务)。

.NET Framework 类库是.NET Framework 面向所有.NET 语言提供的一个公共的基础类库。各个类包含了多个方法、属性和其他成员。利用这些类与对象,可以快速构建各种应用程序。常见的类库有以下几种。

1）System 类：提供基本服务，如输入/输出、文本处理、底层服务等。
2）Data 类：提供数据库处理。
3）XML 类：提供 XML 文件处理。
4）Web 类：用于完成用户与 Web 程序交互处理。
5）Windows Forms 类：提供桌面应用程序服务。
6）Drawing 类：提供图形、字体等处理。

3. ADO.NET 和 XML

ADO.NET 提供一些可与数据库运行交互的类，实现前台应用程序与后台数据库之间的连接访问。XML 操作类用于启动 XML 数据的操纵、搜索和转换。

4. ASP.NET

ASP.NET 是一种网页开发平台，包括 ASP.NET 页框架、Web 窗体、ASP.NET 应用程序、XML Web 服务、配置和部署等。可以用 ASP.NET 的多种控件与 VB.NET、C#.NET 等语言开发 Web 应用程序，如网上聊天室、BBS 论坛、电子商务、网上教学资源库等。有关 ASP.NET 具体内容将在后面的章节中重点介绍。

5. 公共语言规范

.NET 技术允许用户使用多种语言编写程序，主要有 VB.NET、C#.NET、C++.NET、J#.NET 这 4 种，其中最为流行的是 C#.NET。由于.NET 技术允许用户使用多种语言编写程序，为此，微软提供了一套公共语言规范（CLS），使上述 4 种语言都能在公共语言运行库上运行。

1.2.2 Web 窗体

Web 窗体由窗体设计器、编辑器、控件和调试等组成，使开发人员能用可视化方法设计动态页面，编写事件驱动程序，并能将应用程序的窗体控件与事件转换为 HTML 页面，使 Web 窗体页在任何客户端的浏览器上均可运行并显示页面，从而极大地提高了程序的开发效率。

1. Web 窗体页

Web 窗体页由以下两部分组成。

1）视觉元素：HTML、服务器控件、静态文本等，存放在.aspx 文件中。
2）页面事件驱动程序：存放在.aspx.cs 文件中（如采用 C#语言）。

当浏览器请求访问一个.aspx 文件时，Web 窗体将被 CLR 编辑器编译，当用户再次访问该页面时，CLR 会直接执行编译过的代码。

2. Web 页代码模式

ASP.NET 提供两个用于管理视觉元素和页面事件驱动程序的模型，即单文件页模型和代码隐藏页模型。

在单文件页模型中，页的标记及编程代码位于同一个.aspx 文件中，编程代码位于具有 Runat = "Server" 的 Script 块中。

在代码隐藏页模型中，可以在.aspx 文件中保留标记，在另一个文件中保留编程代码，代码文件的扩展名会根据所使用的编程语言而有所不同，如 C#代码文件的扩展名为.aspx.cs。

在运行时，这两种模型以相同的方式执行，没有性能上的差异。因此，页模型的选择取决于其他因素。在代码不多的页面中，采用单文件页模型较为方便；包含大量代码或多个开发人员共同创建网站时，使用代码隐藏页模型较为常见。

3．Web 窗体页面的执行过程

（1）ASP．NET 页框架初始化

在此阶段将引发 Page．Init 事件，并还原该页控件视图状态、属性、回发数据。

（2）用户代码初始化

在此阶段将引发 Page_Load 事件，使用 Page．IsPostBack 属性可检查是否第一次调用该页。若是首次调用则初始化数据，进行数据绑定等。

（3）验证阶段

在此阶段将对服务器控件进行 Validate 方法的验证，如用户登录时，用户名是否为空的验证。

（4）事件处理阶段

在此阶段将调用事件驱动程序，处理不同的事件，如单击"统计"按钮，调用"统计"按钮的事件驱动程序执行数据统计工作。

（5）清除阶段

在此阶段将调用 Page_Unload 事件，执行最后的清除工作，如关闭文件、关闭数据库连接、放弃对象、回收占用的资源等。

1.2.3 ASP．NET 应用程序

1．ASP．NET 应用程序的工作环境

（1）．NET Framework

若要使用 ASP．NET，在承载 ASP．NET 网站的计算机上必须安装．NET Framework。本书中安装使用的是．NET Framework 4.5。

（2）代码编辑器

1）文本编辑器（记事本等）：编写 Web 应用程序的．html、．aspx、．aspx．cs 及类文件等。

2）MicroSoft Visual Studio：提供集成开发环境，用于创建 HTML 标记文档（．aspx）、编写事件驱动程序（．aspx．cs）。本书中使用的是 MicroSoft Visual Studio 2012。安装 Visual Studio 2012 时会自动安装．NET Framework 4.5。

（3）Web 服务器

将 Web 应用程序存放到 Web 服务器的子目录或虚拟目录中，用户向 Web 服务器提出页面请求，若是静态网页则直接将页面返回给用户，若是动态网页则向数据库服务器提出数据请求，数据库服务器将数据返回 Web 服务器，由 Web 服务器将动态网页返回给用户。本书使用的 Web 服务器是微软公司的 Internet 信息服务器（IIS）。

使用 Visual Studio 2012 时，可使用 ASP．NET Development Server 来测试 ASP．NET 网页，但其只能在本地运行。如果想进行远程访问，则必须安装 IIS。如果安装 NET Framework 4.5 后才安装 IIS，则必须使用 Aspnet_regiis．exe 实用工具在 IIS 中注册使用 ASP．NET。

2．ASP．NET 应用程序的结构

（1）默认主页

可以为 ASP．NET 应用程序创建默认页，如可以创建名为 Default．aspx 的页面，并将其保存在站点的根目录中。可以将 Default．aspx 页作为站点的首页，用户输入 IP 地址后，IIS 将把 Default．aspx 作为默认主页，并由主页重定向到其他页。

(2) ASP.NET 应用程序的文件夹

在 ASP.NET 网站创建的 Web 站点中有一个空的 App_Data 文件夹，除此之外，在 Web 站点中还可能包括其他一些特殊的文件夹。这些文件夹都具有特殊功能，不允许在应用程序中随意创建同名文件夹，也不允许在这些文件夹中添加无关文件。表 1-1 中列出了每个文件夹的作用。

表 1-1 ASP.NET 应用程序的特殊文件夹

文件夹	存放文件类型	描述说明
App_Browsers	.browser	包含用于标识个别浏览器，并确定其功能的浏览器定义文件
App_Code	.cs、.vb、.xsd	自定义的文件类型。当对应用程序发出首次请求时，ASP.NET 将编译该文件夹中的代码，该文件夹中的代码在应用程序中自动地被引用
App_Data	.mdb、.mdf、.xml	包含应用程序的数据文件。另外，ASP.NET 2.0 以后还使用 App_Data 文件夹来存储应用程序的本地数据库文件 ASPNETDB.mdf，该数据库可用于维护成员资格、角色、用户配置等信息
App_GlobalResources	.resx、.resources	包含在本地化应用程序中以编程方式使用的资源文件
App_LocalResources	.resx、.resources	包含与应用程序中的特定页、用户控件或母版页相关联的资源
App_Themes	.skin、.css	包含用于定义 ASP.NET 网页和控件外观的文件集合
App_WebReferences	.wsdl	包含用于生成代理类的 .wsdl 文件，以及与在应用程序中使用 Web 服务器相关的其他文件
Bin	.dll	包含要在应用程序中引用的控件、组件或其他代码的已编译程序集

除了上述 ASP.NET 的特殊文件夹之外，开发者还可以定义表 1-2 所示的一些的文件夹来存储特定的文件。

表 1-2 ASP.NET 中的自定义文件夹

文件夹	存放内容
Model	存放分层开发中模型层的类文件（如 .cs 文件）
Dal	存放分层开发中数据访问层的类文件（如 .cs 文件）
Bll	存放分层开发中业务逻辑层的类文件（如 .cs 文件）
Imags	存放图标文件（如 .jpg、.gif、.bmp 等文件）
Controls	存放自定义用户控件（如 .ascx、.ascx.cs 等文件）

3. ASP.NET 应用程序文件的类型

ASP.NET 应用程序（网站文件）有许多文件类型，大多数 ASP.NET 文件类型可用 Visual Studio 2012 中的添加新项自动产生。对于网站开发人员而言必须清楚网站文件的类型与含义。表 1-3 列出了 ASP.NET 管理的文件类型。

表1-3 ASP.NET 管理的文件类型

文件类型	说 明
.sln	解决方案文件
.csproj、.vbproj	应用程序项目文件
.cs、.vb	ASP.NET 程序文件（Web 窗体事件驱动源代码程序）
.resx、.resources	应用程序资源文件
.rpt	水晶报表文件
.mdb	Access 数据库文件
.mdf	SQL Server 数据库文件
.dll	已编译的类库文件
.config	应用程序配置文件
.aspx	ASP.NET 页面文件（Web 窗体的 HTML 标记文件）
.master	母版页文件
.sitemap	站点地图文件
.skin	外观（皮肤）文件
.ascx	用户控件文件
.complie	预编译文件
.asmx	XML Web Services 文件
.asax	Global 文件
.axd	跟踪查看文件
.browser	浏览器定义文件（用于标识客户端浏览器的启用功能）
.cd	类关系图文件

4. ASP.NET 应用程序的执行

ASP.NET 应用程序的编译与执行过程如图1-4 所示。

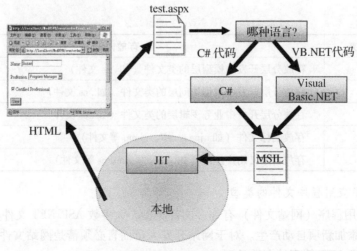

图1-4 ASP.NET 编译与执行过程

在浏览器中，当一个.aspx文件第一次被请求时，Web Form页将被CLR编译器编译。此后当再次访问这个页面时，由于页面已被编译过，CLR会直接执行编译过的代码。ASP.NET是一次编译多次执行。

1.2.4 ASP.NET事件模型

ASP.NET提供了多种不同的对象，这些对象可以帮助开发者快捷地开发Web应用程序。例如，它提供了一个可编程的Page对象，可以用来写入代码以控制Web页面。而且，它也提供了许多可编程控件（如Button对象、TextBox对象等）来帮助构建Web应用程序用户界面。许多ASP.NET对象都可以编写事件驱动程序，从而实现需要执行的操作。ASP.NET提供了灵活的框架以多种方式来处理事件。

1. 默认事件

ASP.NET对象通常公开一个指定事件，该事件被指定为默认事件。例如，Click事件是Button对象的默认事件，TextChanged事件是TextBox对象的默认事件。

2. 非默认事件

除了默认事件以外，很多ASP.NET对象还公开其他事件，这些事件称为非默认事件。例如，Command事件是Button对象的非默认事件。

3. 事件参数

每一个事件都有两个与之关联的特定参数。第1个参数为Object类型的参数（通常命名为sender）是引发事件的对象，以及包含任何事件特定信息的事件对象。第2个参数通常是EventArgs类型（通常命名为e），它包括事件所包含的信息。对于某些控件第2个参数有特定的类型。例如，Button对象的Command事件的第2个参数是CommandEventArgs类型，ImageButton对象的Click事件的第2个参数是ImageClickEventArgs类型。

4. 事件连接

事件连接是当对象引发事件时，ASP.NET用来确定调用哪一个事件方法的机制。默认情况下，.aspx页面的AutoEventWireup属性为true。这个参数指明ASP.NET页面将自动查找和绑定事件，这些事件方法具有预定义的方法名称和事件参数。

1.3 构建ASP.NET开发环境

1.3.1 安装与配置IIS

IIS（Internet Information Server，互联网信息服务）的主要功能是响应用户请求，将浏览网页内容回传给用户浏览器，管理及维护Web站点、FTP站点，设置SMTP虚拟服务器等。

1. 安装IIS

1）在Windows 7操作系统界面上选择"开始"→"控制面板"→"程序"命令，打开"程序和功能"窗口，如图1-5所示。

2）单击对话框左边的"打开或关闭Windows功能"命令，弹出"Windows功能"对话框，找到"Internet信息服务"功能，按照实际开发需要勾选相应的功能，如图1-6所示。

观看视频

3）安装完成后，在Windows 7操作系统界面上打开"管理工具"，可以看到Internet信息服务（IIS）管理器，如图1-7所示。

图 1-5 "程序和功能"窗口

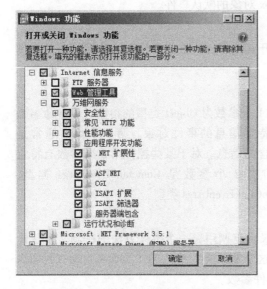

图 1-6 "Windows 功能"对话框

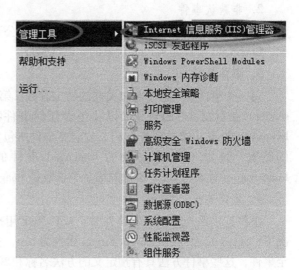

图 1-7 管理工具中的查看 Internet 信息服务（IIS）管理器

4）双击"Internet 信息服务（IIS）管理器"，进入 IIS 管理界面。如果经常需要使用 IIS，建议鼠标指针指到"Internet 信息服务（IIS）管理器"上，单击右键，在弹出的快捷菜单中选择"发送到"→"桌面快捷方式"命令，这样就能从桌面快速地进入 IIS 管理器。

5）在 IIS 管理器中，用鼠标右键单击"Default Web Site（默认网站）"项，在弹出的快捷菜单中选择"管理网站"→"浏览"命令（见图 1-8），这时通过浏览器可以查看到 Default Web Site 中的默认网页（见图 1-9），以此测试 IIS 管理器安装是否成功。

IIS 管理器安装成功后，系统会自动新建一个默认网站目录（也叫站点主目录），可以通过在该目录下创建 Web 窗体页来发布信息。一般默认网站目录为 C:\Inetpub\wwwroot。如果要从默认网站目录之外的文件夹发布信息，则可以通过配置默认网站路径、创建新网站或在 Web 站点上创建虚拟目录来实现。

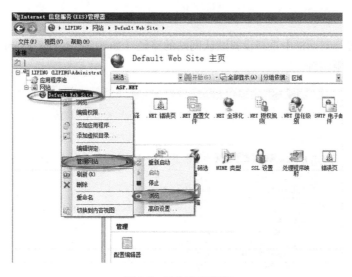

图 1-8　IIS 管理界面

图 1-9　IIS 7 正确安装后的欢迎页面

2. IIS 的配置

在 IIS 管理器中，选择默认网站 Default Web Site 后，单击右侧的"高级设置"（见图 1-10），弹出"高级设置"对话框，如图 1-11 所示。

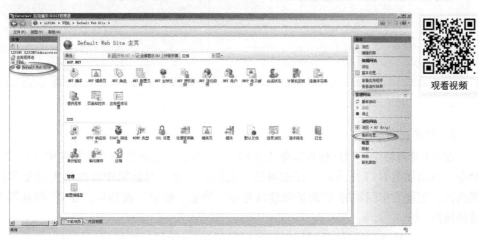

图 1-10　站点配置中的"高级设置"

在"高级设置"对话框中重新设置默认网站的路径（如 F:\ASP. NET Examples\ChartRoom）、应用程序池、连接限制等。

图 1-11 "高级设置"对话框

在 IIS 管理器中，选中网站后单击右侧的"绑定"，弹出"网站绑定"对话框。在该对话框中单击"编辑"按钮，可以在弹出的"编辑网站绑定"对话框中进行发布网站的 IP 地址和端口号的配置，如图 1-12 所示。

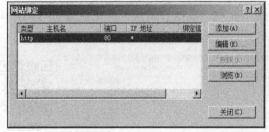 

图 1-12 编辑网站绑定

3. 创建新网站

在 IIS 管理器中，用鼠标右键单击左侧的"网站"，在弹出的快捷菜单中选择"添加网站"命令，弹出如图 1-13 所示的"添加网站"对话框。在该对话框中可以输入网站名称，选择物理路径，配置发布网站的 IP 地址和端口号等。单击"确定"按钮后，在 IIS 管理器中将出现新建的网站。

图 1-13 "添加网站"对话框

4．创建虚拟目录

虚拟目录是未包含在站点主目录下的一个文件夹,但客户端浏览器却将其视为包含在主目录下的目录。虚拟目录具有别名,这个别名映射到所在的实际物理目录,Web 浏览器通过别名来访问此目录。别名可以与实际文件夹名相同,也可以不同。别名通常要比目录的路径名短,便于用户输入。另外,客户端不知道文件的实际路径,无法用这些信息来修改文件,所以使用虚拟路径的方法更为安全。

在 Windows 操作系统中可以使用 IIS 管理器在 Web 站点中创建虚拟目录,步骤如下:

1)在 IIS 管理器中,用鼠标右键单击要添加虚拟目录的站点(如 Default Web Site),在弹出的快捷菜单中选择"添加虚拟目录"命令,弹出"添加虚拟目录"对话框,如图 1-14 所示。

2)在"添加虚拟目录"对话框中的"别名"文本框中输入虚拟目录的别名(如 ChartRoom),在"物理路径"文本框中可以直接输入实际的物理目录路径,也可以通过单击 按钮来定位实际物理目录路径(如 F:\ASP.NET Examples\ChartRoom),将虚拟目录别名与实际文件目录路径映射起来。

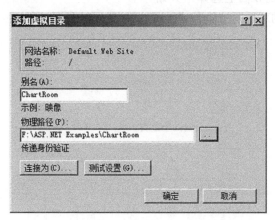

观看视频

图 1-14 "添加虚拟目录"对话框

3）单击"确定"按钮，完成虚拟目录的设置。通过以上步骤完成了虚拟目录的配置，设置了虚拟目录的相关属性。如果需要修改虚拟目录的配置，则可以在 IIS 管理器中用鼠标右键单击要修改的虚拟目录，打开其属性对话框进行修改。

4）在本机的 IE 浏览器中输入地址"http://localhost/ChartRoom/Default.aspx"，在远程浏览器中输入地址"http://Web 服务器的 IP 地址/myWeb/Default.aspx"，即可访问虚拟目录中的 Default 页面。（提示：在 IE 中有四种地址输入方式访问 IIS 中配置的网站）

观看视频

1.3.2 安装 Visual Studio 2012

在安装 Visual Studio 2012 之前必须先确定自己的计算机能否满足最低的安装要求。Visual Studio 2012 支持的操作系统包括 Windows 7、Windows 8、Windows Server 2008、Windows Server 2012，其安装过程具备简洁、实用的特点。图 1-15 所示为 Visual Studio 2012 的安装界面。

Visual Studio 2012 的安装过程高度自动化，除了进行必要的配置之外，无须多余的操作，在成功安装之后，重新启动计算机后即可运行 Visual Studio 2012。

1.3.3 安装与注册.NET Framework

Visual Studio 2012 安装成功后，.NET Framework 4.5 也将随之安装成功。如果在安装之前计算机上已经启用了 IIS，则.NET Framework 安装过程中将通过 IIS 自动注册.NET Framework。但是，如果在启用 IIS 之前就安装了.NET Framework，则必须运行 ASP.NET IIS 注册工具，以便使 IIS 注册.NET Framework。

图 1-15 Visual Studio 2012 安装界面

在 Windows 操作系统界面上选择"开始"→"运行"命令，在弹出的对话框中输入"cmd"，如图 1-16 所示。

观看视频

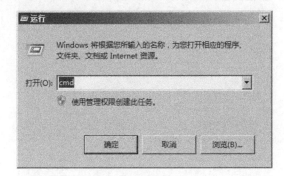

图 1-16 "运行"对话框

命令所在目录为.NET Framework 的安装目录，在该目录下执行 aspnet_regiis.exe -i，即可

启动安装 .NET Framework，并注册进 IIS 中，如图 1-17 所示（.NET Framework 目录一般为 C:\Windows\Microsoft.NET\Framework\v4.0.30319）。

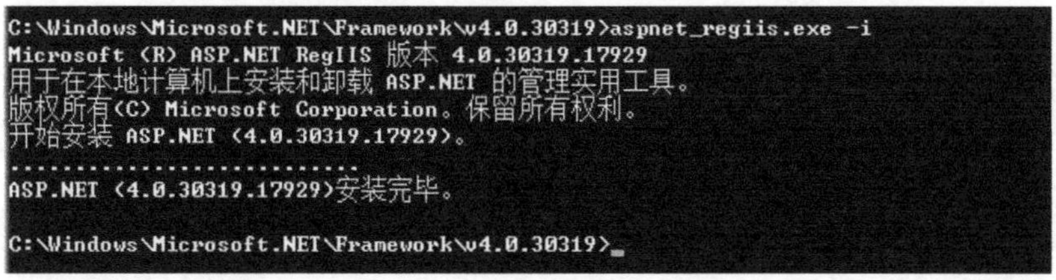

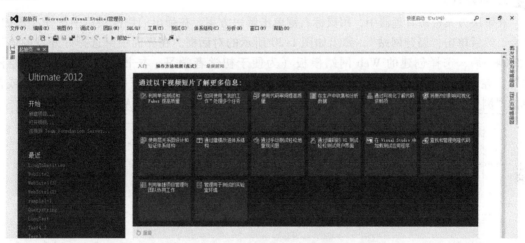

图 1-17　安装 .NET Framework

1.4　创建 ASP.NET Web 应用程序

1.4.1　启动 Visual Studio 2012

在 ASP.NET 开发环境构建完成后，即可使用 Visual Studio 2012 进行 ASP.NET Web 应用程序的开发了。启动 Visual Studio 2012 后进入 Visual Studio 开发环境的"起始页"界面，如图 1-18 所示。第一次打开 Visual Studio 2012 会提示要求设置默认开发语言，本书选择 Visual C#开发设置。

图 1-18　Visual Studio 2012 的"起始页"界面

Visual Studio 2012 开发环境由标题栏、菜单栏、工具栏、窗体设计器、工具箱、代码编辑器、资源管理器、属性设计窗口和输出信息窗口等组成。

1.4.2　创建 ASP.NET 网站

1. 创建空白解决方案

在 Visual Studio 2012 中，选择"文件"→"新建"→"项目"命令，弹出如图 1-19 所示的对话框。选择"其他项目类型"，新建"空白解决方案"，输入解决方案名，并设置存放位置。

观看视频

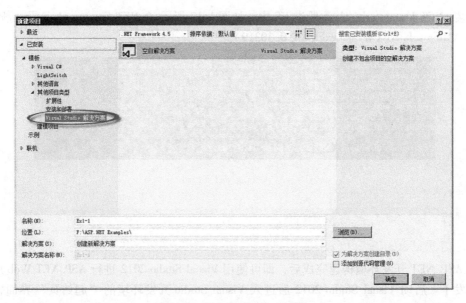

图 1-19 "新建项目"对话框

2. 新建网站

在解决方案资源管理器中,用鼠标右键单击解决方案,在弹出的快捷菜单中选择"添加"命令,然后单击"新建网站",弹出如图 1-20 所示的对话框。在界面中部选择好开发的语言(如 C#)后,选择创建的 Web 网站模板(为便于初学者学习,本书选择"ASP.NET 空网站")。在"Web 位置"下拉列表中选择"文件系统"选项,在文本框中输入存储位置,或者单击"浏览"按钮选择一个新位置,单击"确定"按钮即可创建一个 ASP.NET 空网站。

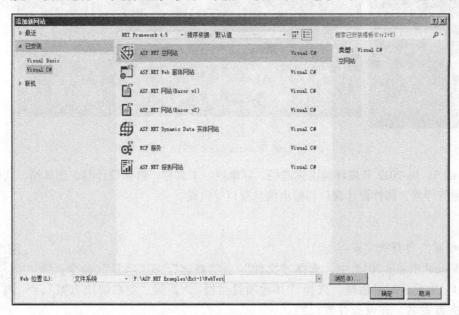

图 1-20 "添加新网站"对话框

在创建 ASP.NET Web 应用程序时,也可以不创建解决方案,在菜单栏中选择"文件"→

"新建"→"网站"命令进行网站的创建。此时其解决方案由 Visual Studio 2012 自动创建,存放路径为\Documents\Visual Studio 2012\Projects。本书为便于网站快捷管理和高级应用开发,后续案例全部在创建解决方案的基础上新建网站。

1.4.3 新建 ASP.NET 页面

通过前面的方法创建出来的 ASP.NET 网站是一个空网站,在解决方案资源管理器中可以看到其仅包含一个 Web.config 文件。Web.config 是一个 XML 格式的文件,可以记录并配置应用程序的设置。网站开发者需要通过添加新建项的方式新建 ASP.NET 页面,步骤如下:

1) 在解决方案资源管理器中选中网站,单击鼠标右键,在弹出的快捷菜单中选择"添加"→"新建项"命令,如图 1-21 所示。

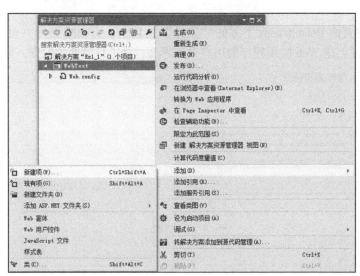

观看视频

图 1-21 在网站中添加新建项

2) 在如图 1-22 所示的"添加新项"对话框中,选择新建项的类型为"Web 窗体",并在"名称"文本框中输入新建网页的名称(如 Default.aspx)。

图 1-22 "添加新项"对话框

创建完成后可以看到，在解决方案资源管理器中出现了 Default.aspx（页面文件），单击它还可以看到与该页面关联的 Default.aspx.cs（网页代码文件），如图 1-23 所示。

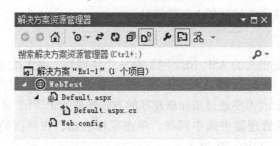

图 1-23　页面创建成功后的解决方案资源管理器

3）单击新建页面 Default.aspx 下方的"设计"选项卡，可切换到网页设计界面。从工具箱中拖动各类控件创建 Web 应用程序的用户交互界面，并进行属性的配置，如图 1-24 所示。

图 1-24　页面设计视图界面

4）单击 Default.aspx 网页下方的"源"选项卡，将显示 Default.aspx 文件自动生成的 HTML 代码，如图 1-25 所示。

图 1-25　页面源视图界面

图 1-25 所示的源文件部分第一行的 @Page 指令，定义了 ASP.NET 页分析器和编译器使用的页特定（.aspx 文件）属性，其语法如下：

```
<%@ Page 属性名1="值1"…[属性名n="值n"]%>
```
@Page 指令的主要属性及说明见表1-4。

表1-4 @Page 指令的主要属性及说明

序号	属性	说明
1	Language	网页编程使用的语言：C#、JScript、Visual Basic.NET
2	AutoEventWireup	True：页的事件自动绑定；False：不自动绑定
3	CodeFile	网页引用程序代码文件的路径与名称
4	Inherits	定义供页继承的代码隐藏类
5	Buffer	True：启用页缓冲；False：不启用页缓冲
6	MasterPageFile	设置母版页的路径与文件名
7	Trace	True：启动跟踪；False：未启动跟踪

1.4.4 编写 ASP.NET 代码

界面仅仅决定程序的外观。程序通过界面接收到必要的信息后如何动作，要做什么样的操作，还需要通过编写相应的程序代码来实现。在页面中双击页面或控件，也可在属性窗口中选择某控件的事件后双击，即可进入到代码编辑器进行程序代码的编写，如图1-26所示。

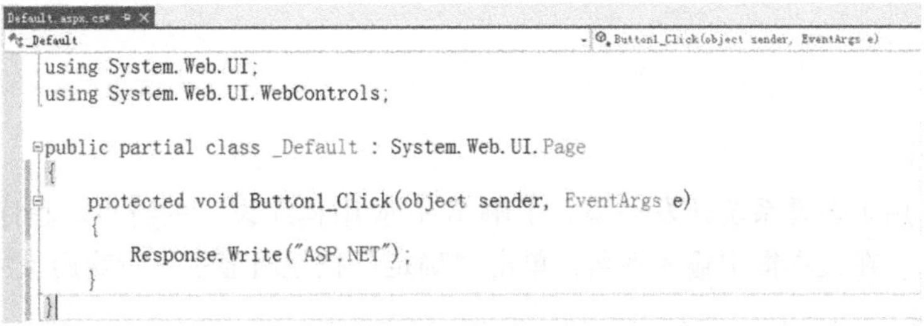

图1-26 代码编辑器

1.4.5 编译与运行网页程序

在菜单栏中选择"生成"→"生成解决方案"命令，进行程序编译。若程序编译通过，则会出现"生成成功"的提示。

在菜单栏中选择"调试"→"启动调试"命令，首次调试时会出现如图1-27所示的"未启用调试"对话框，选中"修改Web.Config文件以启动调试"单选按钮，打开网页运行界面。

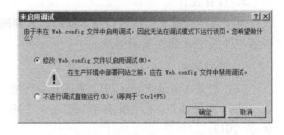

图1-27 "未启用调试"对话框

也可以直接单击工具栏中的 ▶ 按钮进行程序编译与运行。

1.4.6 发布网页程序

在解决方案资源管理器中用鼠标右键单击网站，在弹出的快捷菜单中选择"生成网站"命令，然后再选择"发布网站"命令，选择发布网站位置，如图1-28所示。这样将在指定位置生成 Default.aspx、Web.config、PrecompiledApp.Config 文件和 Bin 目录，在 Bin 目录生成 App_Web_trm3ixjm.dll 文件。

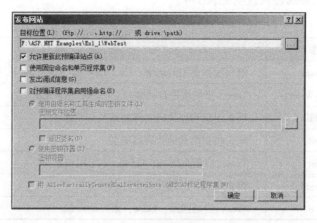

图 1-28　发布网站

在 IIS 的网站中创建虚拟路径 Test，并选择发布 Web 网站的路径为本地路径。在浏览器中输入"http://localhost/Test/Default.aspx"，即可访问用户创建的网页。

工作任务

观看视频

工作任务 1　熟悉 Visual Studio 2012 动态网站开发环境

1. 项目描述

本工作任务用于熟悉系统开发环境，了解 Web 应用程序设计的特点。程序运行后将显示经过设计的界面：在文本框中输入姓名，单击"确定"按钮时显示一行欢迎该用户的信息。

2. 相关知识

要完成本任务，需要了解 Visual Studio 2012 集成开发环境、了解创建 Web 应用程序的基本步骤。

3. 项目设计

本项目使用分支结构进行文本框的输入判断，利用文本框的 Text 属性获取输入信息，利用标签控件的 Text 属性显示信息。

4. 项目实施

（1）打开 Visual Studio 2012 集成开发环境

选择"开始"→"所有程序"→"Microsoft Visual Studio 2012"命令，启动 Visual Studio 2012。

（2）创建解决方案

在菜单栏中选择"文件"→"新建"→"项目"命令，打开"新建项目"对话框。选择"其他项目类型"，新建"空白解决方案"，输入解决方案名"Ex1_2"，并设置存放位置为"F:\ASP.NET Examples\"。

（3）新建网站

在解决方案资源管理器中，用鼠标右键单击解决方案 Ex1_2，在弹出的快捷菜单中选择

"添加"命令，然后单击"新建网站"，弹出"添加新网站"对话框。选择开发的语言 C#，选择新建"ASP.NET 空网站"。在"Web 位置"下拉列表中选择"文件系统"选项，在文本框中输入存储位置为"F:\ASP.NET Examples\Ex1_2\FirstWeb"，单击"确定"按钮即可创建一个 ASP.NET 空网站。

(4) 新建 Web 窗体

在解决方案资源管理器中选中网站 FirstWeb，单击鼠标右键，在弹出的快捷菜单中选择"添加"→"新建项"命令，在弹出的"添加新项"对话框中，选择新建项的类型为"Web 窗体"，并在"名称"文本框中输入新建网页的名称 Welcome.aspx。

(5) Web 窗体页面设计

单击 Welcome.aspx 窗体下方的"设计"选项卡，可切换到网页设计界面。从工具箱中拖动一个 Button 按钮与一个 Label 标签到设计界面上。设置属性见表 1-5。

表 1-5 控件属性设置

控件	ID（Name）	Text
Label	lbl_Name	请输入您的姓名：
TextBox	txt_Name	
Button	btn_Ok	确定
Label	lbl_Result	

单击 Welcome.aspx 网页下方的"源"选项卡，将显示 Welcome.aspx 文件内容：

```
<%@ Page Language="C#" AutoEventWireup="true" CodeFile="Welcome.aspx.cs" Inherits="Welcome" %>
<!DOCTYPE html>
<html xmlns="http://www.w3.org/1999/xhtml">
<head runat="server">
    <title>第一个 ASP.NET 程序</title>
</head>
<body>
    <form id="form1" runat="server">
    <div>
        <asp:Label ID="lbl_Name" runat="server" Text="请输入您的姓名："></asp:Label>
        <asp:TextBox ID="txt_Name" runat="server"></asp:TextBox>
        <asp:Button ID="btn_Ok" runat="server" Text="确定" />
        <br />
        <asp:Label ID="lbl_Result" runat="server" ForeColor="Blue"></asp:Label>
    </div>
    </form>
</body>
</html>
```

(6) 代码编写

单击"确定"按钮，进入 Welcome.aspx.cs 文件，编写"确定"按钮的单击按钮事件驱动程序如下：

```
using System;
using System;
using System.Collections.Generic;
using System.Linq;
using System.Web;
using System.Web.UI;
using System.Web.UI.WebControls;
public partial class Welcome: System.Web.UI.Page
{
    protected void btn_Ok_Click(object sender, EventArgs e)
    {
        if (txt_Name.Text! ="")
        {
            lbl_Result.Text = txt_Name.Text.Trim() + ",您好！欢迎光临本网站！";
        }
        else
        {
            lbl_Result.Text = "对不起,姓名不能为空！";
        }
    }
}
```

5. 项目测试

在菜单栏中选择"生成"→"生成解决方案"命令，进行程序编译。程序编译通过后，会出现"生成成功"的提示。再选择"调试"→"启动调试"命令，打开网页运行界面，如图1-29所示。

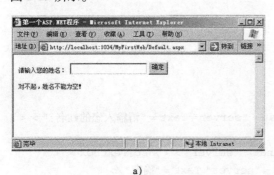 

a)   b)

图1-29　网页运行界面

a) 姓名输入为空时的运行界面　　b) 姓名输入不为空时的运行界面

━━━━━　本章小结　━━━━━

本章从Web应用开发和.NET基础知识入手，介绍了Web应用程序结构、ASP.NET运行环境等，并应用Visual Studio 2012创建完成一个ASP.NET的Web应用程序。

1. Web应用开发基础

主要包括网页基本概念、静态网页与动态网页、应用程序结构分类。

2. ASP.NET 基本概念

主要包括 .NET Framework、Web 窗体、ASP.NET 应用程序、ASP.NET 事件模型等。

3. 构建 ASP.NET 开发环境

主要包括安装与配置 IIS、安装 Visual Studio 2012、安装与注册 .NET Framework 等。

4. 创建 ASP.NET Web 应用程序

主要包括 Visual Studio 2012、创建 ASP.NET 网站、新建 ASP.NET 页面、编写 ASP.NET 代码、编译与运行网页程序、发布网页程序。

习题 1

1. .NET Framework 具有两个组件，它们是_____和_____。
2. ASP.NET 页面文件的扩展名是_____，基于 C# 的 ASP.NET 程序文件的扩展名是_____。
3. 静态网页和动态网页的最大区别是_____。
4. Web 页的 Page_Load 事件在_____阶段触发。
5. 开发 ASP.NET Web 应用程序，必须具有的工具是（　　）。
　A．.NET Framework　　B．IIS　　　　　C．Visual Studio　　D．SQL Server
6. 举例说明哪些著名网站使用的是 ASP.NET 技术？

实训 1　创建简单的图书管理系统网站

1. 在 Windows 系统上安装 IIS。
2. 在 Windows 系统上安装 Visual Studio 2012。
3. 在 Visual Studio 2012 中新建空白解决方案 Lab1.sln 及网站 Library。
4. 在网站 Library 中创建一个 Web 应用程序 Default.aspx。显示单击"提交"按钮的次数，其运行效果如图 1-30 所示。

图 1-30　实训 1 运行效果

5. 调试程序，并将网站 Library 发布。
6. 在 IIS 中创建虚拟目录，目录名为 Test，物理目录映射为 Library 发布网站的目录，并通过 IIS 在本机和其他机器上浏览该网站。

第 2 章 服务器控件

为了提高 Web 网页应用程序的开发速度与开发效率,Visual Studio 2012 提供了服务器控件来实现可视化网页编程,即可用类似于可视化程序设计的方法来设计网页。程序员只需从工具箱中将控件放置到网页窗体中并设置控件属性,再编写事件驱动程序(.cs 文件),Visual Studio 2012 将自动生成 HTML 语言程序(.aspx 文件)。本章将以可视化程序设计中控件为基础,介绍用于开发网页的服务器控件,以及用服务器控件设计网页界面的方法。

服务器控件位于 System.Web.UI.WebControls 命名空间,主要有标准控件(包含基本控件、高级控件等)、数据控件、验证控件、导航控件等。ASP.NET 服务器控件在服务器端运行。ASP.NET 服务器控件会在初始化时,根据客户端浏览器版本,自动生成 HTML 代码。本章主要介绍基本控件、高级控件、验证控件和用户创建控件等,其他控件将在后面的章节中介绍。

观看视频

理论知识

2.1 基本控件

本节主要介绍基本控件,包括 Label、Button、Image、HyperLink、ImageButton、LinkButton、TextBox、CheckBox、CheckBoxList、DropDownList、ListBox、RadioButton、RadioButtonList、Panel、Table 等控件。

2.1.1 Label 标签控件

1. 作用

在 Web 窗体上显示静态文本。

2. 语句格式

<asp:Label ID="标签名称" runat="server" Text="文本内容"></asp:Label>

3. 属性

1) ID:控件名称。
2) Text:显示文本内容。

2.1.2 TextBox 文本框控件

1. 作用

在 Web 窗体上输入与显示信息。

2. 语句格式

<asp:TextBox ID="文本框名称" runat="server" TextMode="Single|Multiline|Password" Text="输入显示内容"…OnTextChanged="TextChanged 事件函数名"> </asp:TextBox>

3. 属性

TextBox 控件的属性及说明见表 2-1。

表 2-1 TextBox 控件的属性及说明

序号	属性	说明	示例
1	ID	控件名称	txt_User
2	Text	输入/输出文本	
3	TextMode	文本框工作模式	Single（单行）| Multiline（多行）| Password（密码）
4	AutoPostBack	是否自动提交表单（当控件失去焦点，且内容已改变时，是否自动上传数据）	True：自动提交；False：不自动提交
5	Column	文本框宽度	
6	Rows	文本框行数	
7	MaxLength	允许输入最大字符数	
8	Wrap	是否允许换行	True：允许换行；False：禁止换行
9	ReadOnly	只读	

4. 事件

TextBox 控件的默认事件为 TextChanged 事件，当设置 TextBox 的 AutoPostBack 属性为 True 时，若文本框的内容发生变化，则页面会发给服务器消息以激活 TextChanged 事件。双击 TextBox 控件（ID 为 TextBox1），可以为该控件在 HTML 源文件部分自动添加一个方法及方法值 OnTextChanged = "TextBox1_TextChanged"，其中等式右边的为该控件对应出发的事件函数名。标准事件函数定义格式如下：

```
protected void 控件名_事件名(object sender, EventArgs e)
{
    ...
}
```

第 2 个参数类型 EventArgs 与触发事件的对象有关，有时类型有所改变。例如，Button 对象的 Command 事件的第 2 个参数是 CommandEventArgs 类型，ImageButton 对象的 Click 事件的第 2 个参数是 ImageClickEventArgs 类型。

此外，事件函数名也由用户自定义，但参数必须与默认书写格式中的完全一致。例如：

```
protected void Fun(object sender, EventArgs e)
{
    ...
}
```

在 HTML 源文件部分，只要修改 OnTextChanged = "Fun" 即可。

2.1.3 Button、ImageButton、LinkButton 按钮控件

1. 作用

在 Web 窗体上用于产生按钮事件将窗体提交给服务器，主要分为普通按钮 Button、图像按钮 ImageButton 和超链接按钮 LinkButton。

2. 语句格式

<asp:Button ID = "按钮文本" runat = "server" Text = "按钮文本" CauseValidation = "true|false" OnClick = "Click事件函数名"/> </asp:Button>

3. 属性

Button 控件的属性及说明见表 2-2。

表 2-2 Button 控件的属性及说明

序号	属性	说明	示例
1	ID	按钮名称	btn_Login
2	Text	按钮标题	登录
3	AlternateText（主要适用于 ImageButton）	飞行提示	登录
4	ImageUrl（主要适用于 ImageButton）	图标位置与名称	1button-login.gif
5	CauseValidation	是否进行验证	True：验证，False：不验证
6	CommandName	Command 命令名称	
7	CommandArgument	Command 命令参数	

Button 按钮用于创建提交或命令按钮。这两类按钮的主要区别在于提交按钮不支持 CommandName（命令名称）和 CommandArgument（命令参数）属性。当用户在页面中单击提交按钮时，触发 Button.Click 事件；当用户在页面中单击命令按钮时，触发 Button.Command 事件。

如果页面上有多个命令按钮，每一个按钮都可以有一个 Command 属性值。在事件处理程序中，通过检查 CommandName 属性判断用户单击了哪一个按钮。此外 CommandArgment 属性还可以帮助区分多个具有相同 CommandName 属性的按钮。

4. 事件

1) Click 事件：没有指定 CommandName 与 CommandArgument 属性的 Submit 提交按钮的单击事件。

2) Command 事件：指定 CommandName 与 CommandArgument 属性的 Command 命令按钮的单击事件。

【例 2-1】Button 按钮示例，如图 2-1 所示。

1) 新建空白解决方案 ex2_1.sln 及网站 ex2_1。

2) 在网站 ex2_1 中新建网页 Button.aspx，添加 1 个 Label 控件、两个 Button 控件、1 个 ImageButton 控件和 1 个 LinkButton 控件，设置属性见表 2-3。

表 2-3 属性设置

控件	ID	Text	其他属性
Label1	lbl_Button		
Button1	btn_First	第一个按钮	CommandName = "Sort" CommandArgument = "第一个按钮"
Button2	btn_Second	第二个按钮	CommandName = "Sum"
ImageButton1	btn_Third		CommandName = "Sort" CommandArgument = "第三个按钮" AlternateText = "第三个按钮" ImageUrl = "Third.jpg"
LinkButton1	btn_Fourth	第四个按钮	

图 2-1 Button 按钮示例

3）编写按钮事件驱动程序。

①第一个按钮的 Command 事件。代码如下：

```
protected void btn_First _Command(object sender, CommandEventArgs e)
{
    switch (e.CommandName)
    {
        case "Sort":    //第一个和第三个按钮的 CommandName 均为 "Sort"
            lbl_Button.Text = "您的选择是:" + e.CommandArgument.ToString();
            break;
        case "Sum":     //第二个按钮的 CommandName 为 "Sum"
            lbl_Button.Text = "您的选择是:第二个按钮";
            break;
    }
}
```

②第二个按钮的 Command 事件。在第二个按钮的 Command 事件中选择事件函数名为 btn_First _Command。

③第三个按钮的 Command 事件。在第三个按钮的 Command 事件中选择事件函数名为 btn_First _Command。

④第四个按钮的 Click 事件。代码如下：

```
protected void btn_Fourth_Click(object sender, EventArgs e)
{
    lbl_Button.Text = "您的选择是:第四个按钮";
}
```

4）网页 Button.aspx 的 HTML 文件如下：

```
<html xmlns="http://www.w3.org/1999/xhtml">
<head runat="server">
    <title>Button 按钮</title>
</head>
<body>
    <form id="form1" runat="server">
    <div>
        <asp:Button ID="btn_First" runat="server" Text="第一个按钮" CommandArgument="第一个按钮" oncommand="btn_First_Command" CommandName="Sort" Height="39px" />
         <asp:Button ID="btn_Second" runat="server"  Text="第二个按钮" oncommand="btn_First_Command" CommandName="Sum" Height="38px" /> <asp:ImageButton ID="btn_Third" runat="server" ImageUrl="~/Image/btn_Third.JPG" oncommand="btn_First_Command" AlternateText="第三个按钮" CommandArgument="第三个按钮" CommandName="Sort" />
           <asp:LinkButton ID="btn_Fourth" runat="server" Font-Size="Medium" onclick="btn_Fourth_Click">第四个按钮</asp:LinkButton>
        <br />
        <asp:Label ID="lbl_Button" runat="server" Text="Label"></asp:Label>
    </div>
    </form>
</body>
</html>
```

5）运行网页

选择菜单栏中的"网站"→"设置为起始页"命令，然后选择"启动调试"命令，运行效果如图 2-1 所示。

2.1.4　Image 图像控件

1. 作用

在 Web 窗体上显示图像。

2. 语句格式

　　<asp:Image ID="图像名称" runat="server" AlternateText="飞行提示内容" ImageUrl="图像文件的路径与名称" ImageAlign="图像排列位置"></asp:Image>

3. 属性

1）ID：控件名称。

2）AlternateText：飞行提示。

3）ImageUrl：图像文件的路径与名称。

4）ImageAlign：图像排列位置，取值有 Left、Middle、Right、Bottom、Top、AbsBottom、AbsMiddle、BaseLine、TextTop。

2.1.5　HyperLink 超链接控件

1. 作用

在 Web 窗体上设定超链接，相当于 HTML 中的 <a> 标签。

2. 语句格式

<asp:HyperLink ID = "超链接名称" runat = "server" Text = "超链接文字提示" ImageUrl = "图像文件的路径与名称" NavigateUrl = "目标链接地址"> </asp:HyperLink>

3. 属性

1）ID：控件名称。

2）Text：超链接文字提示。

3）ImageUrl：图像文件的路径与名称。

4）ImageAlign：图像排列位置，取值有 Left、Middle、Right、Bottom、Top、AbsBottom、AbsMiddle、BaseLine、TextTop。

5）NavigateUrl：目标链接地址。

6）Target：目标链接网页窗口位置，取值如下。

- _blank：将目标网页放在新窗口中。
- _parent：将目标网页放在父窗口中。
- _self：将目标网页放在焦点所在框架中。
- _top：将目标网页放在本窗口。

【例2-2】设计新浪与百度网站导航网页，如图2-2所示。

图 2-2　新浪与百度网站导航网页

1）打开解决方案 ex2_1.sln。

2）新建网页 HyperLink.aspx。

3）在网页中添加 1 个 Table 控件。从工具箱的 HTML 控件中选择添加 Table 控件，设计页面上会出现一个 3 行 3 列的表格。由图 2-2 可知页面需要定义 3 行 2 列的表格，方法如下。

①删除列：先按住鼠标左键拉宽表格，再右键单击最后一列，选择"删除"→"列"命令。

②将第 1 行合并单元格，居中对齐 align = "center"，使第 1 行背景色为蓝色。

修改后的 HTML 代码如下：

<td align = "center" colspan = "2" style = "height:26px ; background - color: #006699;" >

③将第 2~3 行单元格设置居中对齐 align = "center"。

④使第 3 行背景色为黄色。修改第 3 行单元格后的 HTML 代码如下：

<td align = "center" style = "height:26px ; background - color: #FFFFC0;" >

4）向表格控件中添加 1 个 Label 控件、两个 Image 控件和两个 HyperLink 控件，属性设置见表 2-4。

表 2-4 属性设置

控件	ID	Text/AlternateText	ImageUrl	ImageAlign
Label1	lbl_Title	新浪与百度网站导航		ForeColor = "White"
Image1	Image_gz1	镇远	~image\gz1.jpg	
Image2	Image_gz2	黄果树	~image\gz2.bmp	
HyperLink1	hlink_sina	新浪网		http://www.sina.com
HyperLink2	hlink_baidu	百度网		http://www.baidu.com

5）HyperLink.aspx 文件代码如下：

```
<html xmlns="http://www.w3.org/1999/xhtml">
<head id="Head1" runat="server">
    <title>HyperLink 页面</title>
</head>
<body>
    <form id="form1" runat="server">
    <div>
         <br/>
        <table style="width:434px">
            <tr>
                <td align="center" colspan="2" style="height:26px;background-color:#006699;">
                    <asp:Label ID="Label1" runat="server" Text="新浪与百度网站导航" Font-Bold="True" ForeColor="White"></asp:Label></td>
            </tr>
            <tr>
                <td align="center">
                    <asp:Image ID="Image2" runat="server" ImageUrl="~/Image/gz1.jpg" Width="300px"/></td>
                <td align="center">
                    <asp:Image ID="Image1" runat="server" ImageUrl="~/Image/gz2.jpg" Width="300px"/></td>
            </tr>
            <tr>
                <td align="center" style="height:26px;background-color:#FFFFC0;">
                    <asp:HyperLink ID="hlink_sina" runat="server" NavigateUrl="http://www.sina.com" Target="_blank">新浪网</asp:HyperLink></td>
                <td align="center" style="height:26px;background-color:#FFFFC0;">
                    <asp:HyperLink ID="hlink_baidu" runat="server" NavigateUrl="http://www.baidu.com" Target="_blank">百度网</asp:HyperLink></td>
```

```
            </tr>
          </table>
      </div>
    </form>
  </body>
</html>
```

6) 运行网页。选择菜单栏中的"网站"→"设置为起始页"命令，然后选择"启动调试"命令，运行效果如图 2-2 所示。

2.1.6 Panel 控件

1．作用

Panel 是 Web 窗体上的控件容器，用于控制一组控件的水平排列方式与可见性，相当于 HTML 中的 <div> 标签。

2．语句格式

`<asp:Panel ID="Panel控件名称" runat="server" BackImageUrl="背景图像文件的路径与名称" HorizontalAlign="Center|Justify|Left|Right|NotSet"></asp:Panel>`

3．属性

1) ID：控件名称。

2) BackImageUrl：背景图像文件的路径与名称。

3) HorizontalAlign：设置水平对齐方式，取值有 Center、Justify、Left、Right、NotSet。

4) Wrap：True 表示允许换行，False 表示不允许换行。

2.1.7 RadioButton 与 RadioButtonList 单选按钮控件

1．作用

用于单选操作，允许用户互斥地从一组列表中选择其中的一个。

2．语句格式

`<asp:RadioButton ID="单选按钮名称" runat="server" AutoPostBack="true|false" Checked="true|false" GroupName="组名" Text="选项名" TextAlign="left|right" OncheckChanged="CheckChanged事件函数名"></asp:RadioButton>`

3．属性

1) ID：控件名称。

2) Text：选项名。

3) Checked：True 为选中，False 为未选中。

4) GroupName：同组单选按钮的组名。若设置了 GroupName 属性，则同组的单选按钮为一组互斥元素；若不设置，则页面上所有单选按钮为一组互斥元素。

5) TextAlign：选项名对齐方式取值有 left、right。

6) AutoPostBack：控制是否自动将控件状态发送到服务器。

4．事件

CheckChanged 事件：当用户改变 RadioButton 的选中状态时，激活 CheckedChanged 事件。

5．RadioButtonList 控件

RadioButtonList 控件用于构建单选列表，并且可以通过数据绑定自动生成列表。其属性除了与 RadioButton 控件相似的之外，还包括以下内容。

1）RepeatColumns：CheckBoxList 控件显示的列数。
2）RepeatDirection：设置控件中单元的布局是水平还是垂直。默认是垂直 Vertical。
3）ListItem：集合属性，是列表控件中每个数据项对象。该属性包括以下 3 个子属性。
- Text：表示每个选项的文本。
- Value：表示每个选项的选项值。
- Selected：表示该选项是否选中（True/False）。

RadioButtonList 控件还具有 DataSource、DataTextField、DataValueField 等与数据库绑定有关的属性，将在第 5 章进行介绍。

RadioButtonList 控件中的选择状态改变后将触发 SelectedIndexChanged 事件。

【例2-3】用单选按钮控件和单选按钮列表控件选择性别、国籍和学历的网页，如图2-3所示。

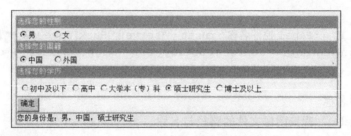

图 2-3　单选按钮和单选按钮列表示例

1）打开解决方案 ex2_1.sln。
2）新建网页 RadioButton.aspx。
3）在网页中添加 1 个 Table 控件（5行1列）、4 个 RadioButton 控件和两个 Label 控件，属性设置见表2-5。

表 2-5　属性设置

控件	ID	Text	其他属性
Table			
RadioButton1	rbtn_Male	男	GroupName = " Sex"
RadioButton2	rbtn_Female	女	GroupName = " Sex"
RadioButton3	rbtn_China	中国	GroupName = " Country"
RadioButton3	rbtn_Foreign	外国	GroupName = " Country"
Label1	lbl_SexResult		
Label2	lbl_CountryResult		

4）在网页 RadioButton.aspx 中再添加 1 个 RadioButtonList 控件，设置其属性如下：AutoPostBack = "True"；RepeatDirection = "Horizontal"。

5）单击 RadioButtonList 控件的 Items 属性，打开"ListItem 集合编辑器"对话框。在"成员"选项区中添加新的成员，并设置其相应的 Text 和 Value 属性的值，如图2-4所示。

图 2-4 "ListItem 集合编辑器"对话框

6）添加"确定"按钮，编写"确定"按钮单击事件驱动程序，代码如下：

```
protected void btn_Ok_Click(object sender, EventArgs e)
{
    string sex,country,education;
    if (rbtn_Male.Checked)
        sex = "男";
    else
        sex = "女";
    if (rbtn_China.Checked)
        country = "中国";
    else
        country = "外国";
    education = rbtnlst_Education.SelectedItem.Text;
    lbl_Result.Text = "您的身份是:" + sex + "," + country + "," + education;
}
```

7）RadioButton.aspx 中有关单选按钮和单选按钮列表的代码如下：

```
<asp:RadioButton ID = "rbtn_Male" runat = "server" AutoPostBack = "True" GroupName = "Sex" OnCheckedChanged = "rbtn_Male_CheckedChanged" Text = "男"/>
    <asp:RadioButton ID = "rbtn_Female" runat = "server" AutoPostBack = "True" GroupName = "Sex" OnCheckedChanged = "rbtn_Male_CheckedChanged" Text = "女"/>
    <asp:RadioButton ID = "rbtn_China" runat = "server" AutoPostBack = "True" GroupName = "Country" OnCheckedChanged = "rbtn_China_CheckedChanged" Text = "中国"/>
    <asp:RadioButton ID = "rbtn_Foreign" runat = "server" AutoPostBack = "True" GroupName = "Country" OnCheckedChanged = "rbtn_China_CheckedChanged" Text = "外国"/>
    <asp:RadioButtonList ID = "rbtnlst_Education" runat = "server"
        RepeatDirection = "Horizontal" >
        <asp:ListItem Value = "0" >初中及以下</asp:ListItem>
        <asp:ListItem Value = "1" >高中</asp:ListItem>
        <asp:ListItem Value = "2" >大学本(专)科</asp:ListItem>
        <asp:ListItem Value = "3" >硕士研究生</asp:ListItem>
        <asp:ListItem Value = "4" >博士及以上</asp:ListItem>
    </asp:RadioButtonList>
```

2.1.8 CheckBox 与 CheckBoxList 复选框控件

1. 作用

用于多选操作，允许用户多重选择。

2. 语句格式

<asp:CheckBox ID = "复选框名称" runat = "server" AutoPostBack = "true|false" Checked = "true|false" Text = "选项名" TextAlign = "left|right" OncheckChanged = "CheckChanged 事件函数名" > < /asp:CheckBox >

3. 属性

1）ID：控件名称。
2）Text：选项名。
3）Checked：True 为选中，False 为未选中。
4）TextAlign：选项名对齐方式取值有 left、right。
5）AutoPostBack：控制是否自动将控件状态发送到服务器。

4. 事件

CheckChanged 事件：当用户改变 CheckBox 控件的状态时，激活 CheckChanged 事件。

【例 2-4】用复选框控件设计选择字体网页，如图 2-5 所示。

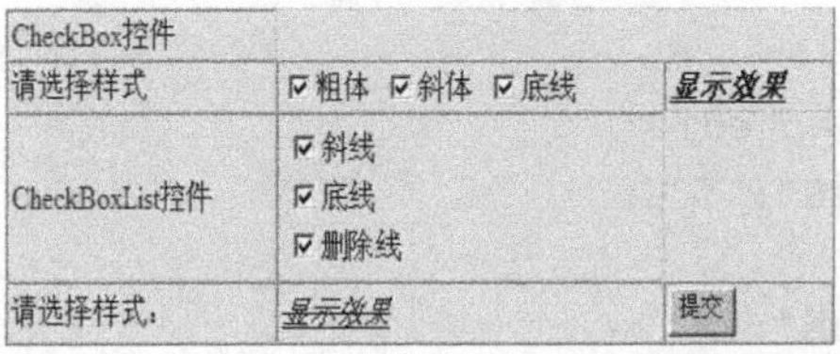

图 2-5 用复选框控件设计选择字体网页

1）打开解决方案 ex2_1.sln。
2）新建网页 CheckBox.aspx。
3）在网页中添加 1 个 Table 控件（3 行 3 列），设置表格边框线为 2、背景色为淡粉红色。
4）在表格控件中添加 6 个 Label 控件、3 个 CheckBox 控件、1 个 CheckBoxList 控件和 1 个 Button 控件，属性设置见表 2-6。

表 2-6 属性设置

控件	ID	Text	Items
Table（3*3）			
Label1	lbl_cbx_Title	CheckBox 控件	
Label2	lbl_cbx_Style	请选择样式	
Label3	lbl_cbxlst_Title	CheckBoxList 控件	
Label4	lbl_cbx_Style	请选择样式	
Label5	lbl_cbx_Content	显示效果	
Label6	lbl_cbxlst_Content	显示效果	
CheckBox1	cbx_Bold	粗体	

(续)

控件	ID	Text	Items
CheckBox2	cbx_Italic	斜体	
CheckBox3	cbx_Underline	底线	
CheckBoxList1	cbxlst_Show		斜线、底线、删除线
Button1	btn_Submit	提交	

5) 编写"粗体"复选框事件驱动程序，代码如下：

```
protected void cbx_Bold_CheckedChanged(object sender, EventArgs e)
{
    lbl_cbx_Content.Font.Bold = cbx_Bold.Checked;
    lbl_cbx_Content.Font.Italic = cbx_Italic.Checked;
    lbl_cbx_Content.Font.Underline = cbx_Underline.Checked;
}
```

6) "斜体"与"底线"复选框事件驱动程序。单击"斜体"复选框，打开其属性窗口，在事件页中选择 CheckdChanged 事件，将其绑定到 cbx_Bold_CheckedChanged 事件函数上。用类似的方法设置"底线"复选框事件驱动程序。

7) 根据 CheckBoxList 控件的选择，编写"提交"按钮事件驱动程序，代码如下：

```
protected void btn_Submit_Click(object sender, EventArgs e)
{
    lbl_cbxlst_Content.Font.Italic = cbxlst_Show.Items[0].Selected;
    lbl_cbxlst_Content.Font.Underline = cbxlst_Show.Items[1].Selected;
    lbl_cbxlst_Content.Font.Strikeout = cbxlst_Show.Items[2].Selected;
}
```

8) CheckBox.aspx 中有关复选框的代码如下：

```
< asp:CheckBox ID = "cbx_Bold" runat = "server" Text = "粗体" AutoPostBack = "True" OnCheckedChanged = "cbx_Bold_CheckedChanged"/>
< asp:CheckBox ID = "cbx_Italic" runat = "server" Text = "斜体" AutoPostBack = "True" OnCheckedChanged = "cbx_Bold_CheckedChanged"/>
< asp:CheckBox ID = "cbx_Underline" runat = "server" Text = "底线" AutoPostBack = "True" OnCheckedChanged = "cbx_Bold_CheckedChanged"/>
< asp:CheckBoxList ID = "cbxlst_Show" runat = "server" >
    < asp:ListItem >斜线< /asp:ListItem >
    < asp:ListItem >底线< /asp:ListItem >
    < asp:ListItem >删除线< /asp:ListItem >
< /asp:CheckBoxList >
```

9) 运行网页。选择菜单栏中的"网站"→"设置为起始页"命令，然后选择"启动调试"命令，运行效果如图 2-5 所示。

2.1.9 ListBox 列表框控件

1. 作用

ListBox 用列表框方式显示多项数据。

2. 语句格式

```
<asp:ListBox ID = "列表框控件名" runat = "server" AutoPostBack = "true|false"
DataSource = "数据源" DataTextField = "数据字段" Rows = "显示行数" SelectionMode = "
Single|Multiple" OnSelectedIndexChanged = "SelectedIndexChanged事件函数名" >
 <asp:ListItem text = "数据项名" value = "数据项值" Selected = "True|False" >
 </asp:ListItem >
</asp:ListBox >
```

3. 属性

1) ID：控件名称。
2) DataSource：数据源。
3) DataTextField：数据字段。
4) Rows：显示行数。
5) SelectionMode：Single 表示只能选择一项，Multiple 表示允许选择多项。
6) Items：数据项集合。
7) AutoPostBack：控制是否自动将控件状态发送到服务器。

4. 事件

1) SelectedIndexChanged 事件：改变列表中的索引时，激活 SelectedIndexChanged 事件。
2) TextChanged 事件：更改文本框的属性后，激活 TextChanged 事件。

【例 2-5】用列表框控件设计选择体育与系部的网页，如图 2-6 所示。

1) 打开解决方案 ex2_1.sln。
2) 新建网页 ListBox.aspx。
3) 在网页中添加 1 个 Table 控件（3 行 3 列），合并标题行。
4) 在表格中添加两个 Label 控件、两个 ListBox 控件和 1 个 Button 控件，属性设置见表 2-7。

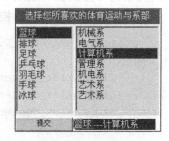

图 2-6 列表框选择体育运动与系部

表 2-7 属性设置

控件	ID	Text	其他属性
Label1	lbl_Titl	选择您所喜欢的体育运动与系部	
Label2	lbl_Result		
ListBox1	lstb_Sport		Items：篮球、排球、足球、乒乓球、羽毛球、手球、冰球
ListBox2	lstb_Dept		DataSourceID = "ads_Dept" DataTextField = "Dpt_Name" DataValueField = "Dpt_Id"
Button1	btn_Submit	提交	
AccessDataSource1	ads_Dept		用智能按钮创建连接 Alumni_Sys.mdb 数据库中系部编码表 tblDept 的数据源

5) 编写"提交"按钮事件驱动程序，代码如下：

```
protected void btn_Submit_Click1(object sender, EventArgs e)
{
    lbl_Result.Text = lstb_Dept.SelectedItem.Text + "- - -" + lstb_Sport.SelectedItem.Text;
}
```

6) ListBox.aspx 文件的 HTML 代码如下：

```html
<html xmlns="http://www.w3.org/1999/xhtml">
<body>
<form id="form1" runat="server">
<asp:AccessDataSource ID="ads_Dept" runat="server" DataFile="~/App_Data/Alumni_Sys.mdb" SelectCommand="SELECT * FROM [tblDept]"></asp:AccessDataSource>
<table>
<tr>
    <td colspan="2" align=center>
        <asp:Label ID="lbl_Title" runat="server" Text="选择您的系部与喜欢的体育运动项目" ForeColor="White"></asp:Label></td>
</tr>
<tr>
    <td>
        <asp:ListBox ID="lstb_Sport" runat="server" BackColor="#FFE0C0" Height="153px" Rows="7" SelectionMode="Multiple" Width="103px" Font-Size="12pt">
            <asp:ListItem>篮球</asp:ListItem>
            <asp:ListItem>排球</asp:ListItem>
            <asp:ListItem>足球</asp:ListItem>
            <asp:ListItem>乒乓球</asp:ListItem>
            <asp:ListItem>羽毛球</asp:ListItem>
            <asp:ListItem>手球</asp:ListItem>
            <asp:ListItem>冰球</asp:ListItem>
        </asp:ListBox></td>
    <td>
        <asp:ListBox ID="lstb_Dept" runat="server" AutoPostBack="True"
        DataSourceID="Ads_Dept" DataTextField="Dpt_Name" DataValueField="Dpt_ID">
        </asp:ListBox></td>
</tr>
<tr>
    <td>
<asp:Button ID="btn_Submit" runat="server" OnClick="btn_Submit_Click" Text="提交"/></td>
    <td>
        <asp:Label ID="lbl_Result" runat="server"></asp:Label></td>
```

```
            </tr>
        </table>
    </form>
</body>
</html>
```

7) 运行网页。选择菜单栏中的"网站"→"设置为起始页"命令,然后选择"启动调试"命令,运行效果如图 2-6 所示。

2.1.10 DropDownList 下拉式列表框控件

DropDownList 控件与 ListBox 控件的唯一不同是 DropDownList 是以下拉列表框的方式显示数据,其属性与方法事件和 ListBox 基本相同。这里不再介绍。

2.1.11 Table 表格控件

1. 作用

用于在 Web 窗体上创建表格,对应于 HTML 中的 <table> 标签,其内容可以是静态的,也可以用程序动态操作其内容。

2. 语句格式

```
<asp:Table ID ="表格控件名称" runat ="server" BackImageUrl ="背景图像路径"
CellSpacing ="内容与边框距离"  Cellpadding ="单元格间距"   GridLines ="网格类型"
HorizontalAlign ="表格控件水平对齐方式">
<asp:TableRow>
<asp:TableCell>
    单元格内容
</asp:TableCell>
</asp:TableRow>
</asp:Table>
```

3. 属性

1) ID:控件名称。
2) BackImageUrl:背景图像路径。
3) CellSpacing:单元格与单元格边框的距离,一般设置为 0。
4) CellPadding:单元格内容与单元格边框之间的距离。
5) GridLines:网格类型,取值有 None、Horizontal、Vretical、Right、Both。
6) HorizontalAlign:表格控件水平对齐方式,取值有:Left、Center、Right、NotSet、Justify。

【例 2-6】用 Table 控件设计校友信息表网页,如图 2-7 所示。

学号	姓名	性别	年龄
1001	周明	男	21
1002	王明	男	22
1003	张玲	女	23

图 2-7 校友信息表

1) 打开解决方案 ex2_1.sln。
2) 新建网页 Table.aspx。
3) 在页面中添加 1 个 Table 控件,输入表格单元格内容,方法如下:在"TableRow 集合编辑器"对话框的"成员"列表框中选择"TableRow",单击"添加"按钮,添加 44TableRow 成员,如图 2-8 所示。在"TableRow 属性"选项区中单击 Cells 属性后面的按钮,弹出"TableCell 集合编辑器"对话框,如图 2-9 所示。在 Text 属性中按图 2-7 的要求依次输入单元内容,如学号等。

图 2-8 "TableRow 集合编辑器"对话框　　　图 2-9 "TableCell 集合编辑器"对话框

4）运行网页。选择菜单栏中的"网站"→"设置为起始页"命令，然后选择"启动调试"命令，运行效果如图 2-7 所示。

【例 2-7】 根据用户输入动态生成表格，如图 2-10 所示。

图 2-10　动态生成表格

设计如图 2-10 的界面后，编写"产生表格"按钮的单击事件驱动程序，代码如下：

```
protected void btn_CreateTable(object sender, EventArgs e)
{
    TableRow r;
    TableCell c;
    for(int i =1;i < =Convert.ToInt32(TxtRow.Text);i + +)
    {
        //生成新的行
        r =new TableRow();
        for(int j = 1; j < = Convert.ToInt32(TxtCol.Text); j + +)
        {
            //生成新的单元格
            c = new TableCell();
            //设置单元格内容
            c.Text = ("第" + i.ToString() + "行,第" + j.ToString() + "列");
            //将单元格添加到行上
            r.Cells.Add(c);
        }
        //将行添加到表格
        Table1.Rows.Add(r);
    }
}
```

2.2 高级控件

2.2.1 Calendar 日历控件

1. 作用

用于在 Web 窗体上显示日历。

2. 语句格式

`<asp:Calendar ID="日历控件名称" runat="server" CellSpacing="日历边框间距" Cellpadding="日历间距" …> </asp:Calendar>`

3. 属性

1) ID：控件名称。

2) ShowDayHeader：True 表示显示星期，False 表示隐藏星期。

3) SelectionMode：设置选择日期的方式，取值有 day（选择一天）、dayweek（选择一周）、dayweekmonth（选择一个月）。

4) 设置日历表控件样式的属性与示例，见表 2-8。

表 2-8 日历表控件样式的属性与示例

属性	作用	子属性（应用示例）			
		BackColor	BorderColor	BorderStyle	BorderWidt
日历控件	日历表样式		Maroon	Double	2px
NextPrevStyle	月份导航样式	MistyRose	Black	Solid	2px
DayHeaderStyle	星期样式	Moccasin	Black	Solid	2px
DayStyle	日期样式	White	Black	Solid	2px
OtherMonthDayStyle	非本月日期样式	WhiteSmoke	Black	Solid	2px
TodayDateStyle	今天日期样式	LightSalmon	Black	Solid	2px
SelectedDayStype	选中日期样式	Red	Black	Solid	2px
WeekEndDayStyle	周末日期样式	DarkSeaGreen	Black	Solid	2px
SelectorStyle	按日、周、月选择日期样式	White	Black	Solid	2px

说明：用智能按钮也可设置系统给出的控件样式。

5) TodayDate：设置或获取今天的日期与时间。

6) SelectedDate：获取用户选择的日期。

7) DayNameFormat：显示日期格式，取值有 Full（完整）、FirstLetter（首字母）、FirstTwoLetter（前两个字母）、Short（缩写）。

4. 事件

1) SelectionChanged：当选择日期时激活该事件。

2) VisibleMonthChanged：当单击月份导航按钮时激活该事件。

2.2.2 FileUpload 文件上传控件

1. 作用

用于在 Web 窗体上完成数据文件上传到服务器指定目录的操作。

2. 数据文件上传过程

文件上传控件由文本框与浏览按钮组成,用户通过浏览对话框定位上传文件,编写并执行上传按钮事件驱动程序,完成文件上传到服务器指定目录的操作。

3. 语句格式

< asp:FileUpLoad ID = "上传控件名称" runat = "server" > < /asp:FileUpLoad >

4. 属性

1) ID:控件名称。

2) BackColor:设置背景色。

【例 2-8】用 FileUpload 控件设计文件上传网页,如图 2-11 所示。

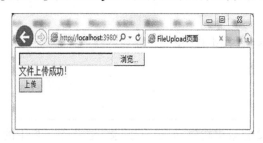 

a)   b)

图 2-11 文件上传示例

a) 文件上传页面   b) 文件上传结果

1) 新建空白解决方案 ex2_2.sln 及网站 ex2_2。

2) 在网站 ex2_2 中新建网页 FileUpLoad.aspx。

3) 在网页中添加 1 个 FileUpLoad 控件、1 个 Label 控件和 1 个 Button 控件。

4) 编写上传按钮事件驱动程序,将任意图标文件(.gif、.jpg、.bmp)上传到服务器 ex2_2 网站的 Image 目录中去。代码如下:

```
protected void btn_Tran_Click(object sender, EventArgs e)
{
    if(IsPostBack)
    {
        Boolean fileOk = false;
        String path = Server.MapPath("~/Image/");   //设置服务器网站接收文件目录
        if (FileUpload1.HasFile)    //若用户已用浏览器选择文件,则执行下列操作
        {   //判断所选文件是否为图像文件".gif",".jpg",".bmp"
            String fileExtension = System.IO.Path.GetExtension(FileUpload1.FileName).ToLower();
            String[] allowedExtensions = { ".gif", ".jpg", ".bmp" };
            for(int i = 0; i < allowedExtensions.Length; i++)
            {
                if (fileExtension == allowedExtensions[i])
```

```
                    {
                        fileOk = true;    //是图像文件则变量fileOk为true
                    }
                }
                if(fileOk)
                {   //若是图像文件则将文件保存到path路径指定目录中去,且文件名不变
                    try
                    {
                        FileUpload1.PostedFile.SaveAs(path + FileUpload1.FileName);
                        lbl_Result.Text = "文件上传成功!";
                    }
                    catch(Exception ex)
                    {
                        lbl_Result.Text = "文件上传失败!";
                    }
                }
                else
                {
                    lbl_Result.Text = "文件类型不对!";
                }
            }
        }
    }
}
```

5) 运行网页。在 d:\asp.net\ex2_2\ex2_2 目录中新建 Image 子目录。选择菜单栏中的"网站"→"设置为起始页"命令,然后选择"启动调试"命令,单击"浏览"按钮,通过浏览器对话框定位 d:\asp.net\ex2_1\Image\gz2.jpg,单击"上传"按钮,将 d:\asp.net\ex2_1\Image\gz2.jpg 上传到 d:\asp.net\ex2_2\ex2_2\Image 目录中去,运行效果如图 2-11 所示。

2.2.3 AdRotator 广告控件

观看视频

1. 作用

用于在 Web 窗体上随机并循环显示一组广告。

2. 语句格式

<asp:AdRotator ID = "ID_Name" runat = "server" AdvertisementFile = "xml文件" Target = "显示方式" KeywordFilter = "关键词" OnAdCreated = "AdCreated事件函数名"></asp:AdRotator>

3. 属性

1) ID:控件名称。
2) AdvertisementFile:用于显示广告的 XML 文件。
3) KeywordFilter:广告图像过滤关键词。
4) Target:单击广告后打开窗口的位置,取值有_blank、_parent、_self、_top、_search。

4. 事件

AdCreated 事件:在控件创建后,每次访问服务器都要生成一次 AdCreated 事件。

5. XML 文件格式

<? xml version = "1.0" encoding = "utf-8" ? >

```
<Advertisements>
  <Ad>
    <ImageUrl>广告图像路径与文件名</ImageUrl>
    <Height>图像高度</Height>
    <Width>图像宽度</Width>
    <NavigateUrl>广告链接地址</NavigateUrl>
    <AlternateText>广告文字提示</AlternateText>
    <Impressions>广告出现频度</Impressions>
    <Keyword>过滤广告关键词</Keyword>
  </Ad>
  <Ad>
  …
  </Ad>
</Advertisements>
```

【例2-9】 用 AdRotator 控件设计一组广告链接网页，如图 2-12 所示。

1）打开解决方案 ex2_2.sln。
2）在网站 ex2_2 中新建网页 AdRotator.aspx。
3）在网页中添加 1 个 AdRotator 控件。
4）在 Image 目录添加 5 张图片 gz1.jpg～gz5.jpg。
5）在解决方案资源管理器中用鼠标右键单击 ex2_2 网站，选择"添加新项"命令，选择"Web 窗体"，输入名称："AdRotator.aspx。"
6）创建 XML 文件。用鼠标右键单击网站 ex2_2，选择"添加新项"命令，选择"XML 文件"，输入名称"XMLFile.xml"，单击"添加"按钮，如图 2-13 所示。

图 2-12　AdRotator 控件应用示例

图 2-13　添加 XML 文件

输入 XML 程序如下：

```xml
<?xml version="1.0" encoding="utf-8"?>
<Advertisements>
    <Ad>
        <ImageUrl>Image/gz1.jpg</ImageUrl>
        <Height>250</Height>
        <Width>300</Width>
        <NavigateUrl>http:\\sina.com.cn</NavigateUrl>
        <AlternateText>单击进入新浪网</AlternateText>
        <Impressions>1</Impressions>
        <Keyword>网站</Keyword>
    </Ad>
    <Ad>
        <ImageUrl>Image/gz2.jpg</ImageUrl>
        <Height>250</Height>
        <Width>300</Width>
        <NavigateUrl>http:\\sohu.com.cn</NavigateUrl>
        <AlternateText>单击进入搜狐网</AlternateText>
        <Impressions>1</Impressions>
        <Keyword>网站</Keyword>
    </Ad>
    <Ad>
        <ImageUrl>Image/gz3.jpg</ImageUrl>
        <Height>250</Height>
        <Width>300</Width>
        <NavigateUrl>http:\\163.com</NavigateUrl>
        <AlternateText>单击进入163网</AlternateText>
        <Impressions>1</Impressions>
        <Keyword>网站</Keyword>
    </Ad>
    <Ad>
        <ImageUrl>Image/gz4.jpg</ImageUrl>
        <Height>250</Height>
        <Width>300</Width>
        <NavigateUrl>http:\\baidu.com</NavigateUrl>
        <AlternateText>单击进入百度网</AlternateText>
        <Impressions>1</Impressions>
        <Keyword>网站</Keyword>
    </Ad>
    <Ad>
        <ImageUrl>Image/gz5.jpg</ImageUrl>
        <Height>250</Height>
        <Width>300</Width>
        <NavigateUrl>http:\\baidu.com</NavigateUrl>
        <AlternateText>单击进入百度网</AlternateText>
        <Impressions>1</Impressions>
```

```
            <Keyword>网站</Keyword>
        </Ad>
</Advertisements>
```

7) 修改 AdRotator.aspx 文件,设置广告文件为 XMLFile.xml,过滤关键词为"网站",代码如下:

```
<html xmlns="http://www.w3.org/1999/xhtml">
<body>
    <form id="form1" runat="server">
    <div>
        <asp:AdRotator ID="AdRotator1" runat="server" AdvertisementFile="~\XMLFile.xml" KeywordFilter="网站"/>
    </div>
    </form>
</body>
</html>
```

8) 运行网页。选择菜单栏中的"网站"→"设置为起始页"命令,然后选择"启动调试"命令,每次页面刷新后会更换一幅图像,单击图像后将链接到广告网站,运行效果如图 2-12 所示。

2.3 验证控件

2.3.1 RequiredFieldValidator 控件

1. 作用

验证某个控件内容是否改变。

2. 语句格式

<asp:RequiredFieldValidator ID="验证控件名称" runat="server" ControlToValidator="验证控件名" Display="出错显示方式" ErrorMessage="显示出错信息" InitialValue="初始值" Text="控件显示文字"></asp:RequiredFieldValidator>

3. 属性

1) ID:控件名称。
2) ControlToValidator:验证控件的 ID。
3) Display:出错显示方式,取值有 Static、Dynatic、None。
4) ErrorMessage:验证未通过时,显示验证错误信息。
5) InitialValue:设置被验证初始值。
6) Text:控件显示文字。

2.3.2 CompareValidator 控件

1. 作用

用于对两个值进行比较验证。

2. 语句格式

<asp:CompareValidator ID="验证控件名称" runat="server" ControlToValidator="比较控件名" Opretor="比较运算符" ControlToCompare="被比较控件名" ErrorMessage

=" 显示比较错误信息 " Type=" 比较数值类型 " Display=" 出错显示方式 " ValueToCompare=" 被比较常数值 " ></asp:CompareValidator>

3. 属性

1）ID：控件名称。

2）ControlToValidator：比较控件 ID。

3）Opretor：比较运算符，取值有 Equal（=）、NotEqual（<>）、GreaterThen（>）、GreaterThenEqual（>=）、LessThen（<）、LessThenEqual（<=）、DataTypeCheck（比较数据类型）。

4）ControlToCompare：被比较控件 ID。

5）ErrorMessage：显示比较错误信息。

6）Type：比较数值类型，取值有 String、Integer、Double、Date、Currency（货币）。

说明：比较前先将两个控件的数据类型转换成 Type 规定的类型，然后进行比较。

7）Display：出错显示方式。

8）ValueToCompare：被比较常数值。

2.3.3 RangeValidator 控件

1. 作用

用于验证用户输入值是否在指定范围之内。

2. 语句格式

<asp:RangeValidator ID=" 验证控件名称 " runat=" server " ControlToValidator=" 被验证控件名 " ErrorMessage=" 显示验证错误信息 " MaximumValue=" 最大值 " Minimum=" 最小值 " Type=" 比较数值类型 " ></asp:RangeValidator>

3. 属性

1）ID：控件名称。

2）ControlToValidator：被验证控件名。

3）ErrorMessage：显示验证错误信息。

4）MaximumValue：最大值。

5）Minimum：最小值。

6）Type：比较数值类型。

2.3.4 RegularExpressionValidator 控件

1. 作用

用于验证输入字符串是否符合验证表达式的要求。

2. 语句格式

<asp:RegularExpressionValidator ID=" 验证控件名称 " runat=" server " ControlToValidator=" 被验证控件名 " ErrorMessage=" 显示验证错误信息 " ValidationExpression=" 验证表达式 " ></asp:RegularExpressionValidator>

3. 属性

1）ID：控件名称。

2）ControlToValidator：被验证控件名。

3) ErrorMessage：显示验证错误信息。

4) ValidationExpression：验证表达式。

2.3.5 CustomValidator 控件

1. 作用

允许用户利用自己定义的函数规范来构建验证控件。

2. 语句格式

`<asp:CustomValidator ID="验证控件名称" runat="server" Display="Static|Dymatic|None" ControlToValidate="被验证控件名称" ClientValidationFunction="客户端验证函数名" OnServerValidate="ServerValidate事件函数名" ErrorMessage="显示验证错误信息"/>`

3. 属性

1) ID：控件名称。

2) ClientValidationFunction：默认值是空字符串，得到为验证使用的客户脚本函数的名称。

4. 方法

OnServerValidate 方法：委托该控件的 ServerValidate 事件的方法。

【例 2-10】CustomValidator 控件示例，设计用户用其他用户名登录的验证页面，如图 2-14 所示。

图 2-14 用户名登录验证页面

1) 新建空白解决方案 ex2_3.sln 及网站 ex2_3。

2) 在网站 ex2_3 中新建网页 CustomValidator.aspx。

3) 在网页中添加 1 个 Table 控件。

4) 在表格中添加 1 个 TextBox 控件、1 个 Button 控件和 1 个 CustomValidator 控件，属性设置见表 2-9。

表 2-9 控件属性设置

控件	ID	Text	其他属性
TextBox1	txt_UserName		
Button1	btn_Ok	登录	
CustomValidator	csv_UserName		ControlToValidator="txt_UserName" ErrorMessage="用户不存在" Display="Dynamic" ValidationEmptyText="True"

5) CustomValidator 验证控件部分的 HTML 代码如下：

```
<asp:CustomValidator ID = "csv_ UserName" runat = "server" ControlToValidate
= "txt_UserName" Display = "Dynamic" ErrorMessage = "用户不存在"/>
```

6）编写 CustomValidator 控件的 SeverValidate 事件驱动程序代码如下：

```
protected void csv_UserName_ServerValidate(object source, ServerValidateEventArgs args)
{
    if (txt_UserName.Text = = "admin")
    {
        args.IsValid = true;      //通过验证
    }
    else
    {
        args.IsValid = false;     //没有通过验证
    }
}
```

7）运行网页。选择菜单栏中的"网站"→"设置为起始页"命令，然后选择"启动调试"命令，运行效果如图 2-14 所示。

2.3.6 ValidationSummary 控件

1. 作用

用于显示所有验证错误的摘要信息。

2. 语句格式

```
<asp:ValidationSummary ID = "验证控件名称" runat = "server" DisplayMode = "BulletKist|List|SingleParagraph" EnableClientScript = "True|False" ShowSummary = "True|False" ShowMessageBox = "True|False" HeaderText = "标题文本"/>
```

3. 属性

1）ID：控件名称。

2）DisplayMode：用于设置验证摘要的显示模式，取值如下：
- BulletKist：每个消息显示为单独的项。
- List：每个消息显示为单独的行。
- SingleParagraph：每个消息显示为段落中的一个子句。

3）EnableClientScript：是否在浏览器上进行客户验证，取值有 True、False。

4）ShowSummary：是否显示 ValidationSummary 控件，取值有 True、False。

5）ShowMessageBox：是否要将验证摘要信息显示在一个消息对话框中，取值有 True、False。

6）HeaderText：控件显示标题。

2.4 用户创建控件

2.4.1 用户控件

1. 定义

用户根据需要开发的自定义控件称为用户控件。用户控件的文件扩展名为 .ascx。

2. 作用

将经常使用的控件组合定义成用户控件用于网页界面设计，达到减少程序员的界面设计工作量的目的。

3. 说明

1）用户控件只能像普通控件一样被用于网页界面的设计中，而不能作为独立文件运行。

2）用户控件没有 html、body、form 之类的元素。

3）用户控件用@ Control 指令替换@ Page 指令，并用@ Control 指令对配置与属性进行定义。

4. 创建用户控件

在解决方案资源管理器中，用鼠标右键单击网站，单击"添加新项"命令，选择项目类型为"Web 用户控件"，输入名称为"WebUserControl"，单击"添加"按钮，则生成用户控件文件 WebUserControl.ascx 与 WebUserControl.ascx.cs。

5. 用户控件的使用

将资源管理器中的用户控件拖放到网页界面中即可。

【例 2-11】创建用户控件实例：创建用户密码修改和用户注册用户控件。

1）新建空白解决方案 ex2_4.sln 及网站 ex2_4。

2）在网站 ex2_4 中新建用户控件 User_Modify_Password.ascx。方法如下：用鼠标右键单击网站 2_4，选择"添加新项"命令，选择"Web 用户控件"，输入名称为"Login"，单击"添加"按钮，生成用户控件文件 User_Modify_Password.ascx 与 User_Modify_Password.ascx.cs。

3）按照图 2-15 设计用户密码修改用户控件页面。该用户控件文件的源代码如下：

```
<%@ Control Language = "C#" AutoEventWireup = "true" CodeFile = "User_Modify_Password.ascx.cs" Inherits = "User_Modify_Password" %>
...
```

4）在网站 ex2_4 中新建网页 User_Modify_Password.aspx，从解决方案资源管理器中将用户控件 User_Modify_Password.ascx 拖放到 User_Modify_Password.aspx 界面中。

5）用同样的方法创建用户控件 User_Register.ascx，新建网页 User_Register.aspx，并将用户控件 User_Register.ascx 拖放到 User_Register.aspx 界面中。

6）设置 User_Modify_Password.aspx 为起始页并运行，效果如图 2-15 所示。设置 User_Register.aspx 为起始页并运行，效果如图 2-16 所示。

图 2-15 用户密码修改页面

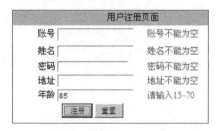

图 2-16 用户注册页面

2.4.2 自定义 Web 服务器控件

观看视频

1. 概念

自定义 Web 服务器控件提供了另外一种方法在 ASP.NET 应用程序中实现重用逻辑,其在应用程序运行之前就被编译成一个程序集。

2. 特性

1) 自定义 Web 服务器控件完全是托管代码编写而成,没有任何标记文件。

2) 自定义 Web 服务器控件是派生于 System.Web.UI.Control、System.Web.UI.WebControl 类,或者包含在 ASP.NET 中的某一个现有 Web 服务器控件。

3) 在部署应用程序之前,自定义 Web 服务器控件会被编译成一个程序集(一个.dll 文件)。

3. 自定义 Web 服务器控件与用户控件的比较

用户控件更容易创建和布局,但是用户控件直到用户请求页面时才能被编译出来,在运行时可能会引入延迟。自定义 Web 服务器控件提高了代码的安全性,其只能部署编译的程序集到 Web 服务器,这样服务器的其他用户查看不到控件的源代码。

4. 创建自定义 Web 服务器控件

【例 2-12】创建自定义 Web 服务器控件示例,页面文字按照粗体、斜体显示,如图 2-17 所示。

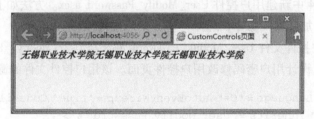

图 2-17 自定义 Web 服务器控件示例

1) 打开解决方案 ex2_4.sln。
2) 在网站 ex2_4 中新建文件夹 App_Code。
3) 在 App_Code 文件夹下新建文件夹 CustomControls,如图 2-18 所示。

图 2-18 新建文件夹目录结构

4) 在 CustomControls 文件夹中新建类,类名为 FullyRenderControl.cs,如图 2-19 所示。

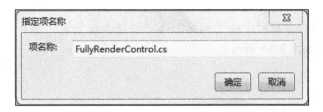

图 2-19 添加新项

5) 在 FullyRenderControl.cs 类中编写程序如下:

```csharp
namespace CustomControls
{
    public class FullyRenderControl:System.Web.UI.Control
    {
        //TODO: 在此处添加构造函数逻辑
        private string _text;
        public string Text
        {
            get { return _text; }
            set { _text = value; }
        }
        protected override void Render(HTMLTextWriter writer)
        {
            writer.Write("<b><i>");
            for (int i = 0; i < 3; i++)
            {
                writer.Write(_text);
            }
            writer.Write("</i></b>");
        }
    }
}
```

6) 在网站 ex2_4 中新建网页 Default.aspx, 代码如下:

```
<%@ Page Language="C#" AutoEventWireup="true" CodeFile="Default.aspx.cs" Inherits="_Default" %>
<%@ Register TagPrefix="ctrl" Namespace="CustomControls"%>
<html xmlns="http://www.w3.org/1999/xhtml">
<body>
    <form id="form1" runat="server">
    <div>
        <ctrl:FullyRenderControl ID="frc" runat="server" Text="无锡职业技术学院"></ctrl:FullyRenderControl>
    </div>
    </form>
</body>
</html>
```

7）运行网页。选择菜单栏中的"网站"→"设置为起始页"命令，然后选择"启动调试"命令，运行效果如图2-15所示。

工作任务

观看视频

工作任务2　设计校友录系统登录模块界面

1. 项目描述

本工作任务用于创建用户进入校友录网站系统的门户页面。该页面用于对用户进行身份验证，只有系统的合法用户才能进入系统的主界面。输入用户名，密码，单击"确定"按钮，如果用户不合法，则给出"用户名或密码出错，请重新输入"的提示信息（见图2-20）；如果用户是合法的，则给出"登录成功"的提示信息（见图2-21）。

图2-20　登录不成功

图2-21　登录成功

2. 相关知识

本项目的实施，需要了解页面、命令按钮、文本框、标签控件、非空验证控件的常用属性、方法与事件。

3. 项目设计

本项目功能的实现步骤如下：

1）使用非空验证控件验证用户名和密码输入是否非空。
2）获取用户输入的信息。
3）对用户输入的信息进行判断。
4）根据判断结果给出相应结果。

其中第3步暂不考虑数据库支持。假设系统只有一个合法用户，用户名为admin，密码为123456。

4. 项目实施

1）新建空白解决方案ex2_5.sln及网站ex2_5。
2）在网站ex2_5中新建网页Login.aspx。
3）在网页中添加1个Table控件。
4）在表格中添加3个Label控件、两个TextBox控件、两个Button控件和两个RequiredFieldValidator控件，属性设置见表2-10。

表 2-10 控件属性设置

控件	ID	Text	其他属性
Label1	lbl_UserName	用户名	
Label2	lbl_UserPassword	密码	
Label3	lbl_Result		
TextBox1	txt_UserName		
TextBox2	txt_UserPassword		TextMode = "password"
Button1	btn_Login	确定	
Button2	btn_Reset	取消	
RequiredFieldValidator1	rfv_User		ControlToValidator = "txt_UserName" ErrorMessage = "用户名不能为空"
RequiredFieldValidator2	rfv_Password		ControlToValidator = "txt_UserPassword" ErrorMessage = "密码不能为空"

5）RequiredFieldValidator 控件部分的 HTML 代码如下：

```
< asp: RequiredFieldValidator ID = " rfv _ UserName " runat = " server "
ControlToValidate = "txt_UserName" ErrorMessage = "用户名不能为空" />
< asp: RequiredFieldValidator ID = " rfvl _ Password " runat = " server "
ControlToValidate = "txt_Password" ErrorMessage = "密码不能为空" />
```

6）双击"登录"按钮，进入代码编辑器，编写"登录"按钮事件驱动程序，代码如下：

```
protected void btn_Login_Click(object sender, EventArgs e)
{
    string user = txt_UserName.Text.Trim();
    string pass = txt_UserPassword.Text.Trim();
    if (user == "admin" && pass = = "123456")
        lbl_Result.Text = "登录成功!";
    else
        lbl_Result.Text = "登录失败!";
}
```

此时查看网页源文件，发现"登录"按钮的 HTML 语句增加了事件 OnClick = "btn_Login_Click"，代码如下：

```
<asp:Button ID = "btn_Login" runat = "server" Text = "登录" OnClick = "btn_Login_Click"/>
```

7）双击"取消"按钮，进入代码编辑器，编写"取消"按钮事件驱动程序，代码如下：

```
protected void btn_Cancel_Click(object sender, EventArgs e)
{
    txt_User.Text = "";
    txt_Password.Text = "";
```

}

查看网页源文件，发现"取消"按钮的 HTML 语句增加了事件 OnClick = "btn_Cancel_Click"，代码如下：

```
<asp:Button ID = "btn_Cancel" runat = "server" Text = "取消" OnClick = "btn_Cancel _Click"/>
```

5. 项目测试

选择菜单栏中的"网站"→"设置为起始页"命令，然后选择"启动调试"命令，不输入用户名或密码，单击"登录"按钮，RequiredFieldValidator 验证控件显示"用户名不能为空"或"密码不能为空"的提示信息。输入正确的用户名 admin 及密码：123456，提示"登录成功！"。

工作任务3　设计注册校友信息模块界面

1. 项目描述

注册校友信息模块是校友录系统的主要功能之一。本模块实现对校友输入的信息进行验证后存入数据库的功能，如图 2-22 所示。

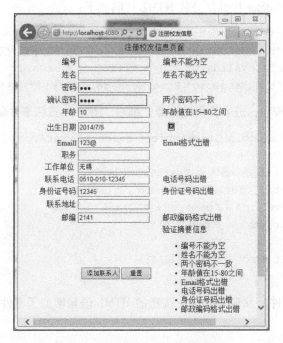

图 2-22　添加校友通讯录页面

2. 相关知识

本项目的实施，需要了解基本控件和各类验证控件的使用方法。

3. 项目设计

本项目利用 RequiredFieldValidator 控件验证编号、姓名、密码等输入是否为空，利用 CompareValidator 控件验证密码和确认密码是否一致，利用 RangeValidator 控件验证年龄是否在一定范围内，利用 RegularExpressionValidator 控件验证 Email、电话号码、身份证号码、邮编等输入是否正确，使用 ValidationSummary 控件进行验证信息汇总。

4．项目实施

1）新建空白解决方案 ex2_6.sln 及网站 ex2_6。

2）在网站 ex2_6 中新建网页 Contact_Add.aspx。

3）在网页中添加 1 个 Table 控件，合并第一行，输入标题"注册校友信息页面"，并输入编号、姓名、性别等提示信息。

4）在表格中添加 13 个 TextBox 控件、1 个 ImageButton 控件、两个 Button 控件、3 个 RequiredFieldValidator 控件、1 个 CompareValidator 控件、1 个 RangeValidator 控件、4 个 RegularExpressionValidator 控件和 1 个 Calendar，属性设置见表 2-11。

表 2-11 控件属性设置

控件	ID	Text	其他属性
TextBox1	txt_ConId		
TextBox2	txt_ContName		
TextBox3	txt_ContPass		
TextBox4	txt_ContPassCon		
TextBox5	txt_ContAge		
TextBox6	txt_ContBirth		
ImageButton1	ImageButton1		ImageUrl = " ~/images/calendar.JPG" ValidatorGroup = "0"
TextBox7	txt_ContEmail		
TextBox8	txt_ContDuty		
TextBox9	txt_ContWork		
TextBox10	txt_ContMobile		
TextBox11	txt_ID		
TextBox12	txt_ContAddress		
TextBox13	txt_ContPost		
Button1	btn_Submit	添加联系人	
Button2	btn_Reset	重置	
RequiredFieldValidator1	rfvldt_ID		ControlToValidator = "txt_ContId" ErrorMessage = "编号不能为空"
RequiredFieldValidator2	rfvldt_Name		ControlToValidator = "txt_ContName" ErrorMessage = "姓名不能为空"
RequiredFieldValidator3	rfvldt_Pass		ControlToValidator = "txt_ContPasse" ErrorMessage = "密码不能为空"

(续)

控件	ID	Text	其他属性
CompareValidator1	cfvldt_Pass		ControlToCompare = "txt_ContPass" ControlToValidator = "txt_ContPassCon" ErrorMessage = "两个密码不一致"
RangeValidator1	rvldt_Age		ControlToValidator = "txt_ContAge" MaximumValue = "80" Minimum = "15" Type = "Integer" ErrorMessage = "请输入 15~80"
RegularExpressionValidator1	revt_ContEmail		ControlToValidator = "txt_ContEmail" ErrorMessage = "Email 格式出错" ValidationExpression = "\w+([-+.']\w+)*@\w+([-.]\w+)*\.\w+([-.]\w+)*"
RegularExpressionValidator2	rev_ContMobile		ControlToValidator = "txt_ContMobile" ErrorMessage = "电话号码出错" ValidationExpression = "(\(\d{3}\)|\d{3}-)?\d{8}"
RegularExpressionValidator3	rev_ID		ControlToValidator = "txt_ID" ErrorMessage = "身份证号码出错" ValidationExpression = "\d{17}[\d|X]|\d{15}"
RegularExpressionValidator4	rev_ContPost		ControlToValidator = "txt_ContPost" ErrorMessage = "邮政编码格式出错" ValidationExpression = "\d{6}"
Calendar1	calendar1		智能标记 | 自动套用格式 | 彩色型1 Visible = "False"

5) 在网页中添加 ValidationSummary 控件，代码如下：

```
DisplayMode = BulletList
EnableClientScript = true
ShowSummary = true
ShowMessageBox = true
HeaderText = "验证摘要信息"
```

6) ImageButton1 按钮事件驱动程序（显示日历控件）代码如下：

```
protected void ImageButton1_Click1(object sender, ImageClickEventArgs e)
{
    Calendar1.Visible = true;
}
```

7) 日历控件事件驱动程序（选择出生日期，隐藏日历控件）代码如下：

```
protected void Calendar1_SelectionChanged(object sender, EventArgs e)
{
    txt_Birth.Text = Calendar1.SelectedDate.ToShortDateString();
    Calendar1.Visible = false;
}
```

5. 项目测试

选择菜单栏中的"网站"→"设置为起始页"命令，然后选择"启动调试"命令，运行效果如图 2-22 所示。

本章小结

本章以可视化程序设计中控件为基础，介绍了用于开发网页的服务器控件以及用服务器控件设计网页界面的方法。通过本章的学习，掌握常用 ASP.NET 服务器控件和高级控件的属性、方法和事件，以及 Web 网页中常用到的验证控件和用户控件的使用方法。

1. 基本控件

主要包括 Label、Button、LinkButton、Image、HyperLink、TextBox、CheckBox、CheckBoxList、RadioButton、RadioButtonList、DropDownList、ListBox、Table 控件等。这些控件是组成网页的基本控件。

2. 高级控件

主要包括 Calendar、FileUpload、AdRotator 控件等。

3. 验证控件

主要包括 RequiredFieldValidator、CompareValidator、RangeValidato、RegularExpressionValidator、CustomValidator、ValidationSummary 控件等，这些控件对用户输入的内容进行验证。

4. 用户创建控件

用户可以根据需要开发自定义控件，用户控件的文件扩展名为 .ascx。将经常使用的控件组合定义成用户控件用于网页界面设计，达到减少程序员的界面设计工作量的目的。

5. 各类控件在 Web 动态网站设计中的综合运用

习题 2

1. ASP.NET 服务器控件位于_____命名空间中。
2. 对两个值进行比较验证，需要使用_____控件。
3. 验证相关输入控件的值是否匹配正规表达式指定的模式，需要使用_____控件。
4. 将几个 RadioButton 按钮设置为一组时，需要设置_____属性。
5. Button 控件有 OnClick 和 OnCommand 两种事件，（　　）将激活 OnCommand 事件。
   A. 指定 CommandName 属性的按钮
   B. 指定 CommandArgument 属性的按钮
   C. 指定 CommandName 和 CommandArgument 属性的按钮
   D. 指定 ID 属性的按钮

6. HyperLink 控件的 Target 属性的值为（　　）时，将内容呈现在上一个框架集父级中。
   A. _blank　　　　B. _parent　　　　C. _self　　　　D. _top
7. 如果用来输入密码，需要将 TextBox 控件的 TextMode 属性设置为（　　）。
   A. SingleLine　　B. MultiLine　　　C. Password　　　D. 采用默认值
8. 验证某个值是否在要求的范围内，需要使用（　　）。
   A. RequiredFieldValidator 控件　　　B. CompareValidator 控件
   C. RangeValidator 控件　　　　　　　D. CustomValidator 控件
9. 用户控件的扩展名是_____。
10. 当使用 CustomValidator 控件时，可以在客户端和服务器上编写有效性验证代码。如何告知 ASP. NET 运行库在有效性验证处理期间调用什么有效性验证代码？
11. 注册用户控件需要使用什么指令？如何为用户控件添加属性？

实训 2　设计图书管理系统信息录入模块界面

1. 在 Visual Studio 2012 中新建空白解决方案 Lab2. sln 及网站 Library。
2. 在网站 Library 中，添加 User_Add. aspx 页面，综合使用各类服务器控件，完成如图 2-23 所示的界面设计。

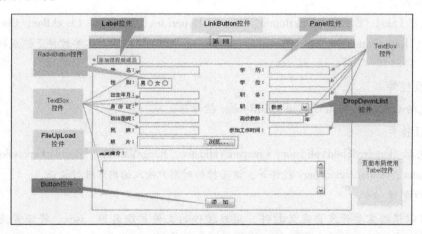

图 2-23　服务器控件综合应用

3. 在网站 Library 中，添加 Book_Add. aspx 页面，使用验证控件完成图书信息录入界面的设计，如图 2-24 所示。具体要求如下：

1）条形码号必须符合 18 位数字，而且不能为空。
2）ISBN 号不能为空。
3）图书名称不能为空。
4）借阅天数必须在 10~30 之间。
5）使用 ValidationSummary 控件进行验证信息汇总。

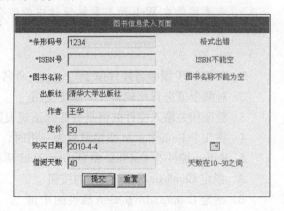

图 2-24　图书信息录入验证效果

第3章 网站设计

一个成功的网站通常会有成百上千个网页,这些网页的开发与维护工作将是非常庞大的,而这些工作通常具有重复性。让一个程序员花大量时间去做单调而重复的工作,无疑是一种人力资源的浪费。为此,ASP.NET 提供了用户控件、母版页、站点导航、主题与皮肤等技术来提高网站设计效率。

理论知识

3.1 母版页

3.1.1 母版页的概念

1. 定义

母版页是用 ASP.NET 设计的网页文件,扩展名为.master。

2. 内容

母版页内容包括静态文本、HTML 元素、服务器控件的预定义布局。

3. 作用

母版页由@ Master 指令识别,使用母版页可以为 Web 应用程序创建布局风格一致的页面。

3.1.2 母版页的设计

1. 母版页界面的组成

母版页界面由母版页本身与一个或多个内容页组成。

2. 引用母版页

页面中引用母版页的语法如下:

```
<% @ Master Language = "C#" % >
```

3. 创建母版页

1) 打开资源管理器,用鼠标右键单击网站,在弹出的快捷菜单中选择"添加新项"命令,打开"添加新项"对话框。选择"母版页",在"名称"文本框中输入"MasterPage.master",单击"添加"按钮新建一个母版页,如图3-1所示。

母版页由 MasterPage.master 与 MasterPage.master.cs 两个文件组成。母版页中有一个 ContentPlaceHolder 内容占位控件,用于网页内容设计,如图3-2所示。

2) 在母版页中添加各种控件,构成母版页界面。

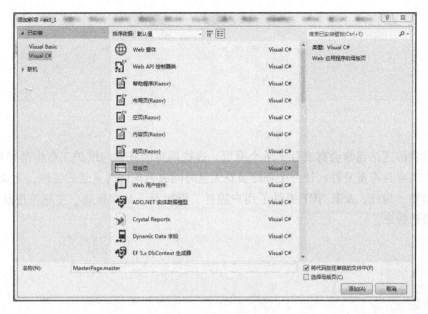

图 3-1 创建母版页界面

图 3-2 内容页控件

3.1.3 母版页的使用

1. 创建内容页

1) 在解决方案资源管理器中,用鼠标右键单击网站,在弹出的快捷菜单中选择"添加新项"命令,打开"添加新项"对话框。选择"Web 窗体",在"名称"文本框中输入"Default.aspx",选中"选择母版页"复选框,如图 3-3 所示。

2) 单击"添加"按钮,进入"选择母版页"对话框,在"文件夹内容"选项区中选择"MasterPage.master",如图 3-4 所示。

单击"确定"按钮,内容页创建成功。内容页的 HTML 源代码如下:

```
<%@ Page Title = "" Language = "C#" MasterPageFile = " ~/MasterPage.master" AutoEventWireup = "true" CodeFile = "Default.aspx.cs" Inherits = "_Default" %>
    <asp:Content ID = "Content1" ContentPlaceHolderID = "head" Runat = "Server" >
    </asp:Content >
    <asp:Content ID = "Content2" ContentPlaceHolderID = "ContentPlaceHolder1" Runat = "Server" >
    </asp:Content >
```

利用 ASP.NET 提供的母版页功能，可以创建真正意义上的页面模板，整个应用过程可归纳为"两个包含，一个结合"。"两个包含"是指公共部分包含在母版页，非公共部分包含在内容页。对于页面中内容的非公共部分，只需在母版页中使用一个或多个 ContentPlaceHolder 控件来占位即可。"一个结合"是指通过控件应用以及属性设置等行为，将母版页和内容页结合，母版页中 ContentPlaceHolder 控件的 ID 属性必须与内容页中 Content 控件中的 ContentPlaceHolder 属性绑定。

注意：1）内容页中所有内容必须包含在 Content 控件中。

2）内容页必须绑定母版页。

3）在内容页中，母版页的内容是只读的，不可编辑，要修改必须打开母版页。

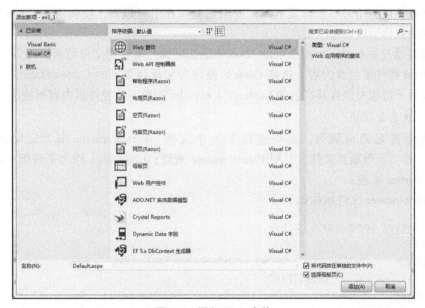

图 3-3　添加 Web 窗体

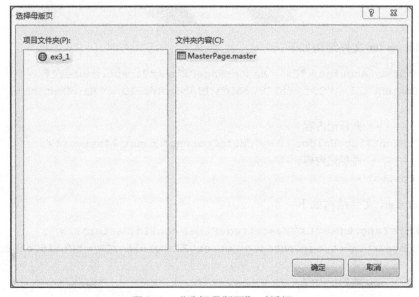

图 3-4　"选择母版页"对话框

2. 访问母版页应用举例

在内容页中,核心对象 Page 具有一个公共属性 Master。该属性能实现对相关母版页基类 MasterPage 的引用。

例如,在母版页中有一个 Label 标签 label1,在内容页中修改其显示的文本,代码如下:

```
Label mylabel = (Label)Master.FindControl("label1");
mylabel.Text = "…";
```

3.1.4 嵌套母版页

1. 概念

当一个母版页引用另一个母版页时,引用页面叫作子母版页,被引用的页面叫作父母版页,这种方法被称为嵌套母版页。

子母版页通过在@ Master 指令中的 MasterPageFile 属性来引用父母版页。一方面子母版页可在其 Content 控件里包含内容,这些 Content 控件与父母版页上的 ContentPlaceHolder 控件对应。另一方面子母版页包含其自己的 ContentPlaceHolder 控件,该控件供内容页使用。

2. 创建嵌套母版页

为了创建嵌套的母版页,需创建以下 3 个文件:Parent.master 作为父母版页文件;Child.master 作为子母版页文件,引用 Parent.master 页面;Child.aspx 作为子母版页的内容页,引用 Child.master 页面。

1) Parent.master 文件结构如下:

```
<%@ Master Language="C#" %>
<html>
  <body>
        ----------一些标记内容----------
        <asp:ContentPlaceHolder ID="MainContent" runat="server" />
        ----------一些标记内容----------
  </body>
</html>
```

2) Child.master 文件结构如下:

```
<%@ Master Language="C#" MasterPageFile="Parent.master"%>
<asp:Content id="Content1" ContentPlaceholderID="MainContent" runat="server">
    ----------一些标记内容----------
    <asp:ContentPlaceHolder ID="ChildContent" runat="server"/>
    ----------一些标记内容----------
</asp:Content>
```

3) Child.aspx 文件结构如下:

```
<%@ Page Language="C#" MasterPageFile="Child.Master"%>
<asp:Content id="pageContent" ContentPlaceholderID="ChildContent" runat="server">
    ----------一些标记内容----------
</asp:Content>
```

3.2 站点导航

利用 ASP.NET 的 Menu 控件与 TreeView 控件可以在网页上显示导航菜单。

3.2.1 Menu 站点导航控件

1. Menu 控件的两种显示模式

Menu 控件有静态与动态两种显示模式。

1) 静态显示模式：Menu 控件的菜单结构始终展开完全可见。

2) 动态显示模式。仅当鼠标指向菜单节点时，该节点子菜单才会展开显示。

通常采用静动结合的显示模式，如一级主菜单采用静态模式全部显示，而二级及二级以下子菜单采用动态显示模式。静态显示菜单的级数由属性 StaticDisplayLevels 确定，当 StaticDisplayLevels = "1"时，表示一级主菜单采用静态显示，二级及二级以下子菜单采用动态显示。

2. 菜单的创建方式

Menu 控件中菜单节点项可以有以下两种创建方式。

1) 用菜单编辑器创建菜单节点，即用 Items 属性打开菜单编辑器创建菜单节点。

2) 用站点地图（.sitemap）为数据源创建菜单节点。

3. Menu 控件的属性

1) DataBindings：菜单中菜单项的数据绑定。

2) DataSourceID：站点地图（.sitemap）数据源的 ID。

3) StaticDisplayLevels：静态显示菜单的级数，默认值为 1。

4) MaxinumDunamicDisplayLevels：最大弹出子菜单的级数，默认值为 3。

5) Items：打开菜单编辑器，手工输入各节点信息。

6) Orientation：Horizontal 表示水平菜单，Vertical 表示垂直菜单。

4. Menu 控件的事件

1) MenuItemClick：单击菜单项事件。

2) DataBinding：数据绑定前激活事件。

3) DataBound：数据绑定后激活事件。

5. 设计菜单内容

1) 单击 Menu 控件的智能按钮，选择"编辑菜单项"命令，进入"菜单项编辑器"对话框；或者在属性窗口中双击 Items 属性，也可进入"菜单项编辑器"对话框，如图 3-5 所示。

2) 在"项"选项区中输入主菜单与子菜单项，方法如下：

- 单击工具栏中的第 1 个"＋"按钮添加主菜单。
- 单击工具栏中的第 2 个"＋"按钮添加子菜单。
- 单击工具栏中的"×"按钮删除菜单项。
- 单击工具栏中的"↑"与"↓"按钮移动菜单项的位置。

3) 在"属性"选项区中设置属性：Text 属性输入菜单项名，NavigateUrl 属性选择导航地址；ImageUrl 属性选择图标文件。

除了用菜单编辑器创建菜单外，还可用站点地图创建菜单。下面介绍站点地图及用站点地图创建菜单的方法。

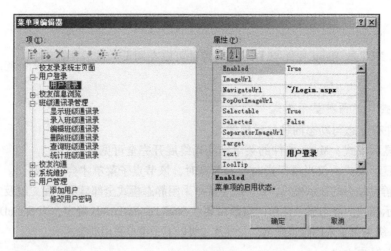

图3-5 用菜单编辑器输入菜单项

3.2.2 站点地图

1. 站点地图的概念

站点地图是名为 Web.sitemap 的标准 XML 文件，用于设置导航控件中菜单项的位置、名称与链接页面地址。

2. 站点地图的文件格式

```
<siteMap>:
<siteMapNode url="根节点链接页面地址" title="根节点名" description="">
   <siteMapNode url="一级子节点链接页面地址" title="一级子节点名" description="">
      <siteMapNode url="二级子节点链接页面地址" title="二级子节点名" description="">
         <siteMapNode url="三级子节点链接页面地址" title="三级子节点名" description="">
            …
         </siteMapNode>
      </siteMapNode>
   </siteMapNode>
   <siteMapNode url="一级子节点链接页面地址" title="一级子节点名" description="">
      <siteMapNode url="二级子节点链接页面地址" title="二级子节点名" description="">
         <siteMapNode url="三级子节点链接页面地址" title="三级子节点名" description="">
            …
         </siteMapNode>
      </siteMapNode>
   </siteMapNode>
   …
</siteMapNode>
</siteMap>
```

注意：一个站点地图只能有一个根节点。

3.2.3 SiteMapPath 站点导航控件

1. 作用

SiteMapPath 控件包含来自站点地图的导航数据，该数据包括有关网站中网页的信息，如 URL 标题、说明、导航层次结构中的位置。因此，SiteMapPath 控件可用于显示站点导航路径与用户当前页的位置，并显示返回到主页的路径链接。

2. 使用方法

1) 编写好站点地图文件 Web.sitemap。

2) 使用 Menu 控件或 TreeView 控件进行页面导航。

3) 将 SiteMapPath 控件添加到导航子页面上，如母版页中，则当网站程序运行并使用 Menu 等控件进行导航后，在 SiteMapPath 控件上自动显示站点导航路径与用户当前页的位置。

3.2.4 TreeView 站点导航控件

1. 作用

以树形结构显示站点导航节点信息。

用 TreeView 控件实现站点导航有两种方法：一是以站点地图为数据源显示树形结构站点导航；二是用 TreeView 节点编辑器输入树形节点信息，实现树形结构站点导航。第二种方法操作步骤如下：

1) 打开 TreeView 节点编辑器。打开属性窗口，单击 "Nodes" 中的省略号按钮"，进入 "TreeView 节点编辑器"对话框，如图 3-6 所示。

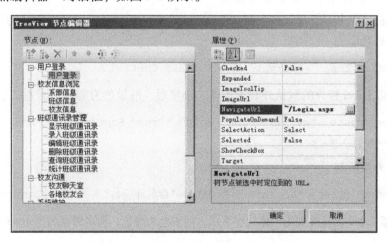

图 3-6 "TreeView 节点编辑器"对话框

2) 输入节点信息，方法与 Menu 控件相同。

2. 以站点地图为数据源显示树形结构站点导航

操作步骤如下：

1) 建立站点地图 Web.sitemap。

2) 在网页中添加站点地图数据源控件 SiteMapDataSource。

3) 单击 TreeView 控件的智能标记，选择数据源 SiteMapDataSource。

TreeView 控件将以树形结构方式显示站点地图中设置的站点导航信息。

3.3 主题与皮肤

3.3.1 主题

1. 主题的概念

主题是有关页面与控件外观属性设置的集合,由一组元素组成,包括外观文件(皮肤文件)、样式文件、图像和其他资源。

2. 主题的作用

主题用于设置页面与控件的外观,如控件中的字体、颜色、边框尺寸等。

3. 主题的创建

1) 在网站根目录下创建一个 App_Theme 目录。
2) 在 App_Theme 目录中分别创建存放皮肤文件、级联文件、图像和其他资源的子目录。
3) 在皮肤文件子目录中创建皮肤文件(.skin),每个皮肤文件都可以设置一个或多个控件的外观。
4) 在级联文件子目录中创建样式文件(.css),用于设置控件的样式。
5) 在图像子目录添加图片,用于设置控件所需的图标、图像等。

3.3.2 皮肤文件(.skin)

1. 皮肤文件的作用

皮肤文件用于设置控件的外观,如控件字体、字形、颜色等属性。

2. 皮肤文件中控件外观设置语句格式

在每个皮肤文件中可以写入多个控件外观设置语句,控件外观设置语句分为以下两类:

(1) 默认外观语句

<asp:Control runat = "server" …> </asp:Control>

例如,设置 Label 控件的默认外观为粗体、小字形,前景色为蓝色,语句如下:

<asp:Label runat = "server" Font - Bold = "True" Font - Size = "Small" ForeColor = "Blue" > </asp:Label >

(2) 命名外观语句

<asp:Control runat = "server" …SkinId = "命名外观名" > </asp:Control >

例如,设置 Label 控件外观为粗体、小字形,前景色为绿色,命名外观名为 green,语句如下:

<asp:Label runat = "server" Font - Bold = "True" Font - Size = "Small" ForeColor = "Green" SkinID = " green " > </asp:Label >

若网页文件中的控件设置命名外观属性 SkinId,则控件将使用皮肤文件中的命名外观来设置控件外观;若网页文件中的控件不设置命名外观属性 SkinId,则控件将使用皮肤文件中的默认外观来设置控件外观。

3. 皮肤文件的创建

1) 在网站中创建主题文件夹 App_Themes 与皮肤文件夹。
2) 在皮肤文件夹中创建皮肤文件(.skin)。

3)在皮肤文件中输入控件外观设置语句。

4. 皮肤文件的引用

1)在网页文件（.aspx）的@Page 指令中设置 Theme 属性，其值为在页面中要使用的主题名。

2)对于使用命名外观语句的控件，需设置其 SkinId 属性为命名外观名。

3)如果网站中所有页面均要应用同一个主题，则只需在配置文件 Web.Config 中进行如下设置：

```
<configuration>
<system.web>
    <pages theme = "应用的主题名"/>
</system.web>
</configuration>
```

3.3.3 样式文件（.css）

观看视频

1. 样式文件的作用

样式文件用于设置控件的外观，如控件字体、字形、颜色等属性。

2. 样式文件的格式

```
#控件1 ID
{属性设置列表}
…
#控件n ID
{属性设置列表}
```

例如，设置标签控件样式文件，语句如下：

```
#Label1
{
    font-weight: bold;
    color: red;
    font-family: 宋体;
    font-variant: normal;
}
```

3. 样式文件的创建

1)新建样式文件主题文件夹。用鼠标右键单击主题目录 App_Themes，在弹出的快捷菜单中选择"添加 ASP.NET 文件夹"命令，选择"主题"，输入文件夹名（如 Css）。

2)在样式主题子目录中新建样式文件 StyleSheet.css。用鼠标右键单击样式主题（Css），在弹出的快捷菜单中选择"添加新项"命令，选择"样式表"，输入名称（如 StyleSheet.css），单击"添加"按钮。

3)在样式文件中添加元素。用鼠标右键单击样式文件空白处，在弹出的快捷菜单中选择"添加样式规划"命令，选择"元素 ID"，输入名称（如 Label），单击"选择"按钮。

4)生成样式。用鼠标右键单击样式文件中控件元素 ID（#Label {}），在弹出的快捷菜单中选择"生成样式"命令，打开样式生成器，可设置控件的字体、背景、文本等样式。

4. 样式文件的引用

在页面文件的 <head>…</head> 标签对之间写入引用样式文件的语句如下：

```
<head runat = "server">
    <title>无标题页</title>
    <style type = "text/css">
    @import url(样式文件名);
    </style>
</head>
```

观看视频

3.4 本地化与全球化

Internet 是一个全球网络，用户可以通过使用多种不同的语言进行交流，也可以使用不同语言文件所指定的设置。许多 Web 站点都只是用一种语言所编写出来的，所以对那些不能用此种语言交流的用户来说网站就失去了意义。有些 Web 站点被翻译成了多种不同的语言，如"英文版""日文版"等，但用户必须单击他们想要的语言链接才能打开相应的网站，而且这种方法实际上是制作了多个不同的网站。ASP.NET 能够自动根据用户想要的语言来提供网站。每次服务器发出请求时，浏览器会将用户的首选语言传送给服务器，ASP.NET 使用这个值来决定如何对页面进行本地化工作，以达到网站全球化的目的。

3.4.1 资源文件

Microsoft.NET Framework 应用程序使用资源文件来保存将要在各个控件里显示的数据。例如，按钮控件、标签控件、超链接等所显示的文本和工具提示。

资源文件对处理区域的不同有着独特的作用，因为每个资源文件都可以做成特定于某个区域的。

配置 ASP.NET 控件时，在页面呈现出的时候系统会检测某个资源文件。如果这个控件找到了一个与用户文化相符的资源文件，并且在文件中已经给控件指定了一个值，这个值将会被替代到页面中的这个控件。

【例 3-1】 为用户登录界面 Login.aspx 生成资源文件。

1) 新建如图 3-7 所示的英文状态下的用户登录界面 Login.aspx。

2) 打开用户登录 Login.aspx 页面，双击该页面，在设计视图状态下，选择"工具"→"生成本地资源"命令，一个名为 App_LocalResources 的文件夹会在 Web 站点项目中创建出来，而且同时一个名为 login.aspx.resx 的文件也会在该文件夹中创建出来，如图 3-8 所示。

3) 从 App_LocalResources 文件夹中复制 Login.aspx.resx，并将其粘贴到相同的文件夹中。

4) 重命名"副本 Login.aspx.resx"为"Login.aspx.zh-cn.resx"，这个文件包含中文语言的文本值（由文件名中的 zh-cn 指定）。

5) 打开 Login.aspx.zh-cn.resx 文件，将其中 3 个 Label 控件的 Text 属性值分别设为"用户登录""用户名:""用户密码:"，两个 Button 控件的 Text 属性值分别设为"登录"和"取消"，如图 3-9 所示。

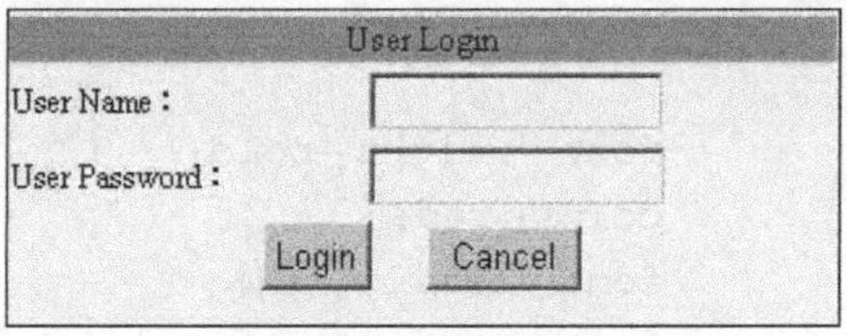

图 3-7 用户登录界面（英文状态）

图 3-8 App_LocalResources 文件夹及资源文件

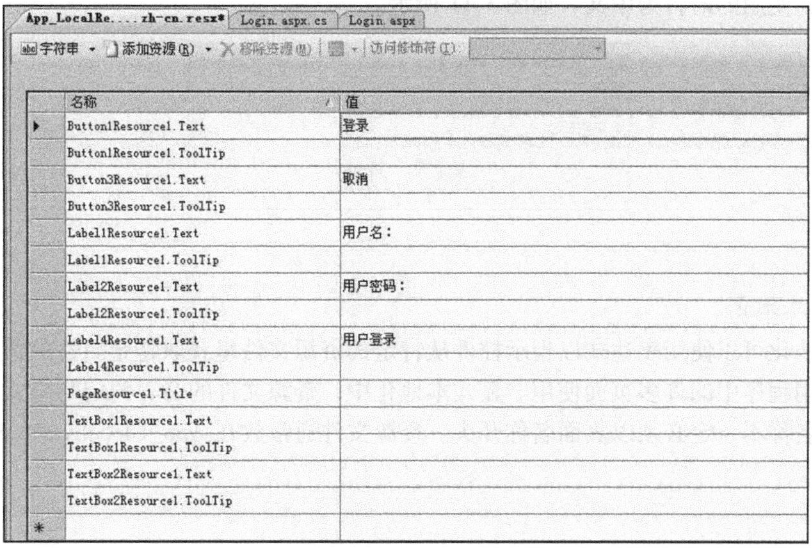

图3-9 在资源文件中修改属性值

针对每种语言，将创建一个不同的资源文件，如 Login.aspx 的法语资源文件名为 Login.aspx.fr.resx。

3.4.2 本地化处理

1. 隐式本地化

隐式本地化可以使一个控件自动地从某一个资源文件中读取其属性值。在运行过程中，如果 ASP.NET 从资源文件中找到了那个控件的值，就会自动使用它们。

每个 ASP.NET 页面都有一个默认的资源文件，如 Login.aspx 有一个默认的资源文件，名为 Login.aspx.resx。一个 ASP.NET 页面根据每一种语言和文件都会有一个资源文件，这些资源文件都存储在 App_LoclResources 文件夹中。

在隐式本地化处理过程中，可以通过在@Page 指令中添加 uiculture = "auto" 实现为页面启动自动确定区域的功能。

【例3-2】使用隐式本地化，将用户登录页面转换为中文状态下的页面。

1）为 Login.aspx 页面添加一个页面属性 uiculture = "auto"。

2）在 IE 浏览器中配置浏览器默认语言为"中文"。选择 IE 浏览器中的"工具"菜单中的"Internet 选项"命令，在弹出的对话框中单击"语言"按钮。单击"添加"按钮将所需语言添加进去，单击"上移""下移"按钮对语言进行排序。第一个语言就是浏览器的默认语言，如图3-10所示。

3）刷新 Login.aspx 页面，此时注意到页面

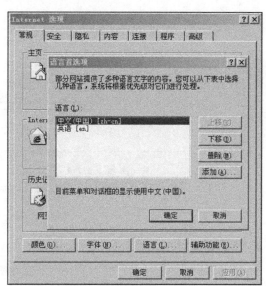

图3-10 配置浏览器默认语言

发生了变化，使用的语言为中文，如图 3-11 所示。

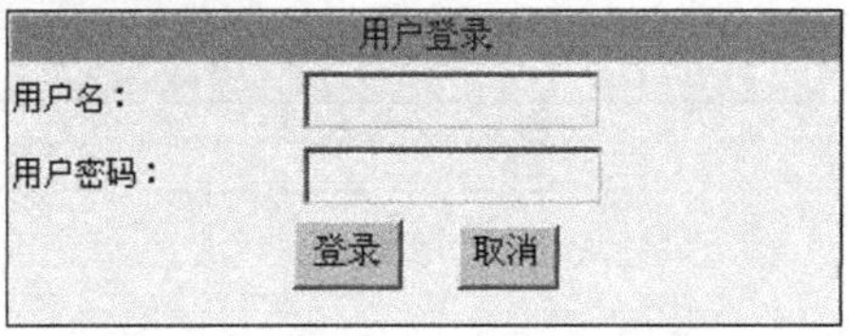

图 3-11　用户登录界面（中文状态）

2. 显式本地化

显式本地化可以使用表达式以指示控件从特定的资源文件里获取特定属性的值。一组资源文件可供应用程序中的许多页面使用。显式本地化中，资源文件的命名约定与隐式本地化中类似。但是，名称不一定必须以页面名称开头。资源文件通常放在 App_GlobalResources 目录中。

工作任务

工作任务 4　设计网站母版页

1. 项目描述

本工作任务用于创建校友录网站系统的母版页（见图 3-12），在使用母版页的基础上进行用户密码修改和用户注册的页面设计（见图 3-13 和图 3-14）。

观看视频

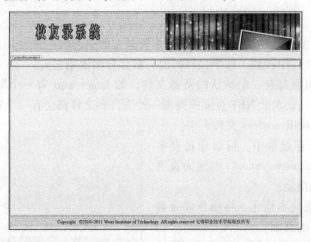

图 3-12　校友录母版页 MasterPage.master 界面

图 3-13　用户密码修改页面

图 3-14 用户注册页面

2. 相关知识

本项目的实施，需要了解母版页设计及母版页使用的方法。

3. 项目设计

本项目使用母版页设计完成页面公共部分，使用内容页设计完成页面的非公共部分，以此实现网站风格的统一。

4. 项目实施

1）新建空白解决方案 ex3_1.sln 及网站 ex3_1。

2）在网站 ex3_1 中新建校友录系统母版页 MasterPage.master。用鼠标右键单击网站 ex3_1，选择"添加新项"命令，选择"母版页"，输入名称"MasterPage.master"，单击"添加"按钮，生成母版页文件 MasterPage.master 与 MasterPage.master.cs。

3）在网站 ex3_1 中新建图像目录 Images，并将所需的图像文件复制到 Images 目录中，再刷新 Images 目录。

4）在母版页中添加 4 行 1 列的 Table 控件。

5）在表格第 1 行与第 4 行中添加 Image 控件，分别命名为 Image1 与 Image2，第 2 行后续将添加导航控件，将 ContentPlaceHolder 控件拖放到第 3 行中，属性设置见表 3-1。

表 3-1 母版页中控件属性设置

控件	ID	Text	ImageUrl
Image1	img_Title		~/Images/banner.jpg
Image2	img_Tail		~/Images/bottom.jpg
ContentPlaceHolder	ContentPlaceHolder1		

6）校友录系统母版页控件文件的 HTML 代码如下：

```
<%@ Master Language="C#" AutoEventWireup="true" CodeFile="MasterPage.master.cs" Inherits="MasterPage" %>
<html xmlns="http://www.w3.org/1999/xhtml">
<head runat="server">
  <title>无标题页</title>
</head>
<body style="margin:0 auto; padding:0;">
  <form id="form1" runat="server">
```

```html
<div style="margin:0 auto; padding:0;">
  <table style="width:880px;margin:0 auto;padding:0; height:693px;" border=1>
    <tr>
      <td colspan="3" style="height:21px; width:1033px;">
        <asp:Image ID="Image1" runat="server" Width="1024px"
          ImageUrl="~/Images/banner.jpg"/></td>
    </tr>
    <tr>
      <td colspan="3" style="height:14px; width:1033px;" align="left">
          </td>
    </tr>
    <tr>
      <td colspan="3" height="500px" valign="top" style="border:2px; width:1033px;">
        <asp:contentplaceholder id="ContentPlaceHolder1" runat="server">
        </asp:contentplaceholder></td>
    </tr>
    <tr>
      <td colspan="3" style="height:16px; width:1033px;">
        <asp:Image ID="Image2" runat="server"
          ImageUrl="~/Images/bottom.jpg"/></td>
    </tr>
  </table>
</div>
</form>
</body>
</html>
```

7）在网站 ex3_1 中新建用户控件文件夹 Controls。在解决方案资源器中用鼠标右键单击 ex3_1，在弹出的快捷菜单中选择"新建文件夹"命令，输入名称为"Controls"。

8）将"第 2 章中例 2-11 所建的"用户密码修改""用户注册"等用户控件文件复制到 Controls 目录中。

9）在网站 ex3_1 中使用母版页创建用户密码修改网页 User_Modify_Password.aspx。在解决方案资源管理器中用鼠标右键单击网站 ex3_1，在弹出的快捷菜单中选择"添加新项"命令，选择"Web 窗体"，输入名称"User_Modify_Password.aspx"，选中"选择母版页"复选框，单击"添加"按钮。在"选择母版页"对话框中选择 MasterPage.master，单击"确定"按钮。

10）将 Controls 目录下的用户控件 User_Modify_Password.ascx 拖到 User_Modify_Password.aspx 界面中。

11）用同样的方法使用母版页与用户控件设计"用户注册"页面 User_Register.aspx。

5. 项目测试

分别设置 User_Modify_Password.aspx 和 User_Register.aspx 为起始页，运行网站后出现用户密码修改和用户注册界面，如图 3-13 和图 3-14 所示。

工作任务 5　设计网站导航

1. 项目描述

本工作任务用于创建校友录网站系统的站点地图，并实现网站导航，如图 3-15 所示。

观看视频

图 3-15　使用 TreeView 设计校友录系统主页面

2. 相关知识

本项目的实施，需要了解站点地图、导航控件等的使用方法。

3. 项目设计

本项目使用站点地图 Web.sitemap 设计校友录系统中各页面从属关系，使用 TreeView 控件设计校友录系统导航主页面。

4. 项目实施

1）新建空白解决方案 ex3_2.sln 与网站 ex3_2。

2）新建母版页，应用母版页新建 1 个 Default.aspx 网页。

3）在解决方案资源管理器中，用鼠标右键单击网站，选择"添加新项"命令，选择"站点地图"，输入名称"Web.sitemap"，单击"添加"命令，出现 Web.sitemap 界面。

4）编写 Web.sitemap 文件代码如下：

```
<?xml version="1.0" encoding="utf-8"?>
<siteMap xmlns="http://schemas.microsoft.com/AspNet/SiteMap-File-1.0">
    <siteMapNode url="" title="校友录系统主页面" description="">
      <siteMapNode url="" title="用户登录" description="">
         <siteMapNode url="~/Login.aspx" title="用户登录" description=""/>
      </siteMapNode>
      <siteMapNode url="" title="校友信息浏览" description="">
         <siteMapNode url="" title="系部信息" description=""/>
         <siteMapNode url="" title="班级信息" description=""/>
```

```xml
            <siteMapNode url="" title="校友信息" description=""/>
        </siteMapNode>
        <siteMapNode url="" title="班级通讯录管理" description="">
            <siteMapNode url="" title="显示班级通讯录" description=""/>
            <siteMapNode url="" title="录入班级通讯录" description=""/>
            <siteMapNode url="" title="编辑班级通讯录" description=""/>
            <siteMapNode url="" title="删除班级通讯录" description=""/>
            <siteMapNode url="" title="查询班级通讯录" description=""/>
            <siteMapNode url="" title="统计班级通讯录" description=""/>
        </siteMapNode>
        <siteMapNode url="" title="校友沟通" description="">
            <siteMapNode url="" title="校友聊天室" description=""/>
            <siteMapNode url="" title="各地校友会" description=""/>
        </siteMapNode>
        <siteMapNode url="" title="系统维护" description="">
            <siteMapNode url="" title="系部编码维护" description=""/>
            <siteMapNode url="" title="班级编码维护" description=""/>
            <siteMapNode url="" title="校友信息维护" description=""/>
        </siteMapNode>
    <siteMapNode url="" title="用户管理" description="">
        <siteMapNode url="" title="添加用户" description=""/>
        <siteMapNode url="" title="修改用户密码" description=""/>
        </siteMapNode>
    </siteMapNode>
</siteMap>
```

5）在网页中添加站点地图数据源控件 SitemapDataSource，用于连接站点地图文件 Web.sitemap。

6）打开母版页文件 MasterPage.master，在表格的第二行添加 SiteMapPath 控件，属性设置如下：PathSeparator = " > "，Font-Size = "Small"。在智能标记中单击"自动套用格式"，选择"简明型"。

7）添加 TreeView 控件。

8）单击 Treeview 控件，单击智能标记，选择数据源为 SiteMapDataSource1，并使显示行复选框有效。

5. 项目测试

设置 Default.aspx 为起始页，运行网站程序，效果如图 3-16 所示。

工作任务6　设计网站主题与皮肤

1. 项目描述

本工作任务通过设计网站主题与皮肤，实现控件外观的统一设置，从而实现网站美化效果，如图 3-16 所示。

观看视频

2. 相关知识

本项目的实施，需要了解主题、皮肤文件、样式文件等的使用方法。

3. 项目设计

本项目创建主题，使用皮肤文件设计 Label 控件的样式，并将其应用于用户密码修改页面中，实现 Label 控件外观的统一设置。

图 3-16 用主题与皮肤设置 Label 控件的字体与颜色

4. 项目实施

1）新建空白解决方案 ex3_3.sln 与网站 ex3_3。

2）新建并设计用户密码修改网页 User_Modify_Password.aspx。

3）在网站 ex3_3 中新建主题目录 App_Themes 与子目录 Skin。用鼠标右键单击 ex3_3 网站，在弹出的快捷菜单中选择"添加 ASP.NET 文件夹"命令，选择"主题"，将生成的文件夹名改为"Skin"，如图 3-17 所示。

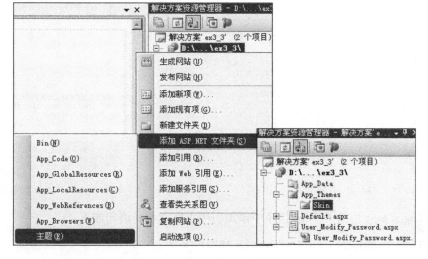

图 3-17 添加主题与皮肤文件夹

4）在 App_Themes\Skin 子目录中新建皮肤文件 SkinFile.skin。用鼠标右键单击 Skin 文件夹，在弹出的快捷菜单中选择"添加新项"命令，选择"外观文件"，输入名称为 SkinFile.skin，如图3-18所示。

上述过程也可以进行如下简化：直接在网站中选择"添加新项"命令，选择"外观文件"，输入外观文件名称并单击"确定"按钮（见图3-19），弹出如图3-20所示的提示框，单击"是"按钮，则 App_Themes 目录与子目录 SkinFile 会被自动创建。

5）在皮肤文件中输入控件外观设置语句。

//设置 Label 控件默认外观的字体为小号、粗体,前景色为蓝色
  <asp:Label runat = "server" Font - Bold = "True" Font - Size = "Small" ForeColor = "Blue" > </asp:Label >

//设置 Label 控件的命名外观(green)的字体为小号、粗体,前景色为绿色
  <asp:Label runat = "server" Font - Bold = "True" Font - Size = "Small" ForeColor = "Green" SkinID = " green " > </asp:Label >

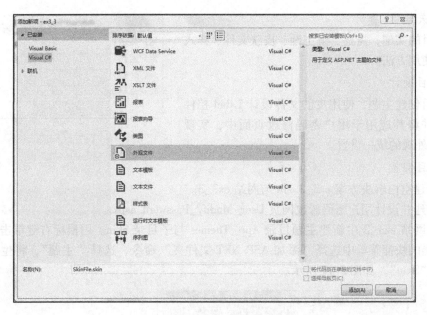

图 3-18 添加外观文件（皮肤文件）

图 3-19 输入外观文件名称

图 3-20 自动创建 App_Themes 文件夹提示框

6）在 Login.aspx 中的 @Page 指令中添加引用皮肤文件的语句如下：

<% @ Page Language = "C#" …Theme = "Skin"% >

7）用户账号与用户密码 Label 控件使用默认外观，即用户账号与用户密码 Label 控件的 SkinId 属性为空；新密码与确认密码 Label 控件使用命名外观，即新密码与确认密码 Label 控件的 SkinId 属性设置为 green。

5. 项目测试

将 User_Modify_Password.aspx 设置为起始页，运行后，用户账号与用户密码 Label 控件外观显示为大号、粗体、蓝色，新密码与确认密码 Label 控件外观显示为大号、粗体、绿色，如图 3-17 所示。

本章小结

本章详细介绍了 ASP.NET 中的导航、母版页、主题等在 Web 开发中常用的控件。通过本章的学习掌握母版页的创建和使用，站点导航的实现，外观文件的创建和应用等。

1. 母版页

主要包括母版页的作用，母版页的创建方法，如何在内容页中使用母版页以及访问母版页中控件和属性的方法。

2. 站点导航

利用 ASP.NET 的 Menu 控件与 TreeView 控件可以在网页上显示导航菜单，详细介绍了 3 种站点导航控件（Menu、TreeView、SiteMapPath）的使用方法，实现网站的站点导航。

3. 主题与皮肤

详细介绍了主题、皮肤、样式文件的相关概念，创建皮肤（外观）文件的方法，用主题与皮肤设置页面中控件的外观，创建样式文件的方法，用主题与样式设置页面控件的外观。

4. 本地化与全球化

介绍了本地化和全球化的概念，讲解如何生成资源文件、如何进行本地化处理等。

习题 3

1. 利用 Menu 控件，可以开发 ASP.NET 网页的静态和_____显示菜单。
2. 使用_____属性可控制 Menu 控件的静态显示的层数。
3. TreeView 控件用于以_____结构显示分层数据。
4. 母版页是 ASP.NET 2.0 中新增的功能，是扩展名为_____的 ASP.NET 文件。
5. 级联样式表是扩展名为_____的文件。
6. 对 TreeView 控件描述正确的有（　　）。
   A. 可通过主题、用户定义的图像和样式自定义外观
   B. 通过编程访问 TreeView 对象模型，可以动态地创建树，填充节点以及设置属性等
   C. 通过客户端到服务器的回调填充节点（在受支持的浏览器中）
   D. 能够在每个节点旁边显示复选框
7. 主题是有关页面和控件的外观属性设置的集合，由一组元素组成，包括（　　）。
   A. 外观文件   B. 级联样式表（CSS）
   C. 图像   D. 网页
8. 可以自动应用于同一类的所有控件的外观是（　　）。
   A. 默认外观   B. 已命名外观   C. 无名外观   D. 其他外观
9. 用户控件和 ASP.NET 网页的区别包括（　　）。
   A. 用户控件的文件扩展名为 .ascx
   B. 用户控件中没有 @Page 指令，而是包含 @Control 指令
   C. 用户控件不能作为独立文件运行
   D. 用户控件中没有 html、body 或 form 元素

实训 3　设计及美化图书管理系统网站

1. 新建空白解决方案 Lab3.sln 和网站 Library，按图 3-21 要求编写站点地图 Web.sitemap。
2. 在网站 Library 中新建母版页 MasterPage.master，添加页面头部和底部的图片，在母版页中添加 SiteMapPath 控件，并将其与站点地图绑定，显示站点导航路径与用户当前页的位置，如图 3-22 所示。

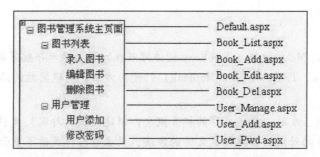

图 3-21　站点导航

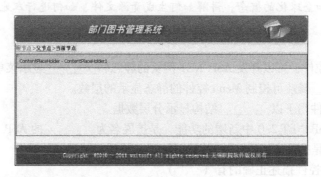

图 3-22　母版页界面

3. 使用母版页 MasterPage.master 创建系统首页面 Default.aspx。在其中分别使用 TreeView 控件和 Menu 控件显示站点目录。

4. 在网站 Library 中添加外观文件，名为 SkinFile.skin，在其中定义 TextBox 控件的外观，设置该控件背景色为#FFFFC0、前景色为#0000C0。

5. 使用母版页 MasterPage.master 在网站中新建用户密码修改页面 User_Pwd.aspx，在 User_Pwd.aspx 页面中应用外观文件，如图 3-23 所示。

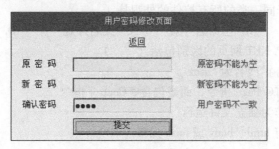

图 3-23　用户密码修改页面

第4章 页面跳转与状态管理

本章主要针对动态网页制作过程中的一些常见问题，从"页面执行过程""页面跳转""跨页面传值""存储页面信息""ASP.NET 缓存技术"等 5 个方面对 ASP.NET 的对象作一个系统的介绍。本章的主要内容包括页面执行过程中的事件处理、实现页面跳转的几种方式、几种跨页面传值的方法、页面信息的存储以及缓存技术等方面的知识。

理论知识

4.1 页面执行过程

在浏览器打开 Web Form 网页时，ASP.NET 会先编译 Web Form 网页，分析网页及其代码，然后以动态的方式产生新的类（Class），再编译新的类。Web Form 网页编译后所创建的类是从 Page 类派生而来的，因此 Web Form 网页可以使用 Page 类的属性、方法与事件。

4.1.1 Page 对象

Page 对象是由 System.Web.UI 命名空间中的 Page 类来实现的，是所有 Web 窗体的基类。Page 对象提供的常用属性、方法及事件如下。

1. Page 对象的属性

1) Application：为当前 Web 请求获取 HttpApplicationState 对象。

2) Cache：获取与网页所在应用程序相关联的 Cache 对象。

3) ErrorPage：设置当网页发生未处理的异常情况时，要将用户定向到哪个错误信息网页。

4) IsPostBack：False 表示是第一次加载该网页，True 表示是因为返回数据而被重新加载。

5) IsValid：判断网页上的验证控件是否全部验证成功，返回 True 表示全部验证成功，返回 False 表示至少有一个验证控件验证失败。

6) Request：获取请求网页的 HttpRequest 对象，主要是用来获取浏览器端的有关信息。

7) Response：获取与 Page 关联的 HttpResponse 对象。该对象将 HTTP 响应数据发送到浏览器端。

8) Server：获取 Server 对象，它是 HttpServerUtility 类的实例。

9) Session：获取 ASP.NET 提供的当前 Session 对象。

2. Page 对象的方法

1) FindControl：在页面容器中搜索指定的服务器控件。

2) MapPath：搜索虚拟路径（绝对的或相对的）或应用程序相关的路径映射到的物理路径。

3) SetFocus:将浏览器焦点设置为具有指定标识符的控件。
4) Validate:指示该页上包含的所有验证控件验证指派给它们的信息。

3. Page 对象的事件

1) Error:当引发未经处理的异常时发生。
2) Init:当网页初始化时会触发此事件。在 ASP.NET 网页被请求时,Init 是网页执行第一个触发的事件。
3) Load:当网页被载入时会触发此事件。
4) Unload:当服务器控件从内存中卸载时发生。

4.1.2 Web Form 网页执行的流程

Web Form 网页执行时先进行网页初始化,此时触发 Page 对象的 Init 事件。然后加载网页并触发 Page 对象的 Load 事件。这两个事件主要的差别在于服务器控件是在触发 Load 事件后才被完全加载的。虽然在触发 Init 事件后可以访问服务器控件,但服务器控件的视图状态(Viewstate)并未加载,因此服务器控件拥有的是默认值,而不是浏览器端的返回值。接下来 Web Form 网页会触发服务器控件事件。最后在网页完成处理且信息被写入浏览器端后会触发 Page 对象的 Unload 事件。如果在网页执行流程中发生未处理的异常情况,则会触发 Page 对象的 Error 事件。Web Form 网页执行的流程如图 4-1 所示。

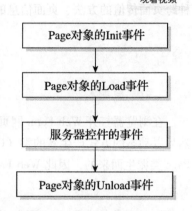

图 4-1 Web Form 网页执行的流程

1. Page 对象的 Init 事件

通常 Init 事件用来设置网页或控件的初始值,当用户返回窗体数据时,由于网页已经初始化过,所以不会再触发 Init 事件,即同一个网页只会触发一次 Init 事件。

【例 4-1】Page 对象的 Init 事件示例,运行结果如图 4-2 所示。

图 4-2 Page 对象的 Init 事件

1) 新建空白解决方案 ex4_1.sln 与网站 ex4_1。
2) 创建如第 3 章工作任务 4 中的母版页 MasterPage.master。
3) 用母版页创建页面 PageInit.aspx,在页面上添加表 4-1 所示的控件。

表 4-1 跳转起始页中控件属性设置

控件	ID	Text	其他属性
Label1	label1	校友会	

(续)

控件	ID	Text	其他属性
Label2	label2	添加	
TextBox1	txt_Add		
DropDownList1	ddlist		
Button1	btn_Ok	确定	

4）添加 Page_Init 事件程序。代码如下：

```
protected void Page_Init(object sender, EventArgs e)
{
    ddlist.Items.Add("南京");
    ddlist.Items.Add("苏州");
}
```

5）编写"确定"按钮事件驱动程序。代码如下：

```
protected void btn_Ok_Click(object sender, EventArgs e)
{
    ddlist.Items.Add(txt_Add.Text);
}
```

2．Page 对象的 Load 事件

Web Form 网页完成初始化后便会加载网页，触发 Page 对象的 Load 事件。该事件也可用来设置网页或控件的初始值。在将窗体数据返回至服务器时，虽然不会再度触发 Page 对象的 Init 事件，但 Page 对象的 Load 事件则会被再度触发。下面利用 Page_Load() 事件处理过程改写上面的例子。

【例4-2】Page 对象的 Load 事件示例，运行结果如图 4-3 所示。

图 4-3 Page 对象的 Load 事件

界面制作同例 4-1，只是事件过程有变化，代码如下：

```
protected void Page_load(object sender, EventArgs e)
{
    ddlist.Items.Add("南京");
    ddlist.Items.Add("苏州");
}
protected void btn_Ok_Click(object sender, EventArgs e)
```

```
    }
        ddlist.Items.Add(txt_Add.Text);
    }
```

1) 第一次执行网页时,下拉列表中会出现两个选项,与例 4-1 效果一样。
2) 在文本框中输入欲增加的地区,如"无锡",然后单击"确定"按钮。
3) 下拉列表框的最下方增加了"无锡",可是为什么会先重复"南京""苏州"?这是因为将数据返回至服务器时,Page 对象的 Load 事件被再度触发所导致的。

要解决这个问题,利用 Page 对象的 IsPostBack 属性来判断网页是在何种情况下加载的。IsPostBack 属性返回 True 表示是因为浏览器端返回数据而被重新加载,返回 False 表示是第一次载入该网页。

【例 4-3】Page 对象的 Load 事件改进示例。

界面和效果与图 4-2 所示一样,事件过程改为

```
protected void Page_load(object sender, EventArgs e)
{
    if (! IsPostBack)
    {
        ddlist.Items.Add("南京");
        ddlist.Items.Add("苏州");
    }
}
protected void btn_Ok_Click(object sender, EventArgs e)
{
    ddlist.Items.Add(txt_Add.Text);
}
```

4.2 页面跳转

页面跳转是大部分编辑语言中都会有的功能,即从一个页面跳转到另一个页面。在 Web 网站中最常见的页面跳转就是从登录页面跳转到主页面。在 ASP.NET 中,页面跳转共有 4 种方式:超链接控件、跨页面发送(Cross-Page Posting)、浏览器重定向(Response.Redirect)、服务器传输(Server.Transfer)。

4.2.1 超链接控件实现页面跳转

用超链接控件 HyperLink 实现页面跳转的方法已在前面章节中介绍过,将 HyperLink 控件的 NavigateUrl 属性设置为跳转页面地址即可。例如:

```
NavigateUrl = " ~ /Register.aspx"
```

4.2.2 跨页面发送实现页面跳转

跨页面发送是使用按钮控件的 PostBackUrl 属性实现页面跳转,因此该跳转方法只需在页面上添加一个按钮,并将其 PostBackUrl 属性设置为跳转页面地址即可。例如,设置按钮的属性如下:

```
PostBackUrl = " ~ /Register.aspx"
```

4.2.3 浏览器重定向实现页面跳转

浏览器重定向实现页面跳转的方法是：首先发送一个 HTTP 请求到浏览器端，通知需要跳转到新页面，然后浏览器端再发送跳转请求到服务器端。通过 Response. Redirect 方法可以跳转到任何页面，没有站点页面限制，如互联网网址，但跳转的速度慢。下面简单介绍 Response 对象。

1. Response 对象

Response 是 ASP. NET 的内置对象，其类名为 HttpResponse，用于页面跳转、向浏览器端输出信息等操作。

2. Response 对象的属性

1) BufferOutput：获取或设置一个值，该值指示是否缓冲输出。
2) Cache：获取 Web 页的缓存策略。
3) Charset：获取或设置输出流的 HTTP 字符集。
4) Cookies：获取响应 Cookie 集合。
5) Expires：用于指定浏览器上缓冲存储的有效期。
6) IsClientConnected：获取一个值，通过该值指示浏览器端是否仍连接在服务器上。
7) Output：启用到输出 HTTP 响应流的文本输出。
8) Status：设置返回到浏览器端的 Status 栏。

3. Response 对象的方法

1) Write：向浏览器端发送字符串信息。例如：

```
Response.Write("正在学习页面跳转程序设计!");
```

2) Clear：清除缓存。
3) Flush：强制输出缓存的所有数据。
4) Redirect：网页转向地址。例如：

```
Response.Redirect("http://www.163.net/");
Response.Redirect("Main.aspx");
```

若要将值传送到目标页，则需要使用变量。例如：

```
Response.Redirect("Main.aspx? &name = Zhangsan");
```

【例 4-4】编写输出当前时间的按钮事件驱动程序，运行界面如图 4-4 所示。

1) 打开解决方案 ex4_1. sln 与网站 ex4_1。
2) 新建页面 Response. aspx，添加按钮 btn_Write。
3) 双击按钮，编写事件驱动程序代码如下：

图 4-4 Response 输出信息

```
protected void btn_Write_Click(object sender, EventArgs e)
{
    Response.Write("当前时间是:" + DateTime.Now.ToString());
    Response.Write(" < br > ");
    for(int i = 0; i < 100; i + +)
    {
        Response.Write(i.ToString());
        while(i = = 10)
```

```
        Response.End();
    }
}
```

4）设置 Response.aspx 为起始页，运行网站程序后的界面如图 4-4 所示。

4.2.4 服务器传输实现页面跳转

Server.Transfer 这个跳转页面的方法跳转的机制是：跳转速度快，但是跳转页面与原页面必须是在同一个站点下（因为它是 Server 的一个方法）。另外，Server.Transfer 这个方法的重定向请求是发生在服务器端，所以浏览器的 URL 地址仍然保留的是原页面的地址。下面简单介绍 Server 对象。

1. Server 对象

Server 对象是 ASP.NET 的内置对象，用于页面跳转、获取服务器名称等操作。

2. Server 对象的属性

1）MachineName：获取服务器名称。
2）ScriptTimeout：获取或设置请求超时时间，默认值为 90s。

3. Server 对象的方法

1）Transfer：实现页面跳转。例如：

```
Server.Transfer("JumpTarget.aspx");
```

2）MapPath：返回与 Web 服务器上指定虚拟路径相对应的物理文件路径。
3）HtmlDecode：对 HTML 字符串进行解码。
4）HtmlEncode：对字符串进行 HTML 编码。例如：

```
string str = Server.HtmlEncode("<B>HTML 内容</B>");
Str = Server.HtmlDecode(str);
```

5）Execute：使用另一页执行当前请求。该方法主要是用在页面设计上，而且它必须是跳转同一站点下的页面。该方法是需要将一个页面的输出结果插入到另一个页面时使用，大部分是在表格中，将某一个页面类似于嵌套的方式存在于另一页面。

【例 4-5】编写显示服务器名，对 HTML 字符串进行编码与解码的事件驱动程序，如图 4-5 所示。

1）打开解决方案 ex4_1.sln 与网站 ex4_1。
2）新建页面 Server.aspx，编写 Page_Load 事件驱动程序如下：

```
protected void Page_Load(object sender, EventArgs e)
{
    string serverName;
    serverName = Server.MachineName.ToString();
    Response.Write("您的计算机名为:");
    Response.Write(serverName);
    Response.Write("<br>");
    string str;
```

您的计算机名为：tc607-2
编码后的为：<B>HTML 内容</B>

解码后的为：**HTML 内容**
D:\ASP.NET\ex4_1\ex4_1\Alumni.mdb

图 4-5 服务器对象的使用示例

```
             str = Server.HtmlEncode("<B>HTML 内容</B>");
             Response.Write("编码后的为:");
             Response.Write(str);
             Response.Write("<P>");
             str = Server.HtmlDecode(str);
             Response.Write("解码后的为:");
             Response.Write(str);
             Response.Write("<br>");
             Response.Write(Server.MapPath("Alumni.mdb"));
        }
```

3) 设置 Server.aspx 为起始页，运行网站程序后的界面如图 4-5 所示。

4.2.5　ASP.NET 页面跳转小结

1) 当需要把用户跳转到另一台服务器上的页面时，使用 Redirect 方法。
2) 当需要把用户跳转到非.aspx 页面时（如.html），使用 Redirect 方法。
3) 需要把查询字符串作为 URL 的一部分保留传给服务器时，使用 Redirect。
4) 需要.aspx 页面间的转换，使用 Transfer。
5) 当需要把.aspx 页面的输出结果插入到另一个.aspx 页面时，使用 Execute 方法。

【例 4-6】用超链接、跨页面发送、浏览器重新定向、服务器传输等 4 种方式实现页面跳转，如图 4-6 和图 4-7 所示。

1) 打开解决方案 ex4_1.sln 与网站 ex4_1。
2) 使用母版页 MasterPage.master、MasterPage.master.cs。
3) 用母版页创建跳转起始页面 JumpLogin.aspx。

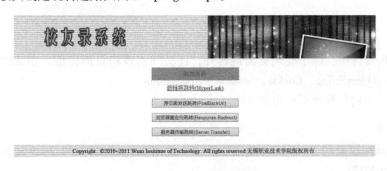

图 4-6　JumpLogin 页面

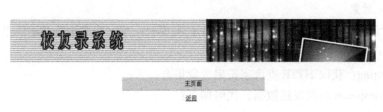

图 4-7　JumpMain 页面

在页面中添加 5 行 1 列的表格控件 Table，在表格中添加 1 个 Label 控件、1 个 HyperLink 控件和 3 个 Button 控件，属性设置见表 4-2。

表 4-2　跳转起始页中控件属性设置

控件	ID	Text	其他属性
Label1	Label1	起始页面	
HyperLink1	HyperLink1	超链接跳转	NavigateUrl = " ~/JumpMain.aspx"
Button1	btn_Server	跨页面发送跳转	PostBackUrl = " ~/JumpMain.aspx"
Button2	btn_Respone	浏览器重新定向跳转	
Button3	btn_JumpTarget	服务器传输跳转	

4）编写按钮事件驱动程序。

双击 btn_Server 按钮，编写"服务器跳转"事件驱动程序。代码如下：

```
protected void btn_Server_Click(object sender, EventArgs e)
{
    Server.Transfer("Register.aspx");
}
```

双击 btn_Response 按钮，编写"重定位跳转"事件驱动程序。代码如下：

```
protected void btn_Response_Click(object sender, EventArgs e)
{
    Response.Redirect("Register.aspx");
}
```

4.3　跨页面传值

在网站程序设计中，除了实现页面跳转外，还必须实现跨页面传值，在 ASP.NET 中使用以下 4 种方法：QueryString、Cookie、Session、Application。

下面依次介绍这 4 种跨页面传值方法。

4.3.1　使用 QueryString 实现跨页面传值

使用 Response 对象的 Redirect 方法发送数据，使用 Request 对象的 QueryString 属性接收数据，实现跨页面传值。

1. Request 对象

Request 对象是由 System.Web.HttpRequest 类实现的，用来获取浏览器端信息。

2. Request 对象的属性

1）QueryString：获取 HTTP 查询字符串变量集合。

例如，用 Response 对象发送数据，代码如下：

```
Response.Redirect("QueryStringMain.aspx? &name = " + txt_Name.Text);
```

用 Request 对象接收数据，代码如下：

```
txt_Name.Text = Request.QueryString["name"];
```

2) Cookies：获取浏览器端发送的 Cookie 信息。

3) Browser：获取有关正在请求的浏览器端的浏览器功能的信息。

首先要判断浏览器端浏览器的特性，Request 对象的 Browser 属性就可以方便地获取浏览器端浏览器的特性，如类型、版本、是否支持背景音乐等。

4) Path：获取当前请求的虚拟路径。

通过使用 Path 的方法可以获取当前请求的虚拟路径，示例代码如下：

Label1.Text = Request.Path.ToString();   //获取请求路径

5) UserHostAddress：获取远程浏览器端的 IP 主机地址。

通过使用 UserHostAddress 方法，可以获取远程浏览器端 IP 主机的地址，示例代码如下：

Label1.Text = Request.UserHostAddress;

6) Form：获取表单变量的集合。

7) ServerVariables：获取服务器与浏览器端系统信息。

利用 Request 对象的 ServerVariables 属性，可以方便地取得服务器端或浏览器端的环境变量信息，如浏览器端的 IP 地址等，语句格式如下：

Request.ServerVariables["环境变量名称"]

环境变量名与说明见表 4-3。

表 4-3 环境变量名与说明

环境变量	说明	环境变量	说明
Local_Addr	服务器 IP 地址	Server_Name	服务器名
Remote_Addr	浏览器端 IP 地址	Server_Port	服务器端口号
HTTP_Host	服务器主机别名	Server_Protocol	服务器使用的通信协议
Request_method	传送表单数据的方式	Server_SoftWare	服务器版本号
Logon_User	用户登录信息	Url	URL 相对地址

3. Request 对象的方法

1) BinaryRead：执行对当前输入流进行指定字节数的二进制读取。

2) MapPath：为当前请求的 URL 中的虚拟路径映射到服务器上的物理路径。

4. 使用 QueryString 实现跨页面传值示例

①发送：使用 Response 对象的 Redirect 方法发送数据。语句格式如下：

Redirect(Url[? &var1 = value1 &var2 = value2…])

其中，Url 为跳转目标页面地址，变量 var1、var2 将值 value1、value2 传送给目标页面。例如：

Response.Redirect("JumpTarget.aspx? &name = zhou");

②接收：使用 Request 对象的 QueryString 属性接收数据。语句格式如下：

<变量> = Request.QueryString["var"];

【例 4-7】使用 QueryString 实现信息从"起始页"到"目标页"的传送，如图 4-8 和图 4-9

所示。

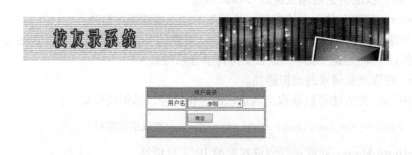

图 4-8 QueryStringLogin 页面

图 4-9 QueryStringMain 页面

1）打开解决方案 ex4_1.sln 与网站 ex4_1。
2）使用母版页 MasterPage.master、MasterPage.master.cs。
3）用母版页创建发送页面 QueryStringLogin.aspx。

在页面中添加 Table 控件，在表格中添加 2 个 Label 控件、1 个 TextBox 控件和 1 个 Button 控件，属性设置见表 4-4。

表 4-4 QueryStringLogin 页面中控件属性设置

控件	ID	Text	其他属性
Label1	Label1	用户登录	
Label2	Label2	用户名	
TextBox1	txt_Name		
Button1	btn_Submit	确定	

4）编写"确定"按钮事件驱动程序。
双击 btn_Submit 按钮，编写"确定"按钮事件驱动程序。代码如下：

```
protected void btn_Submit_Click(object sender, EventArgs e)
{
    Response.Redirect("QueryStringMain.aspx?&username=" + txt_Name.Text);
}
```

5）用母版页创建主页面 QueryStringMain.aspx。在页面中添加 Table 控件，在表格中添加 3

个 Label 控件和 1 个 Button 控件，属性设置见表 4-5。

表 4-5 QueryStringMain 页面中控件属性设置

控件	ID	Text	其他属性
Label1	Label1	主页面	
Label2	Label2	您的用户名是：	
Label3	Lab_name		
Button1	btn_Back	返回	

6）编写主页面驱动程序。代码如下：

```
protected void Page_Load(object sender, EventArgs e)
{
    Lab_name.Text = Request.QueryString["username"];
}
```

编写"返回"按钮事件驱动程序，代码如下：

```
protected void btn_Back_Click(object sender, EventArgs e)
{
    Server.Transfer("QueryStringLogin.aspx");
}
```

7）设置 QueryStringLogin.aspx 为起始页，运行网站程序，如图 4-8 与图 4-9 所示。

4.3.2 使用 Cookie 对象实现跨页面传值

用 Response 对象将数据传送到 Cookie 变量中，用 Request 对象从 Cookie 变量中获取数据，实现跨页面传值。

1. Cookie 对象

Cookie 对象是由 System.Web.HttpCookie 类实现的，是一种可以在浏览器端保存信息的方法。

Cookie 有两种形式：会话 Cookie 和永久 Cookie。会话 Cookie 是临时性的，只有浏览器打开时才存在，一旦会话结束或超时，这个 Cookie 就不存在了。永久 Cookie 则是永久性地存储在用户的硬盘上，并在指定的日期之前一直可用。

2. Cookie 对象的属性

1）Name：获取或设置 Cookie 的名称。
2）Value：获取或设置 Cookie 的 Value。
3）Expires：获取或设置 Cookie 的过期的日期和事件。
4）Version：获取或设置 Cookie 的符合 HTTP 维护状态的版本。

3. Cookie 对象的方法

1）Add：增加 Cookie 变量。
2）Clear：清除 Cookie 集合内的变量。
3）Get：通过变量名称或索引得到 Cookie 的变量值。
4）Remove：通过 Cookie 变量名称或索引删除 Cookie 对象。
5）Set：用于更新 Cookie 的变量值。

4. 使用 Cookie 实现跨页面传值示例

以下两种方法可以向用户计算机写入 Cookie：直接为 Cookies 集合设置 Cookie 属性；创建

HttpCookie 对象的一个实例并将该实例添加到 Cookies 集合中。

1）作为 Response 与 Request 对象的属性，完成数据的发送与接收任务。

①发送。语句格式如下：

`Response.Cookie["var"].Value = <value>;`

②接收。语句格式如下：

`<变量> = Request.Cookie["var"].Value;`

2）定义 Cookie 对象，完成数据传送操作。因为 Cookie 是 System.Web 命名空间中 HttpCookie 类定义的对象，所以可以用 HttpCookie 类定义 Cookie 对象。定义语句格式如下：

`HttpCookie <Cookie 对象> = new HttpCookie("var");`

①发送。语句格式如下：

```
HttpCookie <Cookie 对象> = new HttpCookie("var");
Cookie 对象.["var1"] = <value1>;
Response.Cookies.Add("Cookie 对象");
Response.Redirect(Url);
```

其中，Url 为跳转目标页面地址，变量 var1 将值 value1 传送给目标页面。

②接收。语句格式如下：

```
HttpCookie <Cookie 对象> = Request.Cookies["var"];
<变量> = Cookie 对象.["var1"];
```

【例 4-8】 使用 Cookie 对象实现 Cookie 信息从起始页到目标页的传送，如图 4-10 和图 4-11 所示。

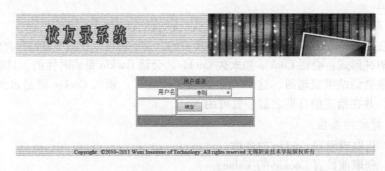

图 4-10　CookieLogin 页面

图 4-11　CookieMain 页面

1) 打开解决方案 ex4_1.sln 与网站 ex4_1。
2) 使用母版页 MasterPage.master、MasterPage.master.cs。
3) 用母版页创建发送页面 CookieLogin.aspx。在页面中添加 Table 控件，在表格中添加两个 Label 控件、1 个 TextBox 控件和 1 个 Button 控件，属性设置见表 4-6。

表 4-6　CookieLogin 页面中控件属性设置

控件	ID	Text	其他属性
Label1	Label1	用户登录	
Label2	Label2	用户名	
TextBox1	txt_Name		
Button1	btn_Submit	确定	

4) 编写"确定"按钮事件驱动程序。
双击 btn_Submit 按钮，编写"确定"按钮事件驱动程序。代码如下：

```
protected void btn_Submit_Click(object sender, EventArgs e)
{
    Response.Cookies["username"].Value = txt_Name.Text;
    Response.Redirect("CookieMain.aspx");
}
```

5) 用母版页创建主页面 CookieMain.aspx。在页面中添加 Table 控件，在表格中添加 3 个 Label 控件和 1 个 Button 控件，属性设置见表 4-7。

表 4-7　CookieMain 页面中控件属性设置

控件	ID	Text	其他属性
Label1	Label1	主页面	
Label2	Label2	您的用户名是：	
Label3	Lab_name		
Button1	btn_Back	返回	

6) 编写主页面驱动程序。代码如下：

```
protected void Page_Load(object sender, EventArgs e)
{
    Lab_name.Text = Request.Cookies["username"].Value;
}
```

编写"返回"按钮事件驱动程序。代码如下：

```
protected void btn_Back_Click(object sender, EventArgs e)
{
    Server.Transfer("QueryStringLogin.aspx");
}
```

7) 设置 CookieLogin.aspx 为起始页，运行网站程序，如图 4-10 与图 4-11 所示。

【例 4-9】Cookie 对象使用示例，定义 Cookie 对象，并用 Cookie 对象完成跨页面传值操作。

1) 打开解决方案 ex4_1.sln 与网站 ex4_1。
2) 打开 CookieLogin.aspx.cs 和 CookieMain.aspx.cs。
3) 修改 CookieLogin.aspx.cs 文件。代码如下：

```
protected void btn_Submit_Click(object sender, EventArgs e)
{
    HttpCookie mycookie = new HttpCookie("login");
    mycookie["username"] = txt_Name.Text;
    Response.Cookies.Add(mycookie);
}
```

4) 修改 CookieMain.aspx.cs 文件。代码如下：

```
protected void btn_Back_Click(object sender, EventArgs e)
{
    HttpCookie mycookie = Request.Cookies["login"];
    Lab_name.Text = mycookie["username"];
}
```

5) 设置 CookieLogin.aspx 为起始页，运行网站程序，效果如图 4-10 与图 4-11 所示。

4.3.3 使用 Session 对象实现跨页面传值

通过 Session 对象定义的全局变量可以实现跨页面传值。

1. Session 对象

Session 对象是由 System.Web.HttpSessionState 类实现的，用来记载特定客户的信息。即使该客户从一个页面跳转到另一个页面，该 Session 信息仍然存在，客户在该网站的任何一个页面都可以存取 Session 信息。当用户在应用程序的页面之间跳转时，存储在 Session 对象中的变量将不会丢失，而且在整个用户会话中一直存在下去，直到服务器中止该会话为止。

2. Session 对象的属性

1) Count：获取会话状态下 Session 对象的个数。
2) TimeOut：Session 对象的生存周期。
3) SessionID：用于标识会话的唯一编号。

3. Session 对象的方法

1) Abandon：清除 Session 对象。
2) Add：向当前会话状态集合添加一个新项。
3) Clear：清空当前会话状态集合中所有键与值。
4) Remove：删除会话状态集合中的项。
5) RemoveAll：删除所有会话状态值。

4. 使用 Session 对象实现跨页面传值示例

可以通过 Add 方法可以设置 Session 对象的值，语句格式如下：

Session.Add("变量名",变量值);

例如：

```
Session.Add("username", username);
```

需要注意的是，也可以不使用 Add 方法来设置 Session 对象，可以把变量或字符串等信息很容易地保存在 Session 中。语句格式如下：

```
Session["Session名字"] = "变量、常量、字符串或表达式"
```

例如：

```
Session["username"] = "username";
```

①发送。语句格式如下：

```
Session["var"] = <value>;
Response.Redirect(Url);
```

其中，Url 为跳转目标页面地址，变量 var 将值 value 传送给目标页面。

②接收。语句格式如下：

```
<变量> = Session["var"];
```

【例 4-10】使用 Session 对象实现信息从起始页到目标页的传送，如图 4-12 和图 4-13 所示。

1）打开解决方案 ex4_1.sln 与网站 ex4_1。
2）使用母版页 MasterPage.master、MasterPage.master.cs。
3）用母版页创建发送页面 SessionLogin.aspx。在页面中添加 Table 控件，在表格中添加两个 Label 控件、1 个 TextBox 控件和 1 个 Button 控件，属性设置见表 4-8。

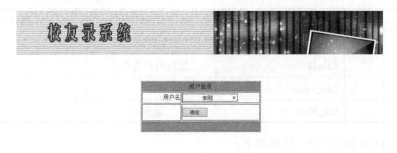

图 4-12　SessionLogin 页面

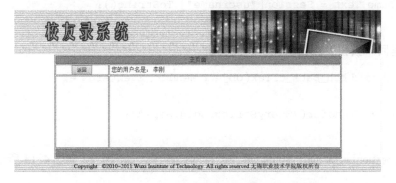

图 4-13　SessionMain 页面

表 4-8 SessionLogin 页面中控件属性设置

控件	ID	Text	其他属性
Label1	Label1	用户登录	
Label2	Label2	用户名	
TextBox1	txt_Name		
Button1	btn_Submit	确定	

4) 编写"确定"按钮事件驱动程序。

双击 btn_Submit 按钮,编写"确定"按钮事件驱动程序。代码如下:

```
protected void btn_Submit_Click(object sender, EventArgs e)
{
    //设置 Session 对象的值有以下两种写法
    Session.Add("username", txt_Name.Text);
    Session["username"] = txt_Name.Text;
    Response.Redirect("SessionMain.aspx");
}
```

5) 用母版页创建主页面 CookieMain.aspx。在页面中添加 Table 控件,在表格中添加 3 个 Label 控件和 1 个 Button 控件,属性设置见表 4-9。

表 4-9 SessionMain 页面中控件属性设置

控件	ID	Text	其他属性
Label1	Label1	主页面	
Label2	Label2	您的用户名是:	
Label3	Lab_name		
Button1	btn_Back	返回	

6) 编写主页面驱动程序。代码如下:

```
protected void Page_Load(object sender, EventArgs e)
{
    Lab_name.Text = Session["username"].ToString();
}
```

编写"返回"按钮事件驱动程序。代码如下:

```
protected void btn_Back_Click(object sender, EventArgs e)
{
    Server.Transfer("QueryStringLogin.aspx");
}
```

7) 设置 SessionLogin.aspx 为起始页,运行网站程序,如图 4-12 与图 4-13 所示。

4.3.4 使用 Application 对象实现跨页面传值

通过 Application 对象定义的全局变量实现跨页面传值。

1. Application 对象

Application 对象由 System. Web. HttpApplicationState 类实现，用来保存所有客户的公共信息。

2. Application 对象的属性

1）AllKeys：获取 HttpApplicationState 集合中的访问键。

2）Count：获取 HttpApplicationState 集合中的对象数。

3. Application 对象的方法

1）Add：新增一个新的 Application 对象变量。

2）Clear：清除全部的 Application 对象变量。

3）Get：使用索引关键字或变数名称得到变量值。

4）GetKey：使用索引关键字来获取变量名称。

5）Lock：锁定全部的 Application 变量。

6）Remove：使用变量名称删除一个 Application 对象。

7）RemoveAll：删除全部的 Application 对象变量。

8）Set：使用变量名更新一个 Application 对象变量的内容。

9）UnLock：解除锁定的 Application 变量。

4. 使用 Application 对象实现跨页面传值示例

①发送。语句格式如下：

Application ["var"] = <value>;
Response.Redirect(Url);

其中，Url 为跳转目标页面地址，变量 var 将值 value 传送给目标页面。

②接收。语句格式如下：

<变量> = Application ["var"];

【例 4-11】使用 Application 对象实现信息从起始页到目标页的传送，如图 4-14 和图 4-15 所示。

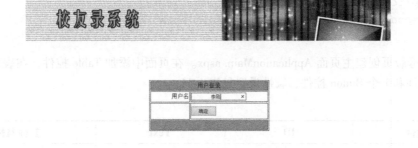

图 4-14 ApplicationLogin 页面

图 4-15 ApplicationMain 页面

1）打开解决方案 ex4_1.sln 与网站 ex4_1。
2）使用母版页 MasterPage.master、MasterPage.master.cs。
3）用母版页创建发送页面 ApplicationLogin.aspx。在页面中添加 Table 控件，在表格中添加两个 Label 控件、1 个 TextBox 控件和 1 个 Button 控件，属性设置见表 4-10。

表 4-10 ApplicationLogin 页面中控件属性设置

控件	ID	Text	其他属性
Label1	Label1	用户登录	
Label2	Label2	用户名	
TextBox1	txt_Name		
Button1	btn_Submit	确定	

4）编写"确定"按钮事件驱动程序。
双击 btn_Submit 按钮，编写"确定"按钮事件驱动程序。代码如下：

```
protected void btn_Submit_Click(object sender, EventArgs e)
{
    //设置Application对象的值有以下两种写法
    Application["username"] = txt_Name.Text;
    Application.Add("username", txt_Name.Text);
    Response.Redirect("ApplicationMain.aspx");
}
```

5）用母版页创建主页面 ApplicationMain.aspx。在页面中添加 Table 控件，在表格中添加 3 个 Label 控件和 1 个 Button 控件，属性设置见表 4-11。

表 4-11 ApplicationMain 页面中控件属性设置

控件	ID	Text	其他属性
Label1	Label1	主页面	
Label2	Label2	您的用户名是：	
Label3	Lab_name		
Button1	btn_Back	返回	

6）编写主页面驱动程序。代码如下：

```
protected void Page_Load(object sender, EventArgs e)
{
    //取 Application 对象的值有以下两种写法
    Lab_name.Text = Application["username"].ToString();
    Lab_name.Text = Application.Get("username").ToString();
}
```

编写"返回"按钮事件驱动程序。代码如下：

```
protected void btn_Back_Click(object sender, EventArgs e)
{
    Server.Transfer("QueryStringLogin.aspx");
}
```

7）设置 ApplicationLogin.aspx 为起始页，运行网站程序，如图 4-14 与图 4-15 所示。

4.4 ASP.NET 状态管理

HTTP 是一种无状态的协议，从浏览器端到服务器的连接可以在每个请求之后关闭，但是一般需要把一些浏览器端的信息从一个页面传送给另一个页面。浏览器和服务器使用 Socket 通信，服务器将请求结果返回给浏览器后，会关闭当前 Socket 连接，而且服务器会在处理页面完毕后销毁页面对象。

如果要知道上一次的状态信息，就得把这个状态信息记录在某个地方：服务器端、浏览器端或表单元素中。表 4-12 列出了各种状态管理技术以及状态保持有效的时间。

表 4-12 各种状态管理技术

状态类型	记录位置	有效时间
ViewState	浏览器端	一个页面中
Cookie	浏览器端	关闭浏览器时，临时 Cookie 会删除，永久 Cookie 不会删除
Session	服务器	会话状态与浏览器会话相关，会话在超时后无效
Application	服务器	应用程序状态在所有浏览器端共享，在服务器重启之前都有效
Cache	服务器	类似于应用程序状态，高速缓存是共享的

4.4.1 浏览器端的状态管理

1. ViewState

ViewState 是状态管理中常用的一种对象，可以用来保存页和控件的值。视图状态是 ASP.NET 页框架默认情况下用于保存往返过程之间的页面信息以及控件值的方法。ViewState 包含的状态与控件发送给浏览器端时所包含的状态相同。当浏览器把窗体发送给服务器时，ViewState 包含了初始值，但所发送的控件包含新值。如果初始值和新值有区别，就调用相应的时间处理程序。

使用 ViewState 的缺点是：数据总是要从服务器传送给浏览器端，再从浏览器端传送给服务器，增加了网络流量。为了减少网络流量，可以关闭 ViewState。在 Page 指令中把 EnableViewState 属性设置为 False，就可以关闭页面中所有控件的 ViewState。

设置一个控件的 EnableViewState 属性，也可以配置该控件的 ViewState。无论页面进行了什么配置，只要定义了控件的 EnableViewState 属性，就使用控件配置的值（优先级较高），只有没有配置 ViewState 的控件才使用页面配置的值。

还可以把定制的数据存储在 ViewState 中，为此可以使用索引符和 Page 类的 ViewState 属性。可以设置 Index 参数定义一个名称，用于访问 ViewState 值。例如：

```
ViewState["Mydata"] = "校友录";
```

可以读取前面存储的 ViewState，代码如下：

```
string str = (string)ViewState["Mydata"];
```

在发送给浏览器端的 HTML 代码中，整个页面的 ViewState 存储在一个隐藏域中。使用隐藏域的优点是，每个浏览器都可以使用这个特性，用户不能关闭它。

ViewState 只保存在页面中，如果状态应保存在多个不同的页面中，就应使用 Cookie 在浏览器端保存状态。

2. Cookie

Cookie 在 HTTP 头中定义。使用 HttpResponse 类可以把 Cookie 发送给浏览器端。Response 是 Page 类的一个属性，它返回一个 HttpResponse 类型的对象。HttpResponse 类定义了返回 HttpCookieColletion 的 Cookies 属性。使用 HttpCookieCollection 可以向浏览器端返回多个 Cookie。

HttpCookie 类的 Values 属性可以添加多个 Cookie 值。如果只返回一个 Cookie 的值，就可以使用 Value 属性。但如果要发送多个 Cookie 值，最好把值添加到一个 Cookie 中，而不是使用多个 Cookie。

Cookie 可以是临时的，仅在一个浏览器会话中有效，也可以存储在浏览器端的磁盘上。为了使 Cookie 变成永久的，必须使用 HttpCookie 对象设置 Expires 属性。

除了在浏览器端上保存状态外，还可以在服务器上保存状态。使用浏览器端的状态，其缺点在于增加了数据在网络之间的传送。而使用服务器端状态的缺点是，服务器必须给浏览器端分配资源。

4.4.2 服务器端的状态管理

1. Session

Session 会话状态与浏览器会话相关。客户在服务器上第一次打开 ASP.NET 页面时，会话就开始了。若客户在 20 分钟之内没有访问服务器，则会话结束，销毁 Session。

Session 提供了一种把信息保存在服务器内存中的一种方式。它能存储任何数据类型，包括自定义对象，所以，Session["user"] 的返回类型是 Object 类型。用户根据想要的类型，需要进行类型转换。

每个浏览器端的 Session 是独立存储的。Session 对象用于存储有关用户的信息，在整个用户会话过程中都会保留此信息。当用户在应用程序中从一个网页浏览到另一个网页时，存储在 Session 对象中的变量不会被丢弃。Session 只能由该会话的用户访问，因此不能访问或修改他人的 Session。

2. Application

Application 表示应用程序状态，如果数据应在多个浏览器端共享，就可以使用应程序状态来保存。应用程序状态的使用方式跟 Session 非常相似。对于应用程序状态，应使用 HttpApplication 类，通过 Page 类的 Application 属性就可以访问它。

（1）用 Application 获取公共信息

Application 可以用来统计访问网站的人数，在启动 Web 应用程序时，初始化应用程序变量

userCount。代码如下：

```
Application["userCount"] = 0;
```

应用程序变量 userCount 的值会递增。在改变应用程序变量之前，应用程序对象必须用 Lock() 方法锁定，否则会出现线程问题，因为多个用户可以同时访问一个应用程序变量。在改变了应用程序变量的值后，还必须调用 Unlock() 方法。代码如下：

```
Application.Lock();
Application["usercount"] = (int)Application["usercount"] + 1;
Application.UnLock();
```

读取应用程序状态中的数据与 Session 状态中的数据一样。代码如下：

```
Label1.Text = Application["usercount"].ToString();
```

(2) Session 对象与 Application 对象的区别

Session 对象与 Application 对象所定义的变量均为网站中各页面共享全局变量。

对于不同用户所使用的同名 Session 变量（如 Session["user_name"]），Session 对象将为用户分配不同的变量存储空间，保存不同用户各自的变量值，并用 SessionID 进行唯一标识。用户 Session 变量的生命周期从用户登录网站开始到用户退出网站为止。

对于用户使用的同名 Application 变量（如 Application["user_name"]），Application 对象将为不同用户分配同一变量存储空间，保存所有用户变量值，其生命周期从网站服务器启动开始到网站服务器关闭为止。Session 对象与 Application 对象对比如图 4-16 所示。

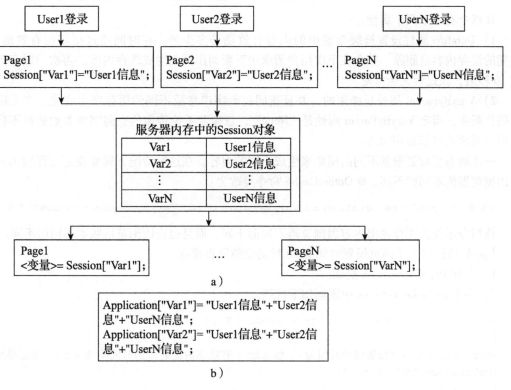

图 4-16 Session 对象与 Application 对象对比
a) Session 对象　b) Application 对象

3. Cache

Cache（高速缓存）是服务端状态，类似于应用程序状态，因为它在所有的浏览器端上共享。高速缓存与应用程序状态的区别是前者要灵活得多。我们不是给每个请求读取文件或数据库，而是把数据存储在高速缓存中。

4.5 ASP.NET 缓存技术

缓存是指系统或应用程序将频繁使用的数据保存到内存中，当系统或应用程序再次使用时，能够快速地获取数据。它的弊端在于显示的内容可能不是最新、最精确的。

大量的网站页面是采用动态的方式，根据用户提交的不同请求创建生成页面。动态页面有助于根据用户要求来提供定制的动态内容，也利于获取在数据库中每时每刻更新的资料。它的缺点是为每个用户请求生成同一页面增加了系统开销。为克服此问题，一些网站用页面生成引擎对所有页面生成 HTML 静态页面。但这样生成的页面对所有用户的请求内容都是相同。

ASP.NET 缓存主要分为两大类：页面输出缓存和应用程序缓存。网页输出缓存针对 ASP.NET Pages 页面中的 HTML 进行缓存，是可视化内容对象，如图片、GridView 表格控件、用户控件等。应用程序缓存是针对应用程序内的数据缓存。

4.5.1 页面输出缓存

1. 缓存整个页面

为缓存一个页面输出的内容，要在页面顶部指定一个 @ OutputCache 命令。语法格式如下：

```
<%@ OutputCache Duration=5 VaryByParam="None" %>
```

该指令有以下两个属性：

1) Duration 属性设置被缓存输出的内容有效期是多少秒。在时间超过指定的有效期后，过期的缓存内容会删除，并会在下次用户请求中重新调用页面生成缓存内容。再次的缓存内容过 10 秒后，该过程又会重复。

2) VaryByParam 属性是必须的，并且指明查询字串参数不同使缓存产生变化。在上面的代码片断中，指定 VaryByParam 属性是"None"，意味着不论传递的查询字串参数如何不同所返回的页面内容都是相同的。

一些动态页面要根据不同的浏览来生成不同的内容。在这种情况下就要规定缓存输出内容要因浏览器的不同而不同。@ OutputCache 命令要改为：

```
<%@ OutputCache Duration=5 VaryByParam="id" VaryByCustom="browser" %>
```

该指令不仅让缓存输出内容因浏览器不同而不同，而且也会因浏览器版本不同而不同。

【例 4-12】对一个网页设置时间为 10 秒的完整网页缓存。

1) 新建 PageCache.aspx 页面。

2) 在 PageCache.aspx.cs 中添加如下代码。

```
protected void Page_Load(object sender, EventArgs e)
{
    Response.Write("设置缓存时间为 10 秒<br>有效期内刷新页面时间不变<br>当前时间:"
        + DateTime.Now.ToString());
}
```

3)运行 Cache.aspx 页面,刷新 PageCache.aspx 页面,观察时间有无变化。

4)在 PageCache.aspx 页面代码中添加如下指令:

`<%@ OutputCache Duration="10" VaryByParam="none" %>`

5)运行 Cache.aspx 页面,刷新 PageCache.aspx 页面,观察时间有无变化。

6)10 秒后再运行 PageCache.aspx 页面,观察时间有无变化。可以看出加入页面缓存后,在有效期内刷新页面,时间不变。

2. 缓存局部页面

有时用户可能只是想缓存一个页面的一部分,解决方法是把标题内容放入一个用户控件当中,然后指定这个用户控件应该被缓存。该技术被称为局部缓存。为了指定应该被缓存的用户控件,利用 @OutputCache 指令,就像整个页面缓存的用法一样。

4.5.2 应用程序缓存

ASP.NET 也支持作为对象类型数据的缓存。可以把对象存储在内存中,在应用程序的不同动态页面中使用它们,利用 Cache 类可以实现这个特点。缓存的生存周期与应用程序的相同。

1. Cache 对象

对高速缓存,需要使用 System.Web.Caching 命名控件和 Cache 类。对于每个应用程序域均创建该类的一个实例,并且只要对应的应用程序域保持活动,该实例便保持有效。

2. Cache 对象的属性

1)Count:获取存储在缓存中的项数。

2)Item:获取或设置指定键处的缓存项。

3. Cache 对象的方法

1)Add:将指定项添加到 Cache 对象。

2)Get:从 Cache 对象检索指定项。

3)Remove:从应用程序的 Cache 对象移除指定项。

4)Insert:向 Cache 对象插入项。使用该方法的某一版本改写具有相同 key 参数的现有 Cache 项。

【例 4-13】读取文本文件的内容,通过对 Cache 的设置,了解程序缓存的应用。

1)新建 DataCache.aspx 文件,界面如图 4-17 所示。

图 4-17 应用程序缓存示例

2)在 DataCache.aspx.cs 中添加如下程序:

①编写 AddToCache,实现文本文件的读取与 Cache 的创建。代码如下:

```
void AddToCache(string fileName)
{   //读取文本内容
    string myfile = Server.MapPath(fileName);
    StreamReader rd = new StreamReader(myfile, System.Text.Encoding.Default);
    string buff = rd.ReadToEnd();
    rd.Close();
```

```
    CreateCache(buff, myfile);
    //如果缓存内容存在,输出到文本框
    if(Cache["MyCache"] ! = null)
        TextBox1.Text = Cache["MyCache"].ToString();
}
```

② 编写 CreateCache,实现 Cache 的创建。代码如下:

```
void CreateCache(object buff, string myfile)
{ //移除缓存项时的回调方法
 CacheItemRemovedCallback ReCall;
 ReCall = new CacheItemRemovedCallback(ReloadRemov);
    //建立文件关联,如果文件被改动过,则 cache 中的内容删除
 CacheDependency Cd = new CacheDependency(myfile);
    //内容有效期为10 秒
    Cache.Insert("MyCache", buff, Cd, Cache.NoAbsoluteExpiration,
TimeSpan.FromSeconds(10), CacheItemPriority.Normal, ReCall);
}
```

Cache.Insert 中的参数意义如下。

MyCache:缓存项的名字。

Buff:缓存的对象。

Cd:CacheDependency 类型的对象,缓存依赖关系。例如,高速缓存项可以依赖于一个文件,当文件改变时,高速缓存对象就会失效。没有定义依赖关系,因为这个参数设置为 null。

Cache.NoAbsoluteExpiration:缓存项失效的绝对时间。

TimeSpan.FromSeconds(10):缓存项失效的相对时间,这里指定 10 秒。

CacheItemPriority:一个设置高速缓存优先级的枚举。如果 ASP.NET 工作进程有很高的内存利用率,ASP.NET 运行库就根据优先级删除高速缓存项。优先级较低的项先删除。

ReCall:最后一个参数定义一个方法,在删除高速缓存项时调用该方法。当高速缓存依赖于一个文件时,就可以使用最后一个参数。当文件改变时,就删除高速缓存项,调用事件处理程序。通过这个事件处理程序,可以再次读取文件,重新加载高速缓存。

③ 编写 ReloadRemove,判断 Cache 内容是否改变。代码如下:

```
void ReloadRemove(string key,object value,CacheItemRemovedReason r)
{
    if (r = = CacheItemRemovedReason.DependencyChanged)
    {
        if (key = = "MyCache")
            AddToCache("MyText.Txt");
    }
}
```

④ 编写"remove"按钮的事件驱动。代码如下:

```
protected void remove_Click(object sender, EventArgs e)
{
    Cache.Remove("MyCache");
}
```

⑤编写"read"按钮的事件驱动。代码如下：

```
protected void read_Click(object sender, EventArgs e)
{
    object data = Cache["MyCache"];
    if (data == null)
    {
        TextBox1.Text = "Cache 中没有内容!";
        return;
    }
    TextBox1.Text = data.ToString();
}
```

⑥编写"Load"按钮的事件驱动。代码如下：

```
protected void Load_Click(object sender, EventArgs e)
{
    AddToCache("MyText.Txt");
}
```

3）运行 DataCache.aspx，测试 Cache 的状态变化。
4）修改 MyText.Txt 文件内容，再次测试 Cache 的状态变化。

工作任务

工作任务 7　获取用户输入信息和浏览器端环境信息

观看视频

1. 项目描述

本工作任务用于创建环境变量获取服务器页面。本任务利用 Request 对象的 ServerVariables 属性可以方便地取得服务器端或浏览器端的环境变量信息，如浏览器端的 IP 地址等，效果如图 4-18 所示。

2. 相关知识

本项目需要了解页面、文本框、标签控件的常用属性、方法与事件，熟练使用 ASP.NET 常用对象。

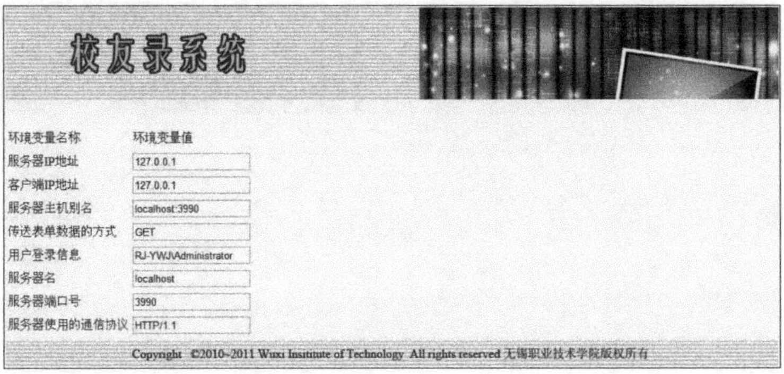

图 4-18　环境变量获取服务器页面

3. 项目设计

1）利用 Request 对象的 ServerVariables 属性可以方便地取得服务器端或浏览器端的环境变量信息。

2）在相应文本框中输出结果。

4. 项目实施

1）打开解决方案 ex4_1.sln 与网站 ex4_1。

2）在网页 RequestServer.aspx 的 Table 控件中添加 9 行，按图 4-18 要求在表格中添加 8 个 TextBox 控件的 10 个 Label 控件。

3）编写页面加载事件驱动程序。代码如下：

```
protected void Page_Load(object sender, EventArgs e)
{
    TextBox1.Text = Request.ServerVariables["Local_Addr"];
    TextBox2.Text = Request.ServerVariables["Remote_Addr"];
    TextBox3.Text = Request.ServerVariables["HTTP_Host"];
    TextBox4.Text = Request.ServerVariables["Request_method"];
    TextBox4.Text = Request.ServerVariables["Logon_User"];
    TextBox6.Text = Request.ServerVariables["Server_Name"];
    TextBox7.Text = Request.ServerVariables["Server_Port"];
    TextBox8.Text  = Request.ServerVariables["Server_Protocol"];
}
```

5. 项目测试

运行网站程序，如图 4-18 所示。

工作任务 8　记录用户访问网站的时间和次数

观看视频

1. 项目描述

本工作任务综合应用所学的 ASP.NET 对象，实现访问者信息的输出。在图 4-19 所示的提交页面 Login.aspx 中输入用户名，在显示页面 Main.aspx 中显示用户的名称、网站计数器效果、用户端的 IP 地址以及用户所使用计算机的操作系统等内容，如图 4-20 所示。

图 4-19　提交页面 Login.aspx

第 4 章 页面跳转与状态管理 · 105 ·

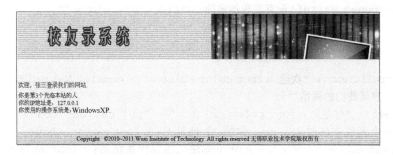

图 4-20 显示页面 Main. aspx

2. 相关知识

本项目需要了解页面、文本框、标签控件的常用属性、方法与事件，熟练使用 ASP. NET 常用对象。

3. 项目设计

1）设计 Login. aspx 页面。

2）将用户名传递给 Main. aspx 页面。

3）显示页面 Main. aspx 中显示用户的名称、网站计数器效果、用户端的 IP 地址以及用户所使用计算机的操作系统等内容。

4. 项目实施

1）打开解决方案 ex4_1. sln 与网站 ex4_1。

2）添加网页 Login. aspx。

3）编写按钮的事件驱动程序。代码如下：

```
protected void btn_Submit_click(object sender, EventArgs e)
{
    String uname = username.Text.Trim();
    HttpCookie cookie1 = new HttpCookie("test1");
    cookie1["username"] = uname;
    Response.Cookies.Add(cookie1);
    Server.Transfer("main.aspx");
}
```

4）添加网页 Main. aspx。

5）编写页面加载事件驱动程序。代码如下：

```
protected void Page_Load(object sender, EventArgs e)
{
    Application.Lock();
    Application["count"] = Convert.ToInt32(Application["count"]) + 1;
    Application.UnLock();
    //获得 cookie
    HttpCookie cookie1 = Request.Cookies["test1"];
    //确定是否存在用户输入的 cookie
    if (cookie1 == null)
    {
```

```
        Response.Write("没有发现指定的 cookie <br> <hr> ");
    }
    else
    {
        Label1.Text = "欢迎,<font color=blue>" + cookie1.Values["username"] +
"</font>登录我们的网站.";
Label2.Text = "你是第<font color=blue>" + Application["count"] +
"</font>个光临本站的人<br>你的 IP 地址是:<font color = blue>" + Request.
UserHostAddress + "</font><br>你使用的操作系统是:<font color=blue>" +
Request.Browser.Platform + "</font>";
    }
}
```

5. 项目测试

运行网站程序,如图 4-19 所示。

工作任务 9 设计校友录聊天室

1. 项目描述

本工作任务综合应用所学的 ASP.NET 对象,设计校友录聊天室,编写聊天室登录网页程序。如图 4-21 所示。编写聊天室主页面程序,如图 4-22 所示。

图 4-21 聊天室登录页面 Login.aspx

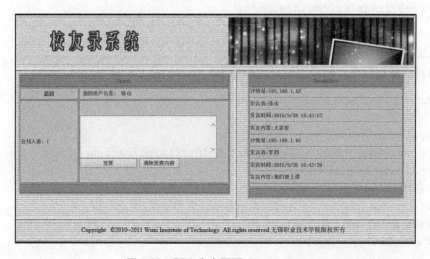

图 4-22 聊天室主页面 Chart.aspx

2. 相关知识

本项目需要了解 HTML 框架页面、文本框、标签、按钮等控件的常用属性、方法与事件，熟练使用 ASP.NET 常用对象。

3. 项目设计

1）设计登录页面。

2）编写驱动程序将用户名传递给 Chart.aspx 页面。

3）设计网页主页面 Chart.aspx 框架页面，包括 top.aspx、end.aspx、Speak.aspx、SpeakShow.aspx 等页面。

4）设计网页 Speak.aspx 页面，并编写驱动程序。

5）设计网页 SpeakShow.aspx 页面，并编写驱动程序。

4. 项目实施

1）创建空白解决方案 ex4_2.sln 与网站 ex4_2。

2）在网站 ex4_2 中添加用户登录页面 Login.aspx。

3）按图 4-21 要求，在用户登录页面 Login.aspx 上添加相应控件。

4）编写登录页面 Login.aspx 按钮事件程序。代码如下：

```
protected void btn_Submit_Click(object sender, EventArgs e)
{
    if (Page.IsPostBack)
    {
        Session["User_Name"] = this.txt_Name.Text;
        Response.Redirect("Chart.aspx");
    }
}
```

5）在网站 ex4_4 中，添加聊天室主页面 Chart.aspx。

在聊天室页面 Chart.aspx 中，添加框架集与 top、say、message 和 end 等 4 个框架；在框架 top 中显示 top.aspx 页面，在框架 say 中显示发言页面 Speak.aspx，在框架 message 中显示聊天内容页面 SpeakShow.aspx，在框架 end 中显示页面 end.aspx。Chart.aspx 代码如下：

```
<html>
<head>
    <title>无标题页</title>
</head>
<frameset rows = "200,600,80">
    <frame name = "top" src = "top.aspx" />
    <frameset cols = "500,400">
    <frame name = "say" src = "Speak.aspx" />
    <frame name = "message" src = "SpeakShow.aspx" />
    <frame name = "end" src = "end.aspx" />
</frameset>
</html>
```

6）在网站 ex4_4 中，添加 top.aspx 页面，如图 4-23 所示。

图 4-23 top 页面

7) 在网站 ex4_4 中，添加 end. aspx 页面，如图 4-24 所示。

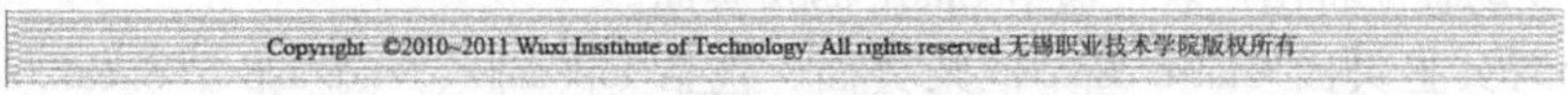

图 4-24 end 页面

8) 在网站 ex4_2 中添加聊天室中的发言页面 Speak. aspx，按图 4-25 所示 Speak. aspx 页面要求，在页面中添加 Table 控件、Label 控件、TextBox 控件和 Button 控件，并设置控件属性。

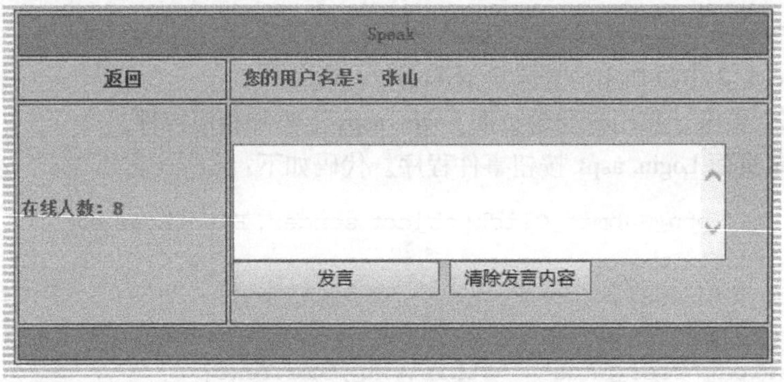

图 4-25 Speak. aspx 页面

9) 编写发言页面加载事件程序。代码如下：

```
protected void Page_Load(object sender, EventArgs e)
{
    Lab_name.Text = Session["User_Name"].ToString();
    if (! Page.IsPostBack)
    {
        Application.Lock();
        if (Application["user_Sum"] = = null)
        Application["user_Sum"] = 0;
        Application["user_Sum"] = (int)Application["user_Sum"] + 1;
        lbl_Sum.Text = Application["user_Sum"].ToString();
        Application.UnLock();
    }
}
```

10) 编写发言按钮事件程序。代码如下：

```
protected void btn_Speak_Click(object sender, EventArgs e)
{
    string str = "IP 地址:" + Request.UserHostAddress + "<hr>";
    str + = "发言者:" + Lab_name.Text + "<hr>";
    str + = "发言时间:" + DateTime.Now + "<hr>";
```

```
    str + = "发言内容:" + txt_Speak.Text + " < hr color = #00ffff > ";
    Application.Lock();
    Application["message"] = str + Application["message"];
    Application.UnLock();
    txt_Speak.Text = "";
}
```

11) 编写清除发言内容按钮事件程序。代码如下:

```
protected void btn_Clear_Click(object sender, EventArgs e)
{
    Application.Clear();
}
```

12) 在网站 ex4_2 中,新建聊天室显示页面 SpeakShow. aspx,如图 4-26 所示。

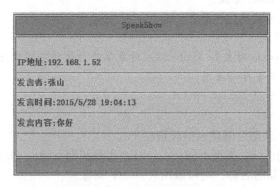

图 4-26 发言内容页面 SpeakShow. aspx

13) 编写聊天室显示页面加载事件程序。代码如下:

```
protected void Page_Load(object sender, EventArgs e)
{
    if(Application["message"] = = null)
    {
        Lab_msg.Text = "";
    }
    else
    {
        Lab_msg.Text = Application["message"].ToString();
    }
}
```

14) 聊天室显示页面刷新设置。

要求每隔 5 秒刷新一次页面,执行一次 Page_Load() 事件程序,将 Application["message"] 中用户聊天发言内容输出到聊天室页面上,如图 4-26 所示。为此需修改 SpeakShow. aspx 代码如下:

```
< head >
< meta http - equiv = "refresh" content = "5"/>
    < title >发言内容页< /title >
< /head >
```

5. 项目测试

设置 Login.aspx 为起始页，运行网站程序，执行效果如图 4-21 与图 4-22 所示。

本章小结

本章主要介绍了 ASP.NET 中内置的几个重要的对象：Page 对象、Response 对象、Request 对象、Cookie 对象、Server 对象、Application 对象、Session 对象和 Cache 对象。在介绍这些对象时，首先介绍了这些对象的基本属性和方法，然后通过几个实例演示这些对象属性和方法的使用方法。通过本章的学习，读者应该掌握以下内容：

1) Page 对象的 Init、Load 事件的用法。
2) Response 对象的 Write、Redirect 方法。
3) Request 对象访问浏览器端表单中的信息。
4) Server 对象的 Transfer 方法。
5) Application 对象实现网站计数器。
6) Session 对象应用。
7) Session 对象、Cookie 对象和 Application 对象保存数据的不同特点。
8) Cache 对象和数据缓存的应用。

习题 4

1. Session 与 Cookie 状态之间最大的区别在于（　　）。
   A. 存储的位置不同　　B. 类型不同　　C. 生命周期不同　　D. 容量不同
2. 如果想获得服务器的名称，则可以用（　　）对象。
   A. Response　　　　　B. Session　　　　C. Server　　　　　D. Cookie
3. 获取服务器的 IP 地址，可以使用_____。
4. 跳转至互联网址时使用_____方法。
5. 设置 Session 的代码是：Session["greeting"] = "hello wang!";
   取出该 Session 对象的语句如下：string Myvar = _____。
6. 使用 Application 对象时防止竞争，使用前锁定语句为 Application._____;
   使用后解锁语句为 Application._____。
7. 废除 Session 对象的语句是_____。

实训 4　设计图书管理系统留言板

1. 新建空白解决方案 Lab4.sln 和网站 Library。
2. 在网站 Library 中新建母版页 MasterPage.master，如图 4-27 所示。

图 4-27　母版页 MasterPage.master

第 4 章 页面跳转与状态管理

3. 使用母版页 MasterPage. master 创建登录页面 Login. aspx（见图 4-28），并编写相应的驱动程序。

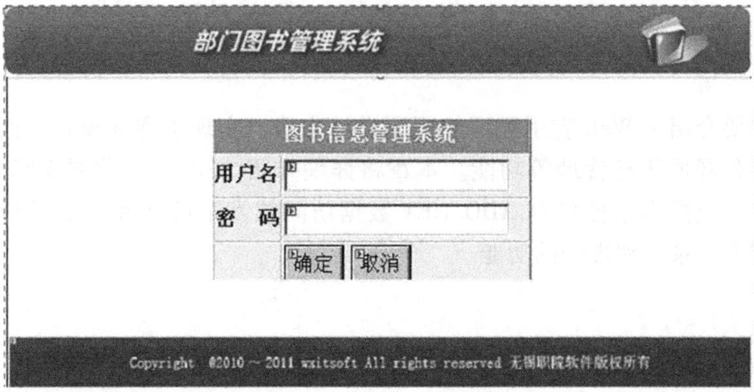

图 4-28 Login. aspx 页面

4. 使用母版页 MasterPage. master 创建留言页面 Message. aspx（见图 4-29），并编写相应的驱动程序。

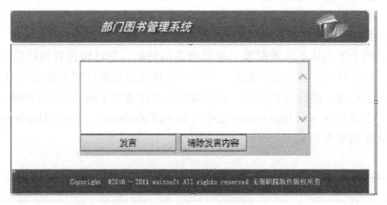

图 4-29 Message. aspx 页面

5. 使用母版页 MasterPage. master 创建留言页面 MessageShow. aspx（见图 4-30），并编写相应的驱动程序。

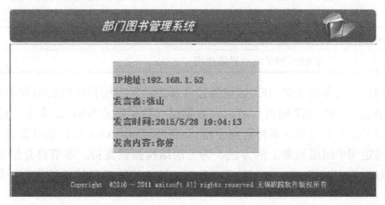

图 4-30 MessageShow. aspx 页面

第5章 ASP.NET 数据库编程

前面几章主要介绍了 Web 应用程序的网页设计方法,实现了界面设计、网站的风格统一设计、页面跳转和网页状态管理等功能。本章将详细介绍 ASP.NET 数据库编程的基本概念,使用数据源控件、数据绑定控件和 ADO.NET 数据访问技术来访问和显示后台数据库中的数据,完成信息查询、录入和维护的功能。

理论知识

5.1 数据源控件

ASP.NET 2.0 之后在 ADO.NET 的数据模型基础上进行了进一步的封装和抽象,提出了一个新的概念——数据绑定,使用该技术可以使 Web 应用程序轻松地与数据库进行交互。简单地说,数据绑定就是将数据源中的数据取出来,显示在页面的各种控件上,用户可以通过这些控件查看和修改数据。

数据源控件用于实现从不同数据源中获取数据的功能,它可以设置连接信息、查询信息、参数和行为,并向数据界面控件提供数据,达到用可视化方式设计网站程序的目的,最大限度地减少程序员的工作量,提高编程效率。数据源控件被放置在 Visual Studio 2008 工具箱的 "数据" 选项卡中,分别以 ×××DataSource 命名(如 SqlDataSource、AccessDataSource 等)。数据源控件的名称和作用见表 5-1。

表 5-1 数据源控件的名称和作用

控件名称	作用
SqlDataSource	用于从 SQL Server、OLE DB、ODBC、Oracle 等数据源中检索数据
AccessDataSource	专门用于从 Access 数据库检索数据
ObjectDataSource	可用于三层体系结构,能够将来自业务逻辑的数据对象与表示层的数据绑定控件绑定,实现数据的检索和更新
XmlDataSource	用于检索和处理 XML 文件
SitMapDataSource	结合 ASP.NET 站点导航使用

需要指出的是,大多数 ASP.NET 数据源控件都在两层应用程序层次结构中使用。在该层次结构中,表示层(ASP.NET 网页)可以与数据层(数据库或 XML 文件等)直接进行通信。但是,在分层开发技术中(第 6 章将重点介绍),ObjectDataSource 控件通过提供一种将相关页上的数据控件绑定到中间层对象上的方法,为三层结构提供支持。本节将介绍 SqlDataSource、AccessDataSource、XmlDataSource、SitMapDataSource 这 4 种数据源控件的作用、属性、方法与应用。

在介绍数据源控件之前,首先对后续例子中用到的数据库和数据表进行简单说明。本书围绕的一个具体实例是校友录系统。校友录数据库存放在 SQL Server 数据库管理系统中，数据库名为 Alumni_Sys，数据库中具有以下 11 张表：用户信息表 tblUser、校友基本信息表 tblAlumni、性别编码表 tblSex、籍贯编码表 tblNtvPlc、民族编码表 tblNation、政治面貌编码表 tblParty、班级编码表 tblClass、系部编码表 tblDepart、校友通讯录表 tblContact、通讯录分组表 tblGroup、公告信息表 tblNotice，具体表结构详见附录 A。

5.1.1 SqlDataSource 数据源控件

观看视频　　观看视频

1. SqlDataSource 控件的作用

SqlDataSource 控件用于连接 SQL Server 数据库，向数据控件提供数据源，实现数据库应用程序的可视化设计。

2. SqlDataSource 控件的主要属性

1）ConnectionString：连接到数据库的连接字符串。

2）ProviderName：指示将要使用的 ADO.NET 托管提供程序的命名空间，默认为 System.Data.SqlClient。

3）FilterExpression：获得或设置用来创建使用 Select 命令获取的数据之上的过滤的字符串，只有通过 Dataset 管理数据时才起作用。

4）SelectQuery：选择查询。

5）InsertQuery：插入查询。

6）DeleteQuery：删除查询。

7）UpdateQuery：更新查询。

3. SqlDataSource 控件的主要事件

1）Selected：完成选择操作后触发 Selected 事件。

2）Selecting：完成选择操作前触发 Selecting 事件。

3）Inserted：完成插入操作后触发 Inserted 事件。

4）Inserting：完成插入操作前触发 Inserting 事件。

5）Deleted：完成删除后触发 Deleted 事件。

6）Deleting：完成删除前触发 Deleting 事件。

7）Updated：完成更新操作后触发 Updated 事件。

8）Updating：完成更新操作前触发 Updating 事件。

9）Filtering：在筛选前触发 Filtering 事件。

10）DataBinding：在数据绑定前触发 DataBinding 事件。

4. 配置 SqlDataSource 数据源的步骤

【例 5-1】用数据源控件 SqlDataSource 与数据表格控件 GridView 显示 SQL Server 数据库 Alumni_Sys 中系部编码表 tblDept 记录内容，如图 5-1 所示。

具体实现步骤如下：

1）新建空白解决方案 ex5_1.sln 与网站 ex5_1。

2）按图 5-1 所示，添加母版页 MasterPage.master 及所用图标目录 Images。

3）在网站 ex5_1 中，用母版页 MasterPage.master 创建 SqlDataSource.aspx 网页。

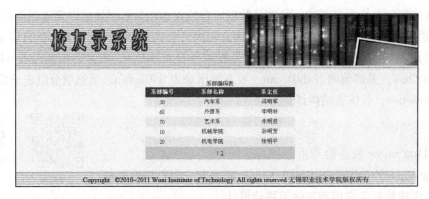

图 5-1 显示系部编码表 tblDept

4）在 SqlDataSource.aspx 网页中添加 Table 控件，在表格中添加一个 GridView 控件和一个 SqlDataSource 控件，属性设置见表 5-2：

表 5-2 控件属性设置

控件	ID	属性
GridView1	gv_Dept	自动套用格式：彩色型 设置属性：AllowPaging = " True"；PageSize = " 5"；Caption = "系部编码表" 设置显示字段名：系部编码、系部名称、系主任，如图 5-2 所示 选择数据源：sds_Dept
SqlDataSource	Sds_Dept	按图 5-3～图 5-9 所示的步骤设置属性

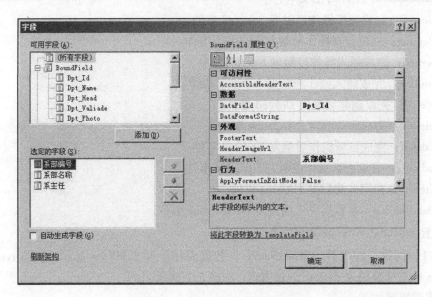

图 5-2 修改 GridView 字段名称

5）设置 SqlDataSource 数据源控件 sds_Dept 的属性。

① 单击 sds_Dept 的智能标记，选择"配置数据源"命令，单击"新建连接"按钮，弹出"更改数据源"对话框，如图 5-3 所示。

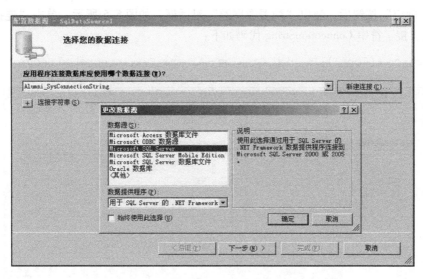

图 5-3 "配置数据源"与"更改数据源"对话框

②添加连接。
- 数据源（类型）：选择"Microsoft SQL Server"，单击"确定"按钮，弹出如图 5-4 所示的"添加连接"对话框。
- 选择服务器名：(local) 表示本地数据库服务器。
- 登录到服务器：使用 SQL Server 身份验证，输入用户名和密码。
- 连接到一个数据库：选择或输入数据库名"Alumni_Sys"。
- 单击"测试连接"按钮测试连接是否成功。

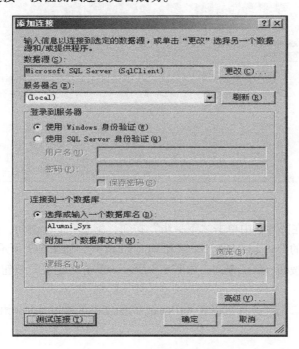

图 5-4 "添加连接"对话框

单击"确定"按钮后,弹出"配置数据源"对话框,如图 5-5 所示。单击"连接字符串"按钮,出现连接字符串 ConnectionString 代码如下:

Data Source = (local);Initial Catalog = Alumni_Sys;Integrated Security = True

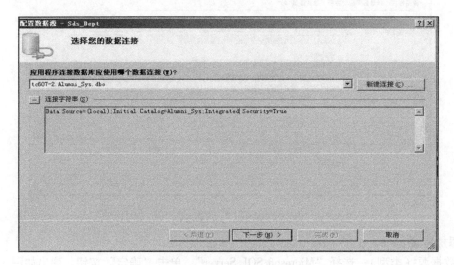

图 5-5 连接字符串内容

单击"下一步"按钮,将连接字符串保存到应用程序配置文件中去,如图 5-6 所示。

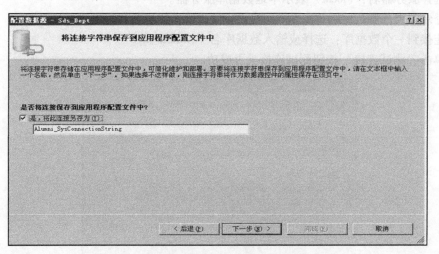

图 5-6 将连接字符串保存到应用程序配置文件中

③选择数据表。在图 5-6 中单击"下一步"按钮,配置 Select 语句,指定来自表或视图的列,如 tblDepart 表中的 Dpt_Id、Dpt_Name 和 Dpt_Head 列,如图 5-7 所示。

单击"下一步"按钮,测试查询,如图 5-8 所示。单击"完成"按钮即完成了数据源控件的配置。

④输入 SQL 语句。上述选择数据表 tblDepart 的操作也可通过 Select 语句实现,具体操作步骤如下:

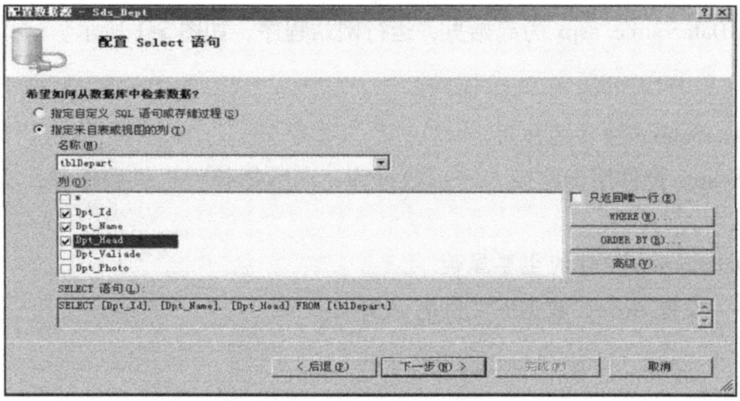

图 5-7 配置 Select 语句

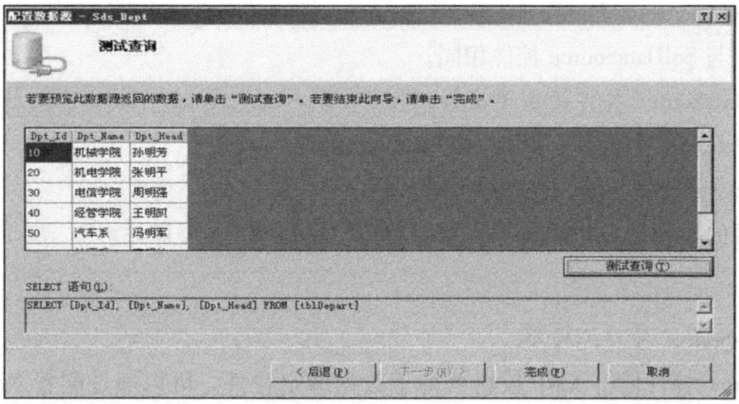

图 5-8 测试查询

在图 5-7 中选中"指定自定义 SQL 语句或存储过程"单选按钮,然后单击"下一步"按钮,弹出如图 5-9 所示的对话框,选择"SELECT"选项卡,在"SQL 语句"文本框中输入以下语句:

Select Dpt_Id,Dpt_Name,Dpt_Head from tblDept

在需要编辑、插入、删除操作时,也可以输入 Update、Insert、Delete 语句,具体应用将在后面的内容中进行介绍。

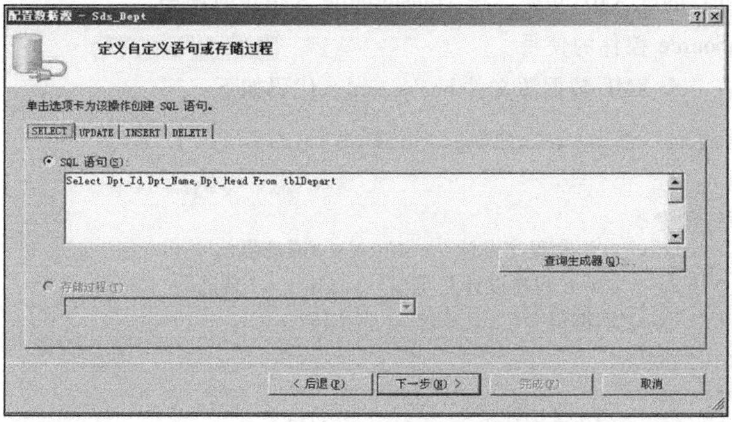

图 5-9 用 Select 语句查询系部编码表

6)设置 SqlDataSource.aspx 为起始页,运行网站程序,如图 5-1 所示。

5.1.2 AccessDataSource 数据源控件

1. AccessDataSource 控件的作用

AccessDataSource 控件用于连接 Access 数据库,向数据控件提供数据源,实现数据库应用程序的可视化设计。

2. AccessDataSource 控件的主要属性

1)DataFile:设置 Access 数据库文件名。例如:

```
DataFile = " ~ /App_Data/Alumni_Sys.mdb";
```

2)FilterExpression:获得或设置用来创建使用 Select 命令获取的数据之上的过滤的字符串,只有通过 Dataset 管理数据时才起作用。

AccessDataSource 也具备 SelectQuery、InsertQuery、DeleteQuery 和 UpdateQuery 等属性,其功能及使用方法与 SqlDataSource 控件相同。

3. AccessDataSource 控件的主要事件

与 SqlDataSource 控件类似,此处不再重复叙述。

4. 配置 AccessDataSource 数据源的步骤

配置数据源的步骤与 SqlDataSource 控件类似,此处不再重复叙述。

5.1.3 XmlDataSource 数据源控件

1. XmlDataSource 控件的作用

XmlDataSource 控件使得 XML 数据可用于数据绑定控件。可以通过配置 XmlDataSource 控件从 XML 文件、返回 XML 数据的 Web 文件,包含 XML 数据的字符串变量以及内存中 XmlDataDocument 对象类检索数据。由于 XmlDataSource 控件不支持 Delete、Insert 和 Update 等方法,因此不能用于更新 XML 数据。

2. XmlDataSource 控件的主要属性

1)DataFile:XML 文件的名称(包含路径)。
2)Data:内联 XML,在 DataFile 属性没有指定时使用。
3)TransformFile:XML 转换文件名称(包含路径)。
4)Transform:内联 XML 转换,在 Transformfile 未指定时使用。

3. XmlDataSource 控件的使用

1)假设存在一个 XML 数据源文件 books.xml,代码如下:

```xml
<? xml version = "1.0" encoding = "utf -8" ? >
<books >
<languagebooks >
    <book title = "C 语言程序设计" author = "谭浩强"/>
    <book title = "Java 程序设计及实训" author = "黄能耿"/>
    <book title = "汇编语言" author = "张华涛"/>
</languagebooks >
<securitybooks >
    <book title = "网络安全技术" authos = "肖颖"/>
```

```
</securitybooks>
</books>
```

2) 在网页中添加 XmlDataSource 控件 xds_Book,单击智能标记,选择"配置数据源"命令,通过浏览选择数据文件 books.xml。

3) 在页面中添加 TreeView 控件,并设置其数据源为 xds_Book 控件,则 TreeView 就显示了 XML 数据中的内容。页面代码如下:

```
<body>
    <form id="form1" runat="server">
    <div>
        <asp:XmlDataSource ID="XmlDataSource1" runat="server" DataFile="~/Book.xml">
        </asp:XmlDataSource>
        <asp:TreeView ID="TreeView1" runat="server" DataSourceID="xds_Book">
            <DataBindings>
                <asp:TreeNodeBinding DataMember="book" TextField="title" />
            </DataBindings>
        </asp:TreeView>
    </div>
    </form>
</body>
```

5.1.4 SiteMapDataSource 数据源控件

1. SiteMapDataSource 控件的作用

SiteMapDataSource 控件是 ASP.NET 中专门用于连接和访问站点地图文件(.sitmap)的数据源控件,并可以将访问到的数据应用到网站导航控件中去。

2. SiteMapDataSource 控件的主要属性

1) ShowStartingNode:True 表示显示根节点,False 表示不显示根节点。

2) StartingNodeUrl:设置站点地图文件地址。

3) StartingNodeOffest:用于设置起始节点的偏移量,有以下 3 种取值:

- −1:表示从父节点读取数据。
- 0:表示从当前节点读取数据。
- 1:表示从第一个子节点读取数据,以此类推。

4) StartFromCurrentNode:True 表示从当前页面所在节点位置开始读取节点及其子节点数据。

思考:在第 3 章中,分别用 SiteMapDataSource 控件、站点地图 Web.sitemap、Treeview 与 Menu 控件设计校友录系统的导航主页面。

5.2 数据绑定控件

数据源控件只负责管理与实际数据存储源的连接,并不能呈现任何用户界面,要将数据显示出来,需要数据绑定控件。数据绑定控件是将数据作为标记向发出请求的客户端设备或浏览器呈现的图形界面控件。数据绑定控件包括 GridView、DetailsView、Repeater、DataList、DropDownList 等,这类控件主要提供数据显示、编辑、删除等相关用户界面。

ASP.NET 中数据绑定的步骤如下：

1）使用数据源控件连接数据库，并返回数据集合。

2）通过 DataSourceID 这一重要属性（所有的数据绑定控件共有的属性）将数据源控件和数据绑定控件"连接"起来，可以直接设置该属性，也可以编写代码实现，语法格式如下：

数据绑定控件 ID.DataSourceID=数据源控件 ID

3）利用数据绑定控件实现数据显示、更新、删除等功能。

5.2.1 GridView 控件的属性与方法

1. GridView 控件的作用

GridView 控件以表格形式显示数据记录各字段内容；可以对表中记录进行分页、排序、选择、修改、删除等操作；可以自定义绑定、命令、超链接、复选、图片、按钮、模板字段，进行页面跳转、按钮事件、自定义模板等操作，从而大大降低编程量。因此，GridView 是 Web 网站编程中使用最多的控件之一。

2. GridView 控件的主要属性

1）AllowPaging：逻辑值，True 表示允许分页，False 表示禁止分页。

2）AllowSorting：逻辑值，True 表示允许排序，False 表示禁止排序。

网页运行后，单击字段名如 Dpt_Id，先按升序排列，再次单击 Dpt_Id，则按降序排列。

3）AutoGenerateDeleteButton：逻辑值，True 表示生成删除按钮，False 表示不生成删除按钮。

4）AutoGenerateEditButton：逻辑值，True 表示生成编辑按钮，False 表示不生成编辑按钮。

5）AutoGenerateSelectButton：逻辑值，True 表示生成选择按钮，False 表示不生成选择按钮。

6）AutoGenerateColumns：逻辑值，True 表示允许在运行时自动生成关联数据表字段。

7）DataSourceID：设置数据源控件。

8）DataKeyNames：数据源中的关键字段。

9）Caption：表格标题。

10）GridLines：单元格之间网格线设置方式，取值如下。
- None：未设置。
- Horizontal：水平线。
- Vertical：垂直线。
- Both：垂直与水平线。

11）ShowFooter：逻辑值，True 表示显示脚注，False 不显示脚注。

12）ToolTip：飞行提示。

13）PageSize：每页记录行数。

14）PagerSettings：设置分页相关信息，其中 Mode 设置要使用的分页样式，取值如下。
- Mode=NextPrevious：显示上一页与下一页按钮。
- Mode=Numeric：表示可直接访问页面的带编号的链接按钮。
- Mode=NextPreviousFirstLast：显示第一页、上一页、下一页、最后一页按钮。
- Mode=NumericFirstLast：带编号按钮、第一页、最后页按钮。
- Position 设置分页显示位置，取值如下：Position="Bottom" 表示显示在下方，Position="Top" 表示显示在上方，Position="TopAndBottom" 表示同时显示在上、下方。

15）Field：字段编辑器，使用方法将在 5.2.3 节中详细介绍。

3. GridView 控件的主要事件

1）PageIndexChanged：当页面索引更改后，激活该事件。
2）PageIndexChanging：当页面索引正在更改时，激活该事件。
3）RowCommand：生成事件时，激活该事件。
4）RowCancelingEdit：生成 Cancel 事件时，激活该事件。
5）RowDeleted：对数据源执行删除操作后，触发该事件。
6）RowDeleting：对数据源执行删除操作前，触发该事件。
7）RowEditing：生成 Edit 事件时，触发该事件。
8）RowUpdated：执行 Update 命令后，激活该事件。
9）RowUpdating：执行 Update 命令前，激活该事件。
10）SelectedIndexChanged：选择某行后，触发该事件。
11）SelectedIndexChanging：选择某行前，触发该事件。
12）Sorted：排序后触发该事件。
13）Sorting：排序前触发该事件。

5.2.2 GridView 控件的基本应用

GridView 控件的基本应用有数据表显示、自动套用格式、数据表分页、数据表排序、记录选择、记录删除与记录编辑。

1. 数据表显示（绑定数据源）

①用 SqlDataSource 控件提供数据源（见例5-1），语句如下：

GridView 控件名.DataSourceID = SqlDataSource 控件名；

②用 ADO.NET 对象提供数据源（将在 5.3 节中重点介绍），语句如下：

GridView 控件名.DataSource = ds.Table["表名"];
GridView 控件名.DataBind();

2. 自动套用格式

单击 GridView 的智能按钮，选择"自动套用格式"命令，从选择方案框中选择控件外观样式。

3. 数据表分页

设置 AllowPaging = "True"，表示允许分页。
用 PageSize 属性来设置每页记录的行数。
用 PageSetting 属性来设置改变页号的选择方式。

4. 数据表排序

设置 AllowSorting = "True"，表示允许排序。
网页运行后，单击显示字段名，如"系部编号"，先按升序排列，再次单击显示字段名"系部编号"，则按降序排列。

5. 记录行的选择操作

设置 AutoGenerateSelectButton = "True"，表示生成选择按钮。
网页运行后，单击某记录行的选择按钮，会触发 SelectedIndexChanged 事件，在该事件中可编写对数据的操作。

6. 记录行的删除操作

设置 AutoGenerateDeleteButton = "True"，表示生成删除按钮；在 SqlDataSource 控件中输入 Delete 语句，以当前记录的主键字段值为删除条件，网站运行后会自动执行 SqlDataSource 控件中输入 Delete 语句，删除当前记录。

7. 记录行的编辑操作

设置 AutoGenerateEditButton = "True"，表示生成编辑按钮；在 SqlDataSource 控件中输入 Update 语句，以当前记录的主键字段值为编辑条件，网页程序运行后会出现编辑栏，允许用户修改当前记录各字段值。单击"更新"按钮，将自动执行 SqlDataSource 控件的 Update 语句，用新记录替换原记录；单击"取消"按钮则取消修改操作，保持原记录值不变。

【例 5-2】用 SqlDataSource 与 GridView 控件显示并编辑系部编码表的记录，如图 5-10 所示。

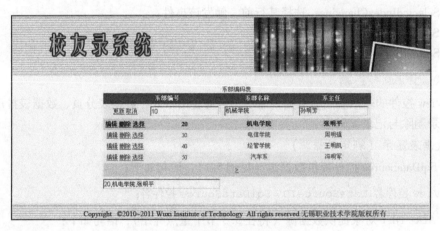

图 5-10 系部编码表显示与编辑界面

具体实现步骤如下：

1）新建解决方案 ex5_2.sln 与网站 ex5_2。

2）在网站 ex5_2 中添加 GridView.aspx 网页。

3）在 GridView.aspx 网页中添加 SqlDataSource 控件、GridView 控件和 TextBox 控件。

4）用智能按钮设置 SqlDataSource 控件属性，连接 SQL Server 中的 Alumni_Sys 数据库，编写 SQL 语句实现查询、删除与修改操作，具体操作步骤如下：

①单击 SqlDataSource 控件的智能按钮，选择"配置数据源"命令。单击"下一步"按钮，选中"指定自定义 SQL 语句或存储过程"单选按钮，再单击"下一步"按钮，弹出如图 5-9 所示的界面。

②在"SELECT"选项卡中输入 Select 语句如下：

```
Select DptId,DptName,DptHead From tblDepart
```

③在"UPDATE"选项卡中输入 Update 语句如下：

```
Update tblDepart
Set Dpt_Name = @ Dpt_Name,Dpt_Head = @ Dpt_Head
Where Dpt_Id = @ Dpt_Id
```

④在"DELETE"选项卡中输入 Delete 语句如下:

```
Delete from tblDepart Where Dpt_Id = @ Dpt_Id
```

5)用智能按钮设置 GridView 控件自动套用格式为"彩色型"。

6)按表 5-3 的要求设置 GridView 控件属性。

表5-3 GridView 控件中各属性设置

属 性	属性值	说 明
Id	gv_Dept	
Caption	系部编码表	表格标题
DataSourceID	Sds_Dept	通过数据源控件 Sds_Dept 打开系部编码表 tblDepart
AllowPaging	True	允许分页
PageSize	5	每页 5 条记录
AllowSorting	True	允许排序,单击字段名进行升序排序,再次单击字段名则进行降序排序
AutoGenerateDeleteButton	True	生成删除按钮
AutoGenerateEditButton	True	生成编辑按钮
AutoGenerateSelectButton	True	生成选择按钮
DataKeyNames	Dpt_ID	设置关键字
GridLines	Vertical	垂直线
ToolTip	系部编码表	飞行提示
PagerSettings. Mode	NextPrevious	用前后向箭头选择页

7)编写选择事件驱动程序。代码如下:

```
protected void gv_Dept_SelectedIndexChanged(object sender, EventArgs e)
{
    string str = gv_Dept.SelectedRow.Cells[1].Text + ",";
    str + = gv_Dept.SelectedRow.Cells[2].Text + ",";
    str + = gv_Dept.SelectedRow.Cells[3].Text;
    TextBox1.Text = str;
}
```

8)设置 GridView. aspx 网页为起始页,运行网站程序,如图 5-10 所示。该页面可对系部编码表进行排序、选择、编辑、删除操作。

5.2.3 GridView 控件的高级应用

GridView 控件的部分高级应用可通过自定义字段 Field 实现,用字段编辑器可定义 7 类字段:BoundField、HyperLinkField、CommandField、ImageField、CheckBoxField、ButtonField 以及 TemplateField。用这 7 类自定义字段可实现数据绑定,超链接,选择、删除、编辑命令,显示图片,复选操作,按钮操作,模板操作等高级应用,见表 5-4。

表 5-4　Field 字段类型

属性值	说明
BoundField	绑定字段，默认字段类型
ButtonField	按钮字段，单击触发 RowCommand 事件
CheckBoxField	复选字段，仅适用于逻辑型字段
CommandField	命令字段，显示编辑、删除、插入、选择、更新、取消按钮
HyperLinkField	超链接字段，需要设置显示字段与 URL 字段
ImageField	图片字段，设置图像
TemplateField	模板字段，可被各种控件替换，并将数据绑定到库字段

单击 GridView 控件智能按钮，选择"编辑列"命令，进入"字段"对话框。该对话框内有"可用字段""选定的字段"与"字段属性设置" 3 个选项区，如图 5-11 所示。

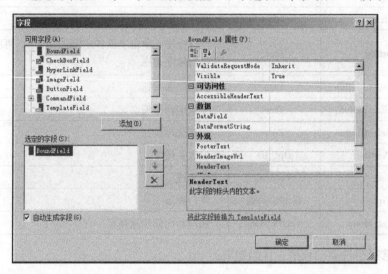

图 5-11　"字段"对话框

从"可用字段"选项区中可以选出 7 种自定义字段类型，各字段类型说明见表 5-4。

1. 用绑定字段（BoundField）编辑字段属性

绑定字段（BoundField）为默认的字段类型，其绑定的是数据源控件或 ADO.NET 中编写的 Select 语句对应的字段。

2. 用命令字段（CommandField）实现数据表的选择、编辑与删除操作

GridView 可以实现智能删除、修改数据等操作，这些操作除了使用例 5-2 的方法外，还可以使用命令字段（CommandField）来实现选择、编辑、删除等操作。

3. 用超链接字段（HyperLinkField）实现页面跳转

超链接字段（HyperLinkField）可以实现用当前记录某字段值为条件，超链接到另一页面，显示条件所规定的数据表记录内容。例如，用系部编码表 tblDepart 中的系部编码作为超链接字段，通过跨页面传值方式跳转到下一个页面中。

4. 用复选字段（CheckBoxField）显示数据表中的逻辑字段

对于数据表中的逻辑字段可以通过复选字段（CheckBoxField）进行展示，字段值为 True

的复选框被选中，字段值为 False 的复选框不被选中。

5. 用图片字段（ImageField）显示图片

对于数据表中用于存放图片路径的字段（如 tblDepart 表中的 Dpt_Photo、tblAlumni 表中的 Alu_Photo 等）可使用图片字段（ImageField）显示对应的图像信息。

6. 用按钮字段（ButtonField）编写特定程序

命令字段 CommandField 可以执行选择、编辑、删除等操作，但不能完成指定的一些计算任务，如计算校友的年龄等。为此，GridView 控件还提供了按钮字段，专门用于执行指定的一些计算任务，如由当前日期与出生日期计算校友的年龄等。

注意：本章的工作任务 10 将详细讲述前 6 类自定义字段的使用方法。

7. 模板字段（TemplateField）

（1）模板的作用

模板字段用于程序员自定义表格控件的布局，许多布局复杂的论坛与电子商务网站经常要用到模板字段。

（2）模板属性

模板属性用于设置模板的标题、记录项目、页脚等内容。模板属性值见表 5-5。

表 5-5 模板属性值

属性值	说 明
AlternatingItemTemplate	设置模板交替行内容与外观
EditItemTemplate	设置模板编辑内容与外观
FootTemplate	设置模板页脚内容与外观
HeaderTemplate	设置模板标题内容与外观布局
ItemTemplate	设置模板中记录项目内容与外观

（3）模板应用举例

【例 5-3】用模板字段设计选择系部页面 Dept_Select.aspx，如图 5-12 所示。

图 5-12 用模板字段设计选择系部页面

具体实现步骤如下：

1）打开解决方案 ex5_2.sln 与网站 ex5_2。

2）用母版页在网站 ex5_2 中创建选择系部页面 Dept_Select.aspx。

3）在 Dept_Select.aspx 中添加 SqlDataSource 与 GridView 控件。

4）将 SqlDataSource 控件的 ID 改为 sds_Dept，按例5-2中的第4步配置数据源，与系部表 tblDept 连接。

5）将 GridView 控件的 ID 改为 gv_Dept，通过智能按钮采用"红糖"套用格式，在"选择数据源"下拉列表中选择"sds_Dept"，启用分页（每页3条记录），如图5-13所示。

6）单击"编辑列"，启动字段编辑器，删除"选定的字段"选项区中的所有字段，将模板字段 TemplateField 添加到"选定的字段"选项区中，再将命令字段 CommandField 中的"选择"命令添加到"选定的字段"选项区中，设置"选择"字段属性如下：

图5-13 用智能按钮设置 GridView 控件属

```
HeaderText = "选择系部"
SelectText = "选择系部"
```

将"选择系部"字段提升到"选定的字段"选项区的首位。单击"确定"按钮，如图5-14所示。

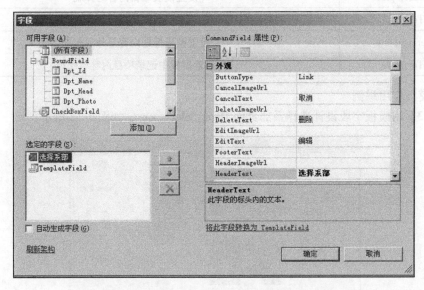

图5-14 添加模板字段与命令字段，设置命令字段属性

7）启动编辑模板对话框。在图5-13中单击"编辑模板"按钮，启动"模板编辑"对话框，选择 ItemTemplate 模板，在模板中添加 Table 控件、Image 控件和 Label 控件等，如图5-15所示。

单击 lbl_DptId 控件的智能按钮，选择"编辑 DataBindings"命令，将该控件的 Text 值绑定到 Dpt_Id，如图5-16所示。用同样的方法绑定其他控件。

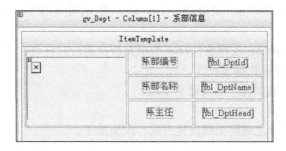

图 5-15　设计制作模板

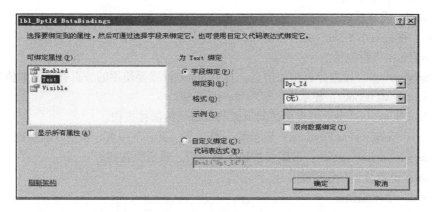

图 5-16　选择绑定字段

8）选择 HeaderTemplate 模板。输入"系部信息"，如图 5-17 所示，最后结束编辑模板。

图 5-17　输入模板标题

9）设置 Dept_Select.aspx 为起始页，运行网站程序，效果如图 5-12 所示。

5.2.4　DetailsView 控件

1. DetailsView 控件的作用

DetailsView 控件用于一次显示一条记录信息，如显示校友个体的详细信息等。GridView 控件和 DetailsView 控件以主-从表的形式显示数据表中的数据。

2. DetailsView 控件的主要属性

1）AllowPaging：逻辑值，True 表示允许分页，False 表示禁止分页。

2）AutoGenerateDeleteButton：逻辑值，True 表示生成删除按钮，False 表示不生成删除按钮。

3）AutoGenerateEditButton：逻辑值，True 表示生成编辑按钮，False 表示不生成编辑按钮。

4）AutoGenerateSelectButton：逻辑值，True 表示生成选择按钮，False 表示不生成选择按钮。

5）AutoGenerateColumns：逻辑值，True 表示允许在运行时自动生成关联数据表字段。

6）DataSourceID：设置数据源控件。

7）DataKeyNames：数据源中的关键字字段。

8）Caption：表格标题。

9）GridLines：单元格之间网格线设置方式，取值如下。
- None：未设置。
- Horizontal：水平线。
- Vertical：垂直线。
- Both：垂直与水平线。

10）ToolTip：飞行提示。

11）PagerSettings：设置分页相关信息，其中 Mode 设置要使用的分页样式，取值如下。
- Mode = NextPrevious：显示上一页与下一页按钮。
- Mode = Numeric：表示可直接访问页面的带编号的链接按钮。
- Mode = NextPreviousFirstLast：显示第一页、上一页、下一页、最后一页按钮。
- Mode = NumericFirstLast：带编号按钮，第一页、最后页按钮。
- Position 设置分页显示位置。

12）Field：字段编辑器。

3. DetailsView 控件的主要事件

1）PageIndexChanged：当页面索引更改后，激活该事件。

2）PageIndexChanging：当页面索引正在更改时，激活该事件。

3）ItemCommand：生成事件时，激活该事件。

4）ItemCancelingEdit：生成 Cancel 事件时，激活该事件。

5）ItemDeleted：对数据源执行删除操作后，触发该事件。

6）ItemDeleting：对数据源执行删除操作前，触发该事件。

7）ItemEditing：生成 Edit 事件时，触发该事件。

8）ItemUpdated：执行 Update 命令后，激活该事件。

9）ItemUpdating：执行 Update 命令前，激活该事件。

10）SelectedIndexChanged：选择某行后，触发该事件。

11）SelectedIndexChanging：选择某行前，触发该事件。

12）ModeChanged：改变模式后触发该事件。

13）ModeChanging：改变模式前触发该事件。

5.2.5　Repeater 控件

1. Repeater 控件的作用

当网站运行时，Repeater 控件依次从数据源控件中读取记录，并通过模板显示记录内容。Repeater 控件运行创建一个自由化窗体布局来显示多个记录。Repeater 控件会为结果集的每一行数据重复标注和控件，其功能类似于便携一个围绕呈现代码的 for 循环的脚本。

2. Repeater 控件的主要属性

1）DataSourceId：数据源控件的 ID。

2）DataMember：在 DataSet 作为数据源时用于绑定表中的视图。

3）HeaderTemplate：用于显示数据表标题内容与外观的模板。

4）ItemTemplate：用于显示数据表记录的模板。

5）FooterTemplate：用于显示数据表页脚的模板。

6）AlternatingItemTemplate：设置交替行外观模板。

7）SeparatorTemplate：项目分隔模板。

3．Repeater 控件的主要事件

1）ItemCommand：选择项目时激活该事件。

2）DataBinding：绑定数据时激活该事件。

3）ItemCreated：创建事件时激活该事件。

4）ItemDataBound：绑定数据后激活该事件。

5.2.6 DataList 控件

1．DataList 控件的作用

以每条记录为一块的格式显示数据表中的内容。

2．DataList 控件的主要属性

1）Caption：控件标题。

2）CaptionAlign：控件的对齐方式。

3）DataSourceID：数据源控件的 ID。

4）DataMember：当以 DataSet 为数据源时，用于选择表或视图。

5）RepeatColumns：在 DataList 控件中显示列数。

6）RepeatDirection：选择垂直或水平显示。

3．DataList 控件的主要事件

1）DeleteCommand：删除记录时激活该事件。

2）EditCommand：编辑记录时激活该事件。

3）SelectedIndexCommand：更改当前选择时激活该事件。

4）UpdateCommand：替换记录时激活该事件。

5）ItemCreated：在创建项时激活 ItemCreated 事件。

5.3 ADO.NET 数据库访问技术

5.3.1 ADO.NET 概述

1．ADO.NET 访问数据源的方式

ASP.NET 通过 ADO.NET 来访问数据库，ADO.NET 完全兼容于 OLE DB 兼容数据库，因此，无论采取的是 Access、SQL Server、Informix、Oracle、dBase 或其他数据库，只要该数据库有 OLE DB 驱动程序，ADO.NET 就能够访问。图 5-18 列出了 ADO.NET 常用的两个.NET 数据提供程序。

1）SQL Server.NET 数据提供程序：用来访问 SQL Server 7.0 或更高版本的数据库，它位于 System.Data.SqlClient 命名空间，由于使用特殊的协议（Tabular Data Stream）与 SQL Server 沟通，此协议无须依赖 OLE DB，且直接由 CLR 管理，因此使用 SQL Server.NET 数据提供程序访问 SQL Server 数据库比使用 OLE DB.NET 数据提供程序的效率更佳。

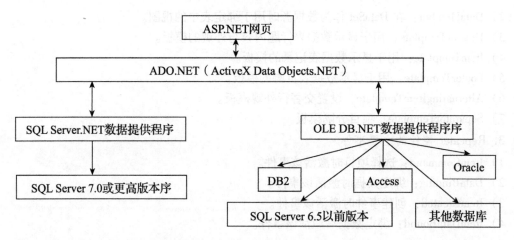

图 5-18　ADO.NET 访问数据源的方式

2）OLE DB.NET 数据提供程序：用来访问 Access、SQL Server 6.5 或更旧版本、Visual FoxPro、Informix、Oracle、dBase 或其他数据库，只要该数据库有对应的 OLE DB 驱动程序，ADO.NET 就能够访问。

2. ADO.NET 的体系结构

ADO.NET 结构如图 5-19 所示，包括两大核心组件：.NET Framework 数据提供程序和 DataSet 数据集。.NET Framework 数据提供程序用于连接到数据库、执行命令及检索结果，包含 4 个核心对象，即 Connection 对象、Command 对象、DataReader 对象和 DataAdapter 对象。Connection 对象用于与数据源建立连接，Command 对象用于对数据源执行命令，DataReader 对象用于从数据源中检索只读、只向前的数据流，DataAdapter 对象用于将数据源的数据填充至 DataSet 数据集并更新数据集。

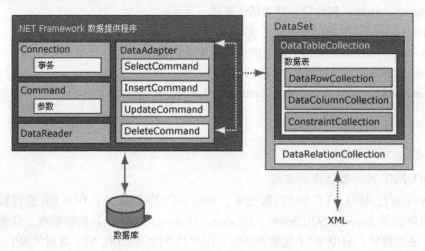

图 5-19　ADO.NET 结构

3. ADO.NET 的命名空间

在 ASP.NET 文件中通过 ADO.NET 访问数据需要引入的几个命名空间见表 5-6。

表 5-6 ADO.NET 命名空间

ADO.NET 命名空间	说明
System.Data	提供 ADO.NET 构架的基类
System.Data.OleDB	针对 OLE DB 数据所设计的数据存取类
System.Data.SqlClient	针对 SQL Server 数据所设计的数据存取类

在 System.Data 中提供了许多 ADO.NET 构架的基类,管理和存取不同数据源的数据。DataSet 对象是 ADO.NET 的核心。

System.Data.OleDB 和 System.Data.SqlClient 是 ADO.NET 中负责建立数据连接的类,又称为 Managed Provider,各自含有的对象如下:

1) System.Data.OleDB 包括 OleDBConnection、OleDBCommand、OleDBDataAdapter、OleDB-DataReader。

2) System.Data.SqlClient 包括 SqlConnection、SqlCommand、SqlDataAdapter、SqlDataReader。

5.3.2 ADO.NET 数据访问流程

ADO.NET 访问数据库的方式有两种:有连接的访问和无连接的访问。有连接的访问用 DataReader 对象返回操作结果,速度快,但是一种独占式的访问,效率并不高;无连接的访问用 DataSet 对象返回结果,该对象可以看作一个内存数据库,访问的结果存放到 DataSet 对象中后可以在 DataSet 内存数据库中操作表,效率更高。

观看视频

1. 有连接数据访问流程

有连接数据访问流程如图 5-20 所示,其操作过程如下:首先通过 Connection 对象连接外存数据库,然后通过 Command 命令对象执行操作命令(如数据的增删查改)。如果需要查询信息,则通过 DataReader 对象将数据一一读出,再绑定到页面控件(如 GridView)上进行显示。所有操作结束后必须关闭 Connection 对象的连接,断开与外存数据库的连接。

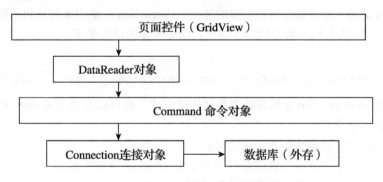

图 5-20 有连接方式访问流程

2. 无连接数据访问流程

无连接数据访问流程如图 5-21 所示,其操作过程如下:首先使用 Connection 对象建立与外存数据库的连接,然后通过设置 DataAdapter 适配器对象的属性,用指定连接执行 SQL 语句从数据库中提取需要的数据,创建 DataSet 内存数据库对象,将 DataAdapter 对象执行 SQL 语句返回的结果使用 Fill 方法填充至 DataSet 对象。DataSet 从数据源中获取数据以后就可以断开与数据源之间的连接。最后为数据绑定控件(如 GridView)设置数据源并绑定,以便在其中显示

DataSet 内存数据库中的数据。当完成了各项操作后，DataAdapter 对象还可以通过 Update 方法实现以内存数据库 DataSet 对象中的数据来更新外存数据库。

DataSet 中的所有数据都是加载在内存上执行的，可以提高数据访问速度，提高硬盘数据的安全性，极大地改善了程序运行的速度和稳定性。

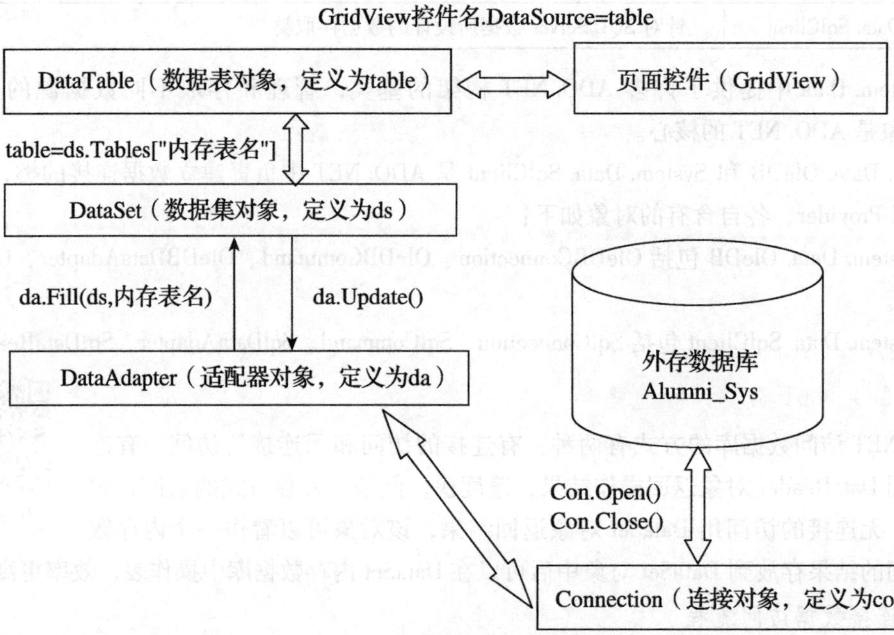

图 5-21 无连接数据访问流程

5.3.3 常用 ADO.NET 对象的使用

1. Connection 对象

操作数据库的第一步是建立与数据库的连接。Connection 对象用来打开和关闭数据库连接。Access 及 SQL Server 7.0 以上版本数据库创建数据库连接的语法如下：

```
OleDbConnection con = new OleDbConnection(connectionString);//Access 数据库
SqlConnection con = new SqlConnection(connectionString);   //SQL Server 数据库
```

其中，参数 connectionString 用来指定数据连接方式，也可以在创建 Connection 对象之后再指定 ConnectionString 属性。

(1) 连接 OLE DB 兼容数据库常用的参数

例如，下面的 3 个字符串分别用来打开 Oracle、Access 及 SQL Server 6.5 或以前版本的数据库，其中 Data Source 参数为数据源的实际路径：

```
"Provider=MSDAORA;Data Source=ORACLE8i7;User ID=Jerry;Password=f658"
"Provider=Microsoft.Jet.OLEDB.4.0;Data Source=d:\data.mdb"
"Provider=SQLOLEDB;Data Source=WWW;Integrated Security=SSPI"
```

(2) 连接 SQL Server 7.0 或更新版本数据库的常用参数（见表 5-7）

表 5-7　连接 SQL Server 7.0 或更新版本数据库的常用参数

参数名称	说　明
Connection Timeout	设置 SqlConnection 对象连接 SQL Server 数据库的逾期时间，单位为秒，若在设置的时间内无法连接数据库，则返回失败
Data Source（或 Server、Address）	设置欲连接的 SQL Server 服务器的名称或 IP 地址
Database（或 Initial Catalog）	设置欲连接的数据库名称
Packet Size	设置用来与 SQL Server 沟通的网络数据包大小，单位为 B，有效值为 512～32767，若发送或接收大量的文字，则 PacketSize 大于 8192B 的效率会更好
User Id 与 PassWord（或 Pwd）	设置登录 SQL Server 的账号及密码

例如：

`"Data Source = localhost; Initial catalog = Alumni_Sys; User Id = Sa;Pwd = Sa"`

(3) Connection 对象的方法
- Open：打开数据库。
- Close：关闭数据库连接。当不再使用数据源时，使用该方法关闭与数据源的连接。

2. Command 对象

成功使用 Connection 对象创建数据连接之后，就可以使用 ADO.NET 对象提供的 Command 对象对数据源执行各种 SQL 命令并返回结果。

创建 Command 对象的语法如下：

```
OleDbCommand cmd = new OleDbCommand(cmdText,connectioin);   //Access 数据库
SqlCommand cmd = new SqlCommand(cmdText,connection);   //SQL Server 数据库
```

其中，参数 cmdText 为欲执行的 SQL 命令，参数 connection 为欲使用的数据连接。

(1) Command 对象的常用属性

1) CommandText：获取或设置欲对数据源执行的 SQL 命令、存储过程名称或数据表名称。

2) CommandType：获取或设置命令类别，可取的值为 StoredProcedure（存储过程）、TableDirect（数据表名）、Text（SQL 语句）。

3) Connection：获取或设置 Command 对象所要使用的数据连接对象。

(2) Command 对象的常用方法

1) ExecuteNonQuery：执行 CommandText 属性指定的内容，并返回被影响的列数。只有 Update、Insert 及 Delete 返回被影响的列数，该方法用于对数据库的更新操作。

2) ExecuteReader：执行 CommandText 属性指定的内容，并创建 DataReader 对象，一般执行的是 Select 语句。

3) ExecuteScalar：执行 CommandText 属性指定的内容，并返回执行结果第一列第一栏的值，此方法只能用来执行 Select 语句。

3. DataReader 对象

对于只需顺序显示数据表中记录的应用而言，DataReader 对象是比较理想的选择。可以通过 Command 对象的 ExecuteReader 方法创建 DataReader 对象。DataReader 对象一旦建立，即可

通过对象的属性、方法访问数据源中的数据。

建立 DataReader 对象的语法如下：

```
OleDbDataReader dr = cmd.ExecuteReader();        //Access 数据库
SqlDataReader dr = cmd.ExecuteReader();          //SQL Server 数据库
```

（1）DataReader 对象的属性

1）FieldCount：获取字段数目。

2）IsClosed：获取 DataReader 对象的状态，True 表示关闭，False 表示打开。

3）RecordsAffected：获取执行 Insert、Delete 或 Update 等 SQL 命令后有多少行受到影响，若没有受到影响，则返回 0。

（2）DataReader 对象的方法

1）Close：关闭 DataReader 对象。

2）GetFieldType(ordinal)：获取第 ordinal+1 列的数据类型。

3）GetName(ordinal)：获取第 ordinal+1 列字段的名称。

4）GetOrdinal(name)：获取字段名称为 name 的字段序号。

5）GetValues(values)：获取所有字段的内容，并将字段内容存放在 values 数组。

6）IsDBNull(ordinal)：判断第 ordinal+1 列是否为 Null，返回 False 表示不是 Null，返回 True 表示是 Null。

7）Reader：读取下一条数据并返回布尔值，返回 True 表示还有下一条数据，返回 False 表示没有下一条数据。

【例 5-4】完成校友录系统用户登录界面的程序设计。

具体实施步骤如下：

1）新建空白解决方案 ex5_3.sln 与网站 ex5_3。

2）在网站 ex5_3 中，通过"添加现有项"的方式将第 2 章中工作任务 2 创建的用户登录界面 Login.aspx 添加进网站中。

3）编写"登录"按钮代码。

①加载命名空间。代码如下：

观看视频

```
using System.Data;
using System.Data.SqlClient;
```

②定义 Connection 对象连接数据库，并打开连接。代码如下：

```
static string strCon = "Server=localhost;Database=Alumni_Sys;User Id=sa;password=sa";
SqlConnection con = new SqlConnection(strCon);
con.Open();
```

③定义 Command 对象执行 SQL 命令（这里是一个 Select 语句）。代码如下：

```
SqlCommand cmd = new SqlCommand();
cmd.CommandType = CommandType.Text;
cmd.Connection = con;
//将文本框中的用户 ID 与密码赋给变量 userId 与 userPassword
string userName = txt_UserName.Text.Trim();
```

```
string userPassword = txt_UserPassword.Text.Trim();
cmd.CommandText = "Select * from tblUser where User_Name ='" + userName + "'
and User_Password = '" + userPassword + "'";
```

④利用 Command 对象的 ExecuteReader 方法创建 DataReader 对象。代码如下：

```
SqlDataReader dr = cmd.ExecuteReader();
```

⑤判断用户是否通过验证，通过验证转向相应的页面，否则显示登录失败的提示信息。代码如下：

```
if(dr.Read())              //验证成功
    Response.Redirect("~/Default.aspx");
else                       //验证失败
{
    Literal txtMsg = new Literal();
    txtMsg.Text = "<script>alert(用户名或密码错误！)</script>";
    Page.Controls.Add(txtMsg);
}
```

⑥关闭 DataReader 对象与数据连接。代码如下：

```
dr.Close();
con.Close();
```

【例 5-5】完成校友录系统用户注册界面的程序设计。

具体实施步骤如下：

1) 打开解决方案 ex5_3.sln，在网站 ex5_3 的用户控件文件夹 Controls 中创建用户注册控件 User_Register.ascx，如图 5-22 所示（创建过程参考第 2 章中的 2.4.1 节，这里不再赘述）。

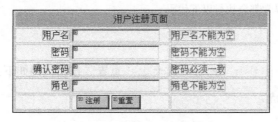

图 5-22 创建用户注册控件

2) 编写用户注册控件 User_Register.ascx 上"注册"按钮代码。

①加载命名空间。代码如下：

```
using System.Data;
using System.Data.SqlClient;
```

②定义 Connection 对象连接数据库，并打开连接。代码如下：

```
static string strCon = "Server = localhost;Database = Alumni_Sys;User Id = sa ;
password = sa";
SqlConnection con = new SqlConnection(strCon);
con.Open();
```

③定义 Command 对象执行 SQL 命令（这里是一个 Insert 语句）。代码如下：

```
SqlCommand cmd = new SqlCommand();
cmd.CommandType = CommandType.Text;
cmd.Connection = con;
//将各文本框中的值赋给变量
string userName = txt_UserName.Text.Trim();
string userPassword = txt_UserPassword.Text.Trim();
string userRole = txt_UserRole.Text.Trim();
string strSql = "Insert into tblUser Values('";
strSql += userName + "','" +userPassword + "','" + userRole + "')";
cmd.CommandText = strSql;
try
{   //执行以下代码,一旦发现异常,则立即跳到 catch 执行
    cmd.ExecuteNonQuery();
    Literal txtMsg = new Literal();
    txtMsg.Text = "<script>alert('用户注册成功！')</script>";
    Page.Controls.Add(txtMsg);
}
catch
{   //如果发生异常则执行以下代码
    Literal txtMsg = new Literal();
    txtMsg.Text = "<script>alert('用户注册失败！')</script>";
    Page.Controls.Add(txtMsg);
}
```

④关闭数据连接。代码如下：

```
finally
{   //不管是否发生异常都会执行以下代码
    con.Close();
}
```

3）编写用户注册控件 User_Register.ascx 上"重置"按钮代码如下：

```
//将各文本框中的值清空
txt_UserName = "";
txt_UserPassword = "";
txt_UserPasswordConfirm = "";
txt_UserRole = "";
```

4）在网站 ex5_3 中使用母版页新建用户注册页面 User_Register.aspx，在该页面上添加新建的用户注册控件 User_Register.ascx。

5）设置 User_Register.aspx 网页为起始页，运行网站程序如图 5-23 所示。

4．DataAdapter 对象

成功地使用 Connection 对象创建数据连接后，可以使用 DataAdapter 对象对数据源执行各种 SQL 命令并返回结果，可以执行的命令包括选取（SelectCommand）、插入（InsertCommand）、更新（UpdateCommand）、删除（DeleteCommand）。

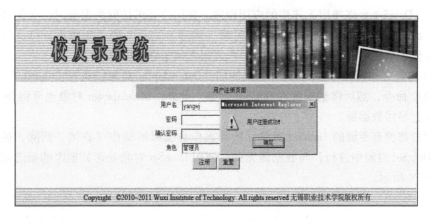

图 5-23　校友录系统用户注册界面

（1）创建 DataAdapter 对象语法结构

以 SQL Server 数据库为例，有以下 4 种方法：

```
SqlDataAdapter dp = new SqlDataAdapter();        //创建之后配置属性
SqlDataAdapter dp = new SqlDataAdapter(命令对象名) //先创建 Command 对象
SqlDataAdapter dp = new SqlDataAdapter(SQL 语句,连接对象名) //先创建 Connection
```
对象
```
SqlDataAdapter dp = new SqlDataAdapter(SQL 语句,连接字符串)
```

（2）DataAdapter 对象的属性

1）DeleteCommand：获取或设置用来从数据源删除数据行的 SQL 命令，属性值必须为 Command 对象，此属性只有在调用 Update 方法，DataAdapter 对象得知须从数据源删除数据行时使用，其主要用途是告诉 DataAdapter 对象如何从数据源删除数据行。

2）InsertCommand：获取或设置将数据行插入数据源的 SQL 命令，属性值必须是 Command 对象，使用原则同 DeleteCommand。

3）SelectCommand：获取或设置用来从数据源选取数据行的 SQL 命令，属性值为 Command 对象，使用原则同 DeleteCommand。

4）UpdateCommand：获取或设置用来更新数据源数据行的 SQL 命令，属性值为 Command 对象，使用原则同 DeleteCommand。

其他属性：ContinueUpdateOnError、AcceptChangesDuringFill、MissingMappingAction、MissingSchemaAction、TableMappings。

（3）DataAdapter 的方法

1）Fill(dataSet 对象名,[内存表的别名])：将 SelectCommand 属性指定的 SQL 命令执行结果所选取的数据行置入 DataSet 对象，其返回值为置 DataSet 对象的数据行数。

2）Update(dataSet 对象名,[内存表的别名])：调用 InsertCommand、UpdateCommand 或 DeleteCommand 属性指定的 SQL 命令将 DataSet 对象更新到数据源。

5．DataSet 对象

DataSet 对象是 ADO.NET 体系结构的中心，位于 .NET Framework 的 System.Data.DataSet 中，实际上是从数据库中检索记录的缓存，可以将 DataSet 当作一个小型内存数据库，它包含表、列、约束、行和关系。这些 DataSet 对象称为 DataTable、DataColumn、DataRow、Constraint

和 Relation。DataSet 允许使用无连接的应用程序。在用户要求访问数据源时，无须经过冗长的连接操作，而且数据从数据源读入 DataSet 对象（内存）之后，便关闭数据连接，解除数据库的锁定，其他用户便可以使用该数据库，用户之间无须争夺数据源。

DataSet 对象必须配合 DataAdapter 对象使用，DataAdapter 对象结构在 Command 对象之上，用来执行 SQL 命令，然后将结果置入 DataSet 对象。此外，DataAdapter 对象也可将 DataSet 对象更改过的数据写回数据源。

每个用户都拥有专属的 DataSet 对象，所有操作数据库的动作（查询、删除、插入及更新等）都在 DataSet 对象中进行，与数据源无关。使用 DataSet 对象处理数据库的概念很简单，其过程如图 5-24 所示。

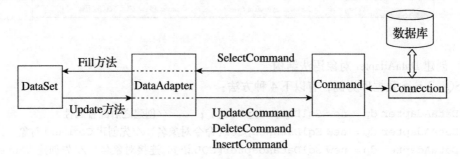

图 5-24　DataSet 对象处理数据过程

创建 DataSet 对象的方式很简单，无论哪种数据源（OLE DB 数据库或 SQL Server 数据库），创建方式都一样，语法如下：

```
DataSet ds = new DataSet();
da.Fill(ds,内存表的别名);      //da 为 DataAdapter 对象名
```

成功创建 DataSet 对象之后，就可以访问其所提供的属性及方法。

（1）DataSet 对象的属性

1）CaseSensitive：获取或设置在 DataTable 对象内比较字符串时是否分辨字母的大小写，默认为 False。

2）DataSetName：当前 DataSet 的名称。如果不指定，则该属性值设置为 NewDataSet。如果将 DataSet 内容写入 XML 文件，DataSetName 是 XML 文件的根节点名称。

3）Tables：获取 DataTable 集合，DataSet 对象的所有 DataTable 对象（数据表）均存放在 DataTableCollection 中。

（2）DataSet 对象的方法

1）AcceptChanges：将所有变动过的数据更新到 DataSet 对象。

2）Clear：清除 DataSet 对象的数据，该方法会删除所有 DataTable 对象。

3）Clone：复制 DataSet 对象的结构，包含所有 DataTable 对象的架构描述、条件约束，返回值与此 DataSet 对象具有相同结构的 DataSet 对象。

4）Copy：复制 DataSet 对象的结构及数据，返回值为与此 DataSet 对象具有相同结构及数据的 DataSet 对象。

5）GetChanges({Added,Deleted,Detached,Modified,Unchanged})：此方法的参数可以省略不写，表示返回自上次调用 AcceptChanges 方法后，DataSet 对象变动过的数据。

6）GetXml：返回数据存放在 DataSet 对象内的 XML 描述，返回值为字符串。

7) HasChanges({Added,Deleted,Detached,Modified,Unchanged}): 判断 DataSet 对象的数据是否变动过。

工作任务

观看视频

工作任务 10　使用 GridView 控件实现校友录信息浏览

1. 项目描述

本工作任务用于实现校友录系统中信息的级联浏览,除使用 GridView 控件显示系部、班级和校友信息外,还可实现根据某一系部显示相应班级,根据某一班级显示相应校友。本任务中使用校友录数据库 Alumni_Sys 的系部编码表 tblDepart、班级编码表 tblClass、校友基本信息表 tblAlumni、性别编码表 tblSex、籍贯编码表 tblNtvPlc、民族编码表 tblNation 和政治面貌编码表 tblParty,具体表结构详见附录 A。

2. 相关知识

本项目的实施,需要了解 SqlDataSource 数据源控件和 GridView 数据绑定控件的主要属性与方法,了解其基本应用方法,了解 GridView 控件中的 7 种自定义字段实现其高级应用。

3. 项目设计

本项目使用 SqlDataSource 数据源控件进行数据绑定,使用 GridView 控件中的绑定字段(BoundField)显示系部、班级、校友的基本数据信息,使用命令字段(CommandField)实现数据表的选择、编辑与删除操作,使用超链接字段(HyperLinkField)实现页面跳转,使用复选字段(CheckBoxField)显示班级表中的毕业标志字段(其为逻辑字段),使用图片字段(ImageField)显示校友照片,使用按钮字段(ButtonField)编写计算校友年龄的程序。

4. 项目实施

1) 新建解决方案 ex5_4.sln 与网站 ex5_4。

2) 在网站 ex5_4 中创建母版页 MasterPage.master(具体操作过程参见第 3 章中的工作任务 4)。

3) 在网站 ex5_4 中用母版页 MasterPage.master 创建系部编码表页面 Dept.aspx。

①在 Dept.aspx 网页中添加 SqlDataSource 控件和 GridView 控件。

②将 SqlDataSource 控件的 ID 改为 sds_Dept,按例 5-2 中的第 4 步配置数据源,输入查询、编辑、删除 SQL 语句。

③用智能按钮设置 GridView 控件自动套用格式为"彩色型",按表 5-8 要求设置 GridView 控件属性。

表 5-8　GridView 控件属性设置

属　性	属性值	说　明
ID	gv_Dept	
Caption	系部编码表	表格标题
DataSourceID	Sds_Dept	通过 sds_Dept 打开系部编码表 tblDept
AllowPaging	True	允许分页
PageSize	5	每页 5 条记录

(续)

属　性	属性值	说　明
DataKeyNames	Dpt_ID	设置关键字
GridLines	Vertical	垂直线
ToolTip	系部编码表	飞行提示
Font. Size	small	小字体

④添加绑定字段。

• 启动字段编辑器：单击 gv_Dept 控件的智能按钮，选择"编辑列"命令，进入"字段编辑器"对话框。

• 添加绑定字段：在"可用字段"选项区中，单击 BoundField 前的"＋"按钮，出现 Dpt_Id、Dpt_Name 和 Dpt_Head 三个字段，选择 Dpt_Id 后单击"添加"按钮，可在"选定的字段"选项区中添加新的绑定字段 Dpt_Id，用同样的方法可添加新的绑定字段 Dpt_Name 和 Dept_Head，如图 5-25 所示。

• 修改绑定字段属性：在"选定的字段"选项区中单击 Dpt_Id，可在 Bounfield 属性栏中修改绑定字段的属性，如将 Dpt_Id 字段标题 HeaderText 属性修改为"系部编码"，将 Dpt_Name 与 Dpt_Dean 字段标题 HeaderText 属性修改为"系部名称"与"系主任"。将每个字段的 ControlStyle. Width、HeaderStyle. Width、ItemStyle. Width 改为 100px。

• 取消自动生成字段：在"字段"对话框中取消选中"自动生成字段"复选框。

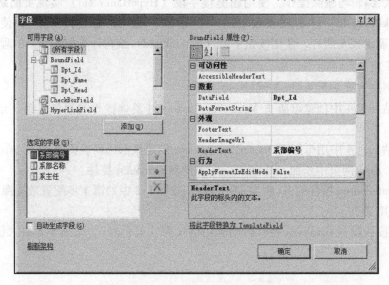

图 5-25 用字段编辑器添加绑定字段

⑤添加命令字段。在"可用字段"选项区中，单击 CommandField 前的"＋"按钮，出现"编辑、更新、取消""选择""删除"3 个字段，选择"编辑、更新、取消"后单击"添加"按钮，可在"选定的字段"选项区中添加新的命令字段"编辑"（更新/取消），用同样的方法可添加新的命令字段"选择""删除"。

在"选定的字段"选项区中单击"编辑"（更新/取消），可在"Commandfield 属性"选项区中修改命令字段的属性，如将"编辑"（更新/取消）字段标题 HeaderText 属性修改为"编辑",将"选择""删除"字段标题的 HeaderText 属性分别修改为"选择"和"删除"。

用上下箭头按钮将"选择"字段排序到首位,如图 5-26 所示。

图 5-26 用字段编辑器添加命令字段

⑥添加超链接字段。在"可用字段"选项区中,选择 HyperLinkField 后单击"添加"按钮,在"选定的字段"选项区中就添加了超链接字段 HyperLinkField,如图 5-27 所示。

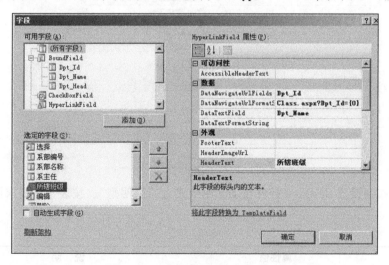

图 5-27 用 HyperLinkField 字段实现超链接

- 修改超链接字段属性:在"可用字段"选项区中单击 HyperLinkField,可在 HyperLinkField 属性栏中修改超链接字段的属性如下:

```
DataNavigateUrlFields = Dpt_Id
DataNavigateUrlFormatString = Class.aspx? Dpt_Id = {0}
DataTextField = Dpt_Name
HyperText = 所辖班级
```

- 将超链接字段"所辖班级"位置上升到系主任之后,如图 5-27 所示。
- 在 HyperLinkField 属性栏中,设置行为中的 Target = "_blank"。

4) 在网站 ex5_4 中用母版页 MasterPage.master 创建班级编码表页面 Class.aspx。

①在 Class.aspx 页面中添加 SqlDataSource 数据源控件和 GridView 数据表控件。
②将 SqlDataSource 控件的 ID 改为 sds_Class，配置数据源，输入如下查询语句：

```
Select Class_Id as 班级编码,Class_Name as 班级名称,Class_Enroll as 入学年份,Major
_Name as 专业名称,Class_Status As 班级状态 Class_Length as 学制,Class_Num as 班级人数,
Dpt_Name as 系部名称
    From tblClass,tblMajor,tblDepart
    Where Class_Major = Major_Id and
        Class_Dept = Dpt_Id and
        Class_Dept = @ Class_Dept
```

③在图 5-28 所示的对话框中设置参数 Class_Dept 如下：

```
参数源 = QueryString
QueryStringField = Dpt_Id
DefaultValue = "10"
```

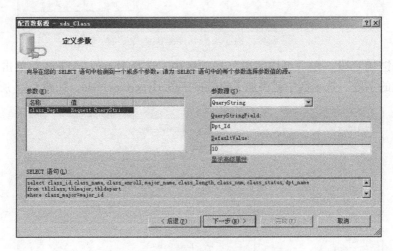

图 5-28 定义 QueryString 传值参数

④用智能按钮设置 GridView 控件自动套用格式为"简明型"，按表 5-9 要求设置 GridView 控件属性。

表 5-9 GridView 控件属性设置

属　　性	属性值	说　　明
ID	gv_Class	
Caption	班级编码表	表格标题
DataSourceID	sds_Class	通过 sds_Class 打开指定系部的班级编码表 tblClass
AllowSorting	true	允许排序
AllowPaging	true	允许分页
PageSize	10	每页 10 条记录
DataKeyNames	班级编码	设置关键字
GridLines	Vertical	垂直线
ToolTip	班级编码表	飞行提示
Font.Size	small	小字体

⑤添加复选字段。打开 gv_Class 控件的字段编辑器,在"可用字段"选项区中选择 CheckBoxField,单击"添加"按钮,在"选定的字段"选项区中出现 CheckBoxField。在 "CheckBoxField 属性"选项区中设置属性如下:

```
DataField = Class_Status
HeaderText = 是否毕业
```

⑥添加数据绑定字段"班级状态"。

- 打开"字段"对话框,在"可用字段"选项区中选择 BoundField,设置其属性如下:

```
DataField = Class_ Status
HeaderText = 班级状态
```

- 编写事件驱动程序如下:

```
protected void gv_Class_RowDataBound(object sender, GridViewRowEventArgs e)
{
    //如果当前行是数据行,则执行下列语句
    if(e.Row.RowType = = DataControlRowType.DataRow)
    {   //班级状态在第7列,其为 False 时改为"在校",为 True 时改为"毕业"
        if (e.Row.Cells[7].Text = = "False")
        {
            e.Row.Cells[7].Text = "在校";
            e.Row.Cells[7].Style.Add("color", "green");
        }
        else
        {
            e.Row.Cells[7].Text = "毕业";
            e.Row.Cells[7].Style.Add("color", "red");
        }
    }
}
```

⑦添加"所属班级校友"超链接字段。

- 在"可用字段"选项区中选择 HyperLinkField,单击"添加"按钮,可在"选定的字段"选项区中添加超链接字段 HyperLinkField。
- 修改超链接字段属性:在"选定的字段"选项区中单击 HyperLinkField,可在 "HyperLinkField 属性"选项区中修改超链接字段的属性如下:

```
DataNavigateUrlFields = 班级编码
DataNavigateUrlFormatString = Alumni.aspx? Class_Id = {0}
DataTextField = 班级名称
HyperText = 所属班级校友
```

- 在"HyperLinkField 属性"选项区中,设置行为中的 Target = "_blank"。

5) 在网站 ex5_4 中用母版页 MasterPage. master 创建校友信息表页面 Alumni. aspx。
①在 Alumni. aspx 页面中添加 SqlDataSource 数据源控件和 GridView 数据表控件。
②将 SqlDataSource 控件的 ID 改为 sds_Alumni,配置数据源,输入如下查询语句:

```
Select Alu_No as 编号, Alu_Name as 姓名, Sex_Name as 性别, Alu_Birth as 出生日期,
Class_Name as 班级, Alu_Age as 年龄, Alu_Photo as 照片
    From tblAlumni,tblSex,tblClass
    Where Alu_Sex = Sex_Id and
          Alu_Class = Class_Id and
          Alu_Class = @ Alu _Class
    Order By Alu_No
```

设置参数 Alu_ Class 如下：

参数源 = QueryString
QueryStringField = Class_Id

③ 用智能按钮设置 GridView 控件自动套用格式为"专业型"，按表 5-10 要求设置 GridView 控件属性。

表 5-10 GridView 控件属性设置

属 性	属性值	说 明
ID	gv_Alumni	
Caption	校友信息表	表格标题
DataSourceID	sds_Alumni	通过 sds_Alumni 打开指定班级的校友信息表 tbl Alumni
AllowSorting	True	允许排序
AllowPaging	True	允许分页
PageSize	10	每页 5 条记录
DataKeyNames	学号	设置关键字
GridLines	Vertical	垂直线
ToolTip	校友信息表	飞行提示
Font. Size	small	小字体

④ 用 ImageField 添加校友照片字段。单击 gv_Alumni 控件的智能按钮，选择"编辑列"命令，进入"字段"对话框。在"可用字段"选项区中选择 ImageField，单击"添加"按钮，在"选定的字段"选项区中出现 ImageField 自定义字段。在"ImageField 属性"选项区中设置属性如下：

```
DataImageUrlField = 照片
HeaderText = 照片
```

⑤ 用 DataFormatString 属性格式化出生日期字段。启动"字段"对话框，在"选定的字段"选项区中选择"出生日期"，单击 BoundField 属性，设置属性如下：

```
Datafield = 出生日期
DataFormatString = {0:yyyy - MM - dd}
HeaderText = 出生日期
HtmlEncode = false
```

⑥ 用按钮字段（ButtonField）计算校友年龄。单击 gv_Alumni 控件的智能按钮，选择"编

辑列"命令,进入"字段"对话框。在"可用字段"选项区中选择 ButtonField,单击"添加"按钮,ButtonField 出现在"选定的字段"选项区中,如图 5-29 所示。在"ButtonField 属性"选项区中设置属性如下:

```
ButtonType = Button
HeaderText = 计算年龄
Text = 按钮
CommandName = Calculate_Age
ControlStyle.Width = 100px
```

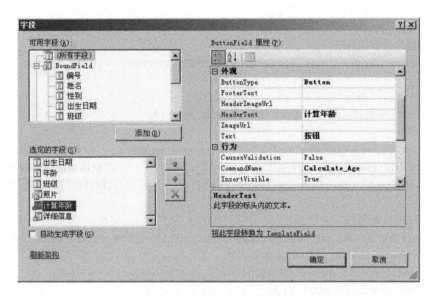

图 5-29 添加计算年龄字段

在 Alumni.aspx 页面上选择 gv_Alumni 控件,打开"属性"对话框,单击"事件"栏,双击 RowCommand 事件,如图 5-30 所示。

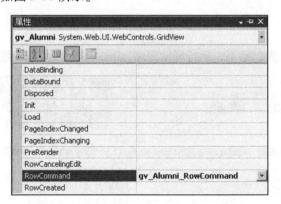

图 5-30 创建 RowCommand 事件驱动程序

编写事件驱动程序如下:

```
//引用命名空间
using System.Data.SqlClient;
//定义连接对象 con 与命令对象 cmd
```

```
    static string strCon = "Data Source=(local);Initial Catalog=Alumni_Sys;
Integrated Security=True"
    SqlConnection con = new SqlConnection(strCon);
    SqlCommand cmd = new SqlCommand();
    //页面加载事件驱动程序
    protected void Page_Load(object sender, EventArgs e)
    {
        cmd.CommandType = CommandType.Text;
        cmd.Connection = con;
        cmd.CommandTimeout = 15;
    }
    //按钮字段事件驱动程序
    protected void gv_Alumni_RowCommand(object sender, GridViewCommandEventArgs e)
    {
        if (e.CommandName.Equals("Calculate_Age"))
        {
            int index = Convert.ToInt32(e.CommandArgument);    //获取当前操作的行号
            GridViewRow row = gv_Alumni.Rows[index];           //获取当前操作的行对象
            string Alu_No = row.Cells[0].Text;                 //获取当前行第 0 列(编号列)的内容
            con.Open();
            string strSQL = "Update tblAlumni Set Alu_Age = Year(GetDate()) - Year(Alu_Birth) where Alu_No ='" + Alu_No + "'";
            cmd.CommandText = strSQL;
            cmd.ExecuteNonQuery();
            con.Close();
            gv_Alumni.DataBind();
        }
    }
```

5. 项目测试

1) 设置 Dept.aspx 为起始页，运行网站程序，Dept.aspx 网页运行效果如图 5-31 所示。

图 5-31 Dept.aspx 网页运行效果

2) 在 Dept.aspx 页面中单击所辖班级中的"电信学院"，出现"电信学院"所辖班级的页面 Class.aspx，如图 5-32 所示。

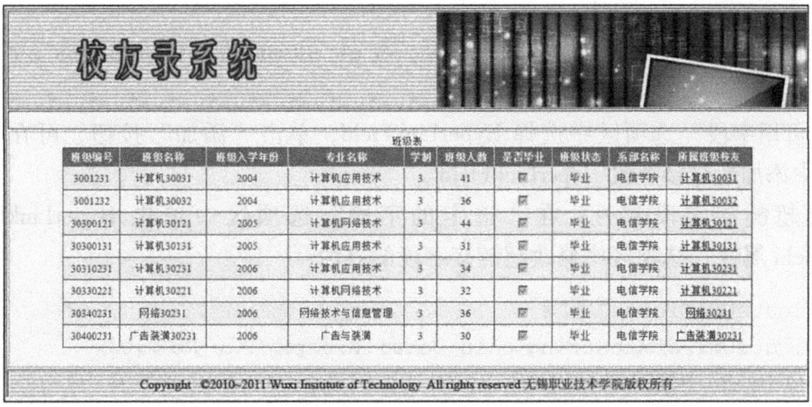

图 5-32　电信学院所属班级的页面 Class.aspx

3）在电信学院所辖班级页面 Class.aspx 上单击"计算机 30231"班，出现计算机 30231 班所有校友信息的页面 Alumni.aspx，如图 5-33 所示。

图 5-33　校友信息 Alumni.aspx 页面

工作任务 11　使用 DetailsView 控件实现校友详细信息浏览

观看视频

1. 项目描述

本工作任务在前一个工作任务的基础上实现校友录系统中校友详细信息的浏览，实现根据某一系部显示相应班级、根据某一班级显示相应校友、根据某一校友显示其详细信息的功能。本任务中使用校友录数据库 Alumni_Sys 的校友基本信息表 tblAlumni、性别编码表 tblSex、籍贯编码表 tblNtvPlc、民族编码表 tblNation 和政治面貌编码表 tblParty 等，具体表结构详见附录 A。

2. 相关知识

本项目的实施，需要了解 SqlDataSource 数据源控件、GridView 数据绑定控件和 DetailsView 数据绑定控件的主要属性与方法，了解 GridView 控件中超链接字段的使用。

3. 项目设计

本项目使用 SqlDataSource 数据源控件进行数据绑定，使用 GridView 控件中的超链接字段（HyperLinkField）实现从校友信息页面到校友详细信息页面的跳转，使用 DetailView 控件显示某位校友的详细信息资料。

4．项目实施

1）打开网站 ex5_4 中的 Alumni.aspx 网页，在 gv_Alumni 控件中添加超链接字段"详细信息"。

● 在"可用字段"选项区中选择 HyperLinkField，单击"添加"按钮，可在"选定的字段"选项区中添加超链接字段 HyperLinkField。

● 修改超链接字段属性：在"选定的字段"选项区中单击 HyperLinkField，可在"HyperLinkField 属性"选项区中修改超链接字段的属性：

```
DataNavigateUrlFields = 编号
DataNavigateUrlFormatString = Alu_Details.aspx? Alu_No = {0}
DataTextField = 姓名
HyperText = 详细信息
```

● 在 HyperLinkField 属性栏中，设置行为中的 Target = "_blank"。

2）用母版页在网站 ex5_4 中创建校友详细信息查询页面 Alu_Details.aspx。

3）在 Alu_Details.aspx 页面中添加 SqlDataSource 控件和 DetailsView 控件。

4）将 SqlDataSource 控件的 ID 改为 sds_AluDetails，配置数据源，输入 SQL 语句如下：

```
Select  Alu_No as 编号,Alu_Order as 班内序号,Alu_Name as 姓名,
        Alu_Enroll as 入学时间,Sex_Name as 性别,Alu_Birth as 出生日期,
        Nation_Name as 民族,NtvPlc_Name as 籍贯,Party_Name as 政治面貌,
        Alu_Health as 健康状况,Alu_Skill as 特长,
        Alu_Card as 身份证号,Class_Name as 班级名称,
        Alu_ZipCode as 邮政编码,Alu_Phone as 家庭电话,
        Alu_Addr as 家庭地址,Alu_Photo as 照片
From tblAlumni,tblClass,tblSex,tblNation,tblNtvPlc,tblParty
Where Alu_Class = Class_ID and
      Alu_Sex = Sex_ID and
      Alu_Nation = Nation_ID and
      Alu_NtvPlc = NtvPlc_ID and
      Alu_Party = Party_ID  and
      Alu_No = @ Alu_No
```

设置 QueryString 跨页面传送参数为 Alu_No。

5）将 DetailsView 控件的 ID 改为 dv_AluDetails，通过智能按钮采用"专业型"套用格式，选择数据源 sds_AluDetails，按表 5-11 设置控件属性。

表 5-11　GridView 控件属性设置

属　性	属性值	说　明
ID	dv_AluDetails	
Caption	校友详细信息	表格标题
DataSourceID	sds_AluDetails	通过 sds_AluDetails 打开指定校友的详细信息表 tblAlumni

(续)

属　性	属性值	说　明
AllowPaging	True	允许分页
DataKeyNames	Alu_Id	设置关键字
GridLines	both	双线
ToolTip	校友详细信息	飞行提示
Font.Size	small	小字体

5. 项目测试

设置 Dept.aspx 为起始页，运行网站程序，由系部选择班级，由班级选择校友，由校友打开其详细信息资料，如图 5-34 和图 5-35 所示。

图 5-34　带超链接列的校友信息 Alumni.aspx 页面

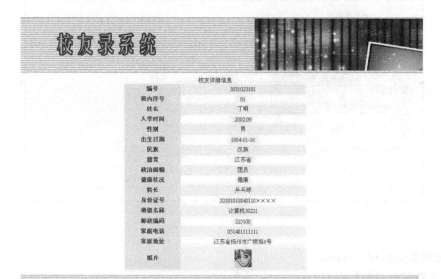

图 5-35　用 DetailsView 控件设计校友详细信息页面

工作任务 12　使用 DataList 控件显示校友录班级列表

观看视频

1. 项目描述

本工作任务用于根据院系名称和入学年份这两个查询条件实现班级信息的快速检索，并以列表的形式显示。本任务中使用校友录数据库 Alumni_Sys 的系部编码表 tblDepart 和班级编码表 tblClass 等，具体表结构详见附录 A。

2. 相关知识

本项目的实施，需要了解 SqlDataSource 数据源控件和 DataList 数据绑定控件的主要属性与方法。

3. 项目设计

本项目使用 SqlDataSource 数据源控件进行数据绑定，使用 DataList 控件实现按指定条件（系部名称、入学年份）来查询并显示相应的班级名称。

4. 项目实施

1）打开解决方案 ex5_4.sln 与网站 ex5_4。

2）在网站 ex5_4 中添加 DataList.aspx 网页。

3）在 DataList.aspx 网页中添加 Table 控件，在表格中添加下拉式列表框 ddlst_Dept、文本框 txt_Enroll、确定按钮 btn_Ok、SqlDataSource 数据源控件 sds_Dept 和 sds_Class、DataList 控件 Dlst_Class 和若干 Label 控件。

4）用智能按钮设置 sds_Dept 控件属性，使其连接 SQL Server 数据库 Alumni_Sys 中的系部编码表 tblDept。

5）用智能按钮设置下拉式列表框控件 ddlst_Dept 的属性，如图 5-36 所示。

①连接数据源控件 sds_Dept。

②选择要在 DropDownList 中显示的数据字段为 Dpt_Name。

③为 DropDownList 的值选择数据字段 Dpt_Id。

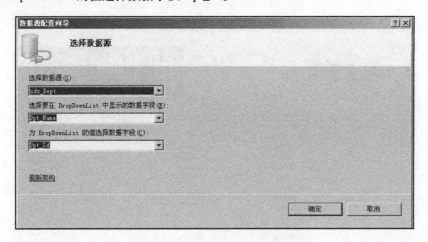

图 5-36　选择数据源

6）配置数据源 sds_Class。

①输入查询语句如下：

```
Select Class_Id,Class_Name
From tblClass
```

where Class_Dept = Class_Dept and Class_Enroll = @Class_Enroll

②设置参数 Class_Dept 如下：

参数源 = Control
QueryStringField = ddlst_Dept

③设置参数 Class_Enroll 如下：

参数源 = Control
QueryStringField = txt_Enroll

7) 用智能按钮设置 DataList 控件属性，连接数据源控件 sds_Class。

DataSourceID = sds_Class
Caption = "符合查询条件的班级列表"
RepeatColumns = 3
RepeatDirection = Vertical

5. 项目测试

设置 DataList.aspx 网页为起始页，运行网站程序后的效果如图 5-37 所示。

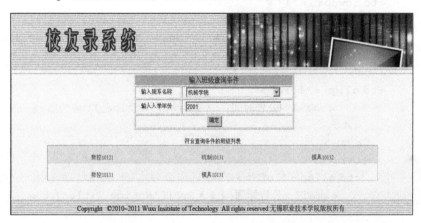

图 5-37 用 DataList 控件显示符合查询条件的班级列表

工作任务 13 使用 Repeater 控件显示校友录公告栏

观看视频

1. 项目描述

本工作任务用于实现校友录系统中公告栏的显示，包含公告图片、公告发布时间、公告标题和公告内容。本任务中使用校友录数据库 Alumni_Sys 的公告信息表 tblNotice，具体表结构详见附录 A。

2. 相关知识

本项目的实施，需要了解 SqlDataSource 数据源控件和 Repeater 数据绑定控件的主要属性与方法。

3. 项目设计

本项目使用 SqlDataSource 数据源控件进行数据绑定，使用 Repeater 控件自定义公告显示模板。其中，用 Image 控件显示公告图片，用 Label 标签显示公告发布时间、公告标题和公告内容。

4. 项目实施

1）打开解决方案 ex5_4.sln 与网站 ex5_4。
2）在网站 ex5_4 中添加 Repeater.aspx 网页。
3）在 Repeater.aspx 网页中添加 SqlDataSource 控件 sds_Notice 与 Repeater 控件 Rep_Notice。
4）用智能按钮设置 SqlDataSource 控件属性，连接 SQL Server 中 Alumni_Sys 数据库中的公告表 tblNotice。
5）用智能按钮设置 Repeater 控件属性，连接数据源控件 sds_Notice。
6）修改 Repeater.aspx 网页的 HTML 代码如下：

```
<div style="width:1000px;">
<asp:Repeater ID="Rep_Notice" runat="server" DataSourceID="Sds_Notice">
    <HeaderTemplate>
    </HeaderTemplate>
    <ItemTemplate>
        <div style="float:left;width:500px; height:150px">
        <table>
            <tr>
            <td rowspan="3">
                <asp:Image ID="img_NoticePhoto" ImageUrl='<%# Eval("Notice_Photo") %>' runat="server" width="150px" height="120px" />
            </td>
            <td align="left">
                <small>公告时间：<%# Eval("Notice_Time") %>
            </td>
            </tr>
            <tr>
            <td align="left">
                <small>公告标题：<%# Eval("Notice_Title") %>
            </td>
            </tr>
            <tr>
            <td align="left">
                <small>公告详情：<%# Eval("Notice_Content") %>
            </td>
            </tr>
        </table>
        </div>
    </ItemTemplate>
    <FooterTemplate>
    </FooterTemplate>
</asp:Repeater>
</div>
```

5. 项目测试

设置 Repeater.aspx 为起始页，运行网站程序后的效果如图 5-38 所示。

图 5-38 用 Repeater 控件显示校友录公告栏

工作任务 14 使用 ADO.NET 实现信息维护管理

观看视频

1. 项目描述

本工作任务用于实现校友录系统中各信息表的维护管理,包括通过列表浏览信息、添加信息、删除信息、选中一条记录后进行信息修改等。

2. 相关知识

本项目的实施,需要了解 GridView 数据绑定控件的主要属性与方法,了解 ADO.NET 的数据访问流程(包括有连接访问和无连接访问),了解 ADO.NET 中的常用对象(包括连接对象 Connetion、命令对象 Command、数据阅读器对象 DataReader、数据适配器对象 DataAdapter、数据集对象 DataSet)的使用方法,了解 Session、Response、Request 等 ASP.NET 常用对象的使用方法。

3. 项目设计

本项目使用 ADO.NET 的无连接访问方式编写绑定系部信息程序,使用 ADO.NET 的有连接访问方式编写系部信息的添加、修改和删除的程序,使用 GridView 数据绑定控件实现系部信息的浏览、分页等基本功能,使用 GridView 控件中的按钮字段(ButtonField)实现系部信息的修改和删除。

为实现页面的可重用性,添加系部信息页面和编辑系部信息页面使用同一个页面 Dept_Add.aspx。在系部浏览页面 Dept_List.aspx 中选中系部进行修改时,通过 Session、Response 等 ASP.NET 常用对象实现需要修改系部的编号存储和页面跳转。在系部添加页面 Dept_Add.aspx,通过 Request 对象获取地址栏信息,以此判断是添加系部信息(地址栏中相应变量值为空)还是修改系部信息(地址栏中相应变量值不为空)。

4. 项目实施

1)打开解决方案 ex5_4.sln 与网站 ex5_4。

2)按图 5-39 要求,使用母版页 MasterPage.master 在网站 ex5_4 中添加 Dept_List 页面,用于显示系部编码表记录。

①在 Dept_List.aspx 页面中添加两个 Button 控件和 1 个 GridView 控件,属性设置见表 5-12。

表 5-12 控件属性设置

控 件	ID	Text	其他属性
GridView1	gv_Dept		自动套用格式：彩色 AllowPaging = " True" PageSize = " 3"
Button1	btn_Add	新建系部	
Button2	btn_Quit	退出	

②单击 gv_Dept 控件的智能按钮，选择"编辑列"命令，弹出"字段"对话框，进行如下设置，如图 5-40 所示。

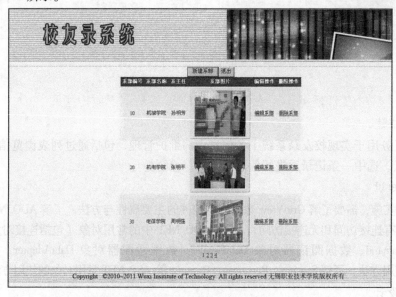

图 5-39 Dept_List 页面

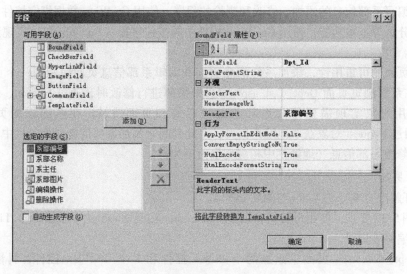

图 5-40 设置 GridView 中的字段

- 添加3个BoundField数据绑定列,设置其HeaderText属性分别为"系部编号""系部名称"和"系主任",DataField属性分别为后续代码中Select语句中的查询字段Dpt_Id、Dpt_Name和Dpt_Head。注意:如果Select语句中查询字段用别名表示,则DataField属性也应设置为对应的别名。
- 添加1个ImageField图像列,设置其HeaderText属性为"系部图片",DataImageUrlField属性为Dpt_Photo。
- 添加两个ButtonField按钮列,设置其HeaderText属性分别为"编辑操作"和"删除操作",Text属性分别为"编辑系部"和"删除系部,CommandName属性分别为editDept和delDept。

3) 编写Dept_List页面后台代码。

①定义全局的Connection对象和Command对象。代码如下:

```
static string constr = "Data Source=(local);Initial Catalog=Alumni_Sys;User Id=sa;Password=sa";
SqlConnection con = new SqlConnection(constr);
SqlCommand cmd = new SqlCommand();
```

②编写Page_Load事件驱动程序。代码如下:

```
protected void Page_Load(object sender, EventArgs e)
{
    cmd.Connection = con;
    cmd.CommandType = CommandType.Text;
    cmd.CommandTimeout = 15;
    Display();    //调用第3步编写的显示函数
}
```

③显示函数Display()。代码如下:

```
private void Display()
{
    string strSql = "select Dpt_Id,Dpt_Name,Dpt_Head,Dpt_Photo from tblDepart Order by Dpt_Id";
    SqlDataAdapter da = new SqlDataAdapter(strSql, con);
    DataSet ds = new DataSet();
    da.Fill(ds, "dept");
    gv_Dept.DataSource = ds.Tables["dept"];
    gv_Dept.DataBind();
}
```

④编写GridView控件按钮字段的事件驱动程序。代码如下:

```
protected void gv_Dept_RowCommand(object sender, GridViewCommandEventArgs e)
{
    //index为按钮点中行的行号
    int index = Convert.ToInt32(e.CommandArgument.ToString());
    //id为按钮点中行的系部编号
```

```
string id = gv_Dept.Rows[index].Cells[0].Text.ToString();
con.Open();
if(e.CommandName == "editDept")        //编辑系部
{
    //使用 Session 存储 Dpt_Name 和 Dpt_Head 的值,以便后面的页面使用
    Session["Dpt_Name"] = gv_Dept.Rows[index].Cells[1].Text.ToString();
    Session["Dpt_Head"] = gv_Dept.Rows[index].Cells[2].Text.ToString();
    //Dpt_Id 值被设置为 Id(按钮点中行的系部编号),传递至 Dept_Add.asp 页面
    Response.Redirect("Dept_Add.aspx? Dpt_Id=" + id);
}
else if(e.CommandName == "delDept")        //删除系部
{
    cmd.CommandText = "delete from tblDepart where dpt_Id='" + id + "'";
    cmd.ExecuteNonQuery();
    Response.Redirect("Dept_List.aspx");
}
con.Close();
}
```

⑤编写 GridView 控件分页事件驱动程序。代码如下:

```
protected void gv_Dept_PageIndexChanging(object sender, GridViewPageEventArgs e)
{
    gv_Dept.PageIndex = e.NewPageIndex;
    gv_Dept.DataBind();
}
```

⑥编写添加按钮事件驱动程序。代码如下:

```
protected void btn_Add_Click(object sender, EventArgs e)
{
    //Dpt_Id 值设置空,以此来判断其是添加系部
    Response.Redirect("Dept_Add.aspx? Dpt_Id=");
}
```

⑦编写返回按钮事件驱动程序。代码如下:

```
protected void btn_Update_Click(object sender, EventArgs e)
{
    //清空 session,返回到登录页面
    Session.Abandon();
    Response.Redirect("login.aspx");
}
```

4) 按图 5-41 要求,使用母版页 MasterPage.master 在网站 ex5_4 中添加 Dept_Add 页面,用于添加或编辑系部信息,如图 5-41 所示。

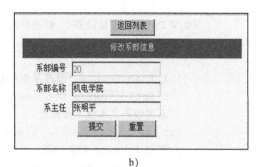

图 5-41 Dept_Add 页面

a) 添加系部信息 b) 编辑系部信息

5) 在 Dept_Add.aspx 页面中添加 3 个 Button 控件、4 个 Label 控件和两个 TextBox 控件，属性设置见表 5-13。

表 5-13 控件属性设置

控件	ID	Text
Button1	btn_ReturnList	返回列表
Button2	btn_Submit	提交
Button3	btn_Reset	重置
Label1	Lbl_Info	新建系部
Label2	lbl_DptId	系部编号
Label3	lbl_DptName	系部名称
Label4	lbl_DptHead	系主任
TextBox1	txt_DptId	
TextBox1	txt_DptName	
TextBox1	txt_DptHead	

6) 编写 Dept_Add 页面后台代码。

①定义全局的 Connection 对象和 Command 对象，定义全局变量 Dpt_Id。代码如下：

```
static string constr = "Data Source = (local);Initial Catalog = Alumni_Sys;
User Id = sa;Password = sa";
SqlConnection con = new SqlConnection(constr);
SqlCommand cmd = new SqlCommand();
string Dpt_Id;
```

②编写 Page_Load 事件驱动程序。代码如下：

```
protected void Page_Load(object sender, EventArgs e)
{
    //从地址栏中截取 Dpt_Id 变量的值
    Dpt_Id = Request.QueryString["Dpt_Id"].ToString();
    if(! IsPostBack)
```

```csharp
        {
            //如果 Dpt_Id 变量值非空,则表示在前一个页面是单击的"编辑系部"按钮
            if(Dpt_Id ! = "")
            {
                lbl_Info.Text = "修改系部信息";
                txt_DptId.Text = Dpt_Id;
                //系部编码文本框不能修改
                txt_DptId.Enabled = false;
                //获取 Session 对象的值
                txt_DptName.Text = Session["Dpt_name"].ToString();
                txt_DptHead.Text = Session["Dpt_Head"].ToString();
            }
        }
    con.Open();
    cmd.Connection = con;
    cmd.CommandType = CommandType.Text;
    cmd.CommandTimeout = 15;
}
```

③编写"返回列表"按钮事件驱动程序。代码如下:

```csharp
protected void btn_ReturnList_Click(object sender, EventArgs e)
{
    Response.Redirect("Dept_List.aspx");
}
```

④编写"提交"按钮事件驱动程序。代码如下:

```csharp
protected void btn_Submit_Click(object sender, EventArgs e)
{
    string strsql;
    //如果 Dpt_Id 变量值为空,则表示在前一个页面是点击的"添加系部"按钮
    if(Dpt_Id = = "")
    {
        strsql = "insert into tblDepart(Dpt_Id,Dpt_Name,Dpt_Head)  values ('"
+ txt_DptId.Text + "','" + txt_DptName.Text + "','" + txt_DptHead.Text + "')";
    }
    //如果 Dpt_Id 变量值不为空,则表示在前一个页面是单击的"编辑系部"按钮
    else
    {
        strsql = "update tblDepart set Dpt_Name ='" + txt_DptName.Text + "',Dpt
_Head ='" + txt_DptHead.Text + "' where Dpt_Id ='" + Dpt_Id + "'";
    }
    cmd.CommandText = strsql;
    cmd.ExecuteNonQuery();
    con.Close();
    Response.Redirect("Dept_List.aspx");
}
```

5. 项目测试

设置 Dept_List.aspx 为起始页，运行网站程序，Dept_List.aspx 网页运行效果如图 5-39 所示。

单击 Dept_List.aspx 页面上的"添加系部"按钮跳转到 Dept_Add.aspx 页面添加新系部（注意：由于数据库中 tblDepart 表中的主键为 Dpt_Id，所以新增的系部编号不能与已存在的系部编号重复，否则新增系部失败），如图 5-41a 所示。

在 Dept_List.aspx 页面上选中一条系部记录后可以进行删除（当选中的系部存在对应班级时，该系部不能被删除）；选中一条系部记录后进入 Dept_Add.aspx 页面进行修改，如图 5-41b 所示。

本章小结

本章介绍了在 ASP.NET 程序开发过程中如何进行数据处理程序的编制，主要分为数据绑定实现和 ADO.NET 对象编程实现两种方法。通过本章的学习掌握数据源控件的创建和使用方法、各类数据绑定控件的使用、ADO.NET 常用对象的使用。

1. 数据源控件

主要包括 SqlDataSource、AccessDataSource、XmlDataSource 和 SiteMapDataSource 数据源控件。其中详细介绍了 SqlDataSource 数据源控件的配置和使用方法。

2. 数据绑定控件

主要包括 GridView、DetailsView、Repeater 和 DataList 控件。其中详细介绍了 GridView 控件的使用方法、各种类型字段列（绑定列、复选框列、图像列、超链接列命令列、按钮列、模板列）的配置及其常用事件驱动代码的编写方法。

3. ADO.NET 对象

主要包括 ADO.NET 常用对象 Connection、Command、DataReader、DataAdapter 和 DataSet 对象的使用，如何连接数据库，如何执行命令，如何通过 DataSet 对象提取和操作数据库。

4. ADO.NET 对象编程的应用

使用 ADO.NET 对象实现校友录系统用户登录、用户注册、系部编码维护等程序的设计。

习题 5

1. 下列关于 SqlDataSource Web 服务器控件的说法不正确的是（　　）。

A. 通过 SqlDataSource 控件，可以使用 Web 服务器控件访问位于关系数据库中的数据，其中可以包括 Microsoft SQL Server 和 Oracle 数据库，以及 OLE DB 和 ODBC 数据源

B. SqlDataSource 控件使用 ADO.NET 类与 ADO.NET 支持的任何数据库进行交互。这类数据库包括 Microsoft SQL Server（使用 System.Data.SqlClient 提供程序）、System.Data.OleDb、System.Data.Odbc 和 Oracle（使用 System.Data.OracleClient 提供程序）

C. 如果不在设计时将连接字符串设置为 SqlDataSource 控件中的属性设置，则可以使用 Web.config 配置文件中 connectionStrings 配置元素将这些字符串集中作为应用程序配置设置的一部分进行存储

D. 可为 SqlDataSource 控件指定 5 个命令（SQL 查询）：SelectCommand、createCommand、UpdateCommand、DeleteCommand 和 InsertCommand。每个命令都是数据源控件的一个单

独的属性。

2. Access DataSource 控件继承了 SqlDataSource 类，并用_____属性替换了 ConnectionString 属性，连接到 Access 数据库。

3. SiteMapDataSource 控件从站点地图中检索导航数据，然后将数据传递给可显示该数据的控件，如_____。

4. 以下控件中，用于显示一个数据源的一个或多个记录，一次显示一个记录且可以逐页浏览单独的记录，通过配置可以添加、删除、更新数据的是（　　）。

　　A. GridView 控件　　　　　　　　　　B. DetailsView 控件
　　C. DataList 控件　　　　　　　　　　D. Repeater 控件

5. 主/详细结构经常用到的经典组合是（　　）。

　　A. GridView + DetailsView　　　　　　B. DataList + Repeater
　　C. DataList_DropDownList　　　　　　D. GridView + Repeater

6. 要使用 GridView 控件进行分页显示，需要将_____属性设置为 True。

7. 要使用 GridView 控件的选择功能，需要将_____属性设置为 True。

8. GridView 控件中添加了一个图像列，需要将该列的_____属性设置为图像对应的显示字段。

9. DataList 通过（　　）属性来控制每一行显示的记录条数。

　　A. DataKeyField　　　　　　　　　　　B. RepeatColumns
　　C. RepeatDirection　　　　　　　　　　D. RepeatLayOut

10. 关于 .NET Framework 包括的数据提供程序，以下陈述错误的是（　　）。

　　A. System.Data.SqlClient 提供程序是用于 SQL Server 的默认 .NET Framework 数据提供程序
　　B. System.Data.OleDb 提供程序是用于 Access 的 .NET Framework 数据提供程序
　　C. System.Data.Odbc 提供程序是用于 ODBC 的 .NET Framework 数据提供程序
　　D. System.Data.OracleClient 提供程序是用于 Oracle 的 .NET Framework 数据提供程序

11. _____对象充当数据库和 ADO.NET 对象模型中非连接对象之间的桥梁，能够用来保存和检索数据。

12. DataReader 对象能进行的数据库操作是（　　）。

　　A. 读取　　　　B. 增加　　　　C. 修改　　　　D. 删除

实训 5　设计图书管理信息浏览与维护模块

1. 在 SQL Server 中新建数据库，数据库名为 Book。在 Book 数据库中有用户表 tblUser 和图书表 tblUser，表结构见表 5-14 和表 5-15。

表 5-14　用户表 tblUser

序号	字段名	含义	类型	宽度	小数	主键
1	User_Name	用户名	Varchar	10		P
2	User_FullName	用户真实姓名	Varchar	20		
3	User_PassWord	用户密码	Varchar	10		
4	User_Role	用户权限	Varchar	20		

表 5-15　图书表 tblBook

序号	字段名	含义	类型	宽度	小数	主键
1	Book_Id	图书编号	Varchar	10		P
2	Book_Name	图书名称	Varchar	50		
3	Book_Publish	出版社	Varchar	30		
4	Book_Author	图书作者	Varchar	20		
5	Book_Price	图书单价	Numeric	18	1	

2. 新建空白解决方案 Lab5.sln 和网站 Library，在网站 Library 中按图 5-42 的要求新建用户登录页面 Login.aspx。

3. 编写用户登录页面上的"确定"按钮单击事件代码。要求如下：

1）输入与数据库 Book 中的用户表 tblUser 中相一致的用户名和密码后，存储输入的用户名，并转到 Default 页面。

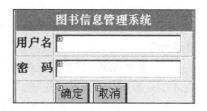

图 5-42　图书管理系统登录页面

2）若用户名或密码输入错误，则显示"用户名或密码错误"的提示信息。

4. 编写用户登录页面上的"取消"按钮单击事件代码，实现清空用户编号和密码文本框值的功能。

5. 将实训 3 中制作好的母版页添加进网站 Library 中。按图 5-43 要求，在网站 Library 中新建系统首页面 Default.aspx。在 Page_Load 事件中编写代码，将登录页面成功的用户名显示出来。

图 5-43　图书管理系统首页

6. 用母版页在网站 Library 中新建用户管理页面 User_Manage.aspx，页面效果如图 5-44 所示。要求如下：

1）用数据源控件 Sql_User 连接 Book 数据库中的用户信息表 tblUser，编写查询、删除的 SQL 语句。

2）绑定数据表格控件 gv_User，按下列要求对数据表格控件 gv_User 进行属性设置：进行分页，每页 5 条记录；各字段标题用汉字表示；表格标题为"用户信息表"；自动套用格式为彩色型；Font.size 为 small。

3）用命令字段实现删除操作。

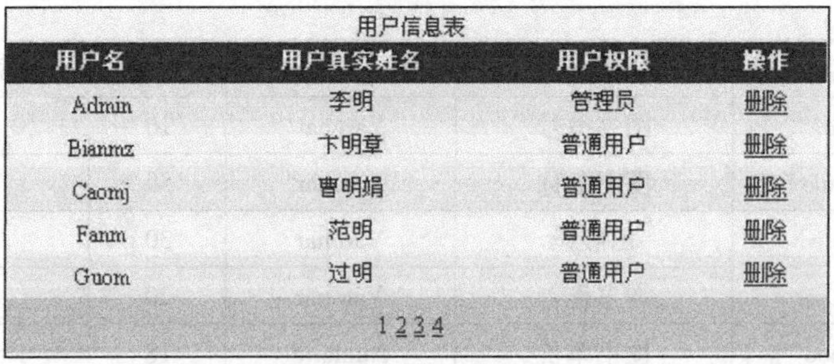

用户信息表			
用户名	用户真实姓名	用户权限	操作
Admin	李明	管理员	删除
Bianmz	卞明章	普通用户	删除
Caomj	曹明娟	普通用户	删除
Fanm	范明	普通用户	删除
Guom	过明	普通用户	删除
1 2 3 4			

图 5-44 用户管理页面

7. 用母版页在网站 Library 中新建删除图书页面 Book_Del. aspx，页面效果如图 5-45 所示。要求如下：

1）使用 ADO. NET 对象编写程序，将查询结果绑定至 GridView 中。按图 5-45 的要求设置 GridView 属性，每页 6 条记录。

2）在 GridView 中添加 ButtonField 按钮列，实现图书的删除操作。

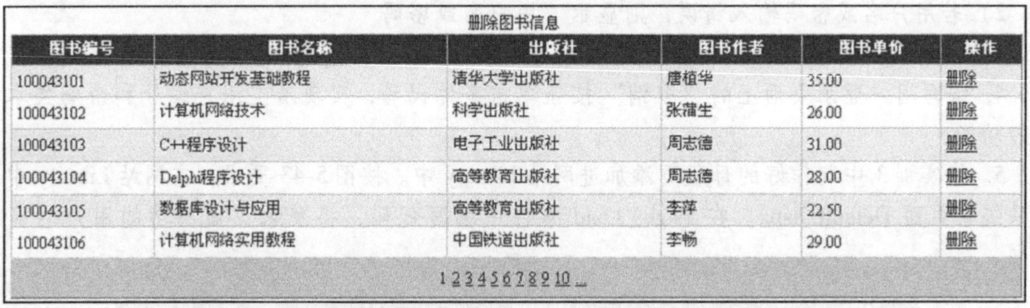

删除图书信息					
图书编号	图书名称	出版社	图书作者	图书单价	操作
100043101	动态网站开发基础教程	清华大学出版社	唐植华	35.00	删除
100043102	计算机网络技术	科学出版社	张蒲生	26.00	删除
100043103	C++程序设计	电子工业出版社	周志德	31.00	删除
100043104	Delphi程序设计	高等教育出版社	周志德	28.00	删除
100043105	数据库设计与应用	高等教育出版社	李萍	22.50	删除
100043106	计算机网络实用教程	中国铁道出版社	李畅	29.00	删除
1 2 3 4 5 6 7 8 9 10 ...					

图 5-45 删除图书页面

第6章　ASP.NET 高级应用技术

客户机/服务器（Client/Server，C/S）体系结构在过去的应用系统开发过程中得到了广泛的应用。但 C/S 结构存在着很多体系结构上的问题。例如，当客户端数目激增时，服务器端的性能会因为负载过重而大大衰减；一旦应用的需求发生变化，客户端和服务器端的应用程序都需要进行修改，给应用维护和升级带来了极大的不便；大量的数据传输增加了网络的负载等。为了解决这些问题，ASP.NET 的高级应用中提出了分层开发和 Web 服务（Service）的概念。此外，ASP.NET 的高级应用中 AJAX 技术应用和报表输出打印越来越广泛。其中，AJAX 采用异步编程方式，实现对客户端脚本的自动管理，可以实现局部页面更新的效果；水晶报表（Crystal Reports）作为一种优秀的报表开发工具，现在已经成为 Visual Studio 2012 中的标准报表创建工具，利用内置的报表专家帮助程序设计者创建报表，并且完成报表设计中常用的操作。本章将围绕这些 ASP.NET 的高级应用技术展开叙述。

理论知识

6.1　分层结构设计

6.1.1　分层结构概述

在多层分布式应用中，在客户端和服务器之间加入了一层或多层应用服务程序，这种程序称为"应用服务器"。开发人员可以将应用的商业逻辑放在中间层应用服务器上，把应用的业务逻辑与用户界面分开，在保证客户端功能的前提下，为用户提供一个简洁的界面。这意味着如果需要修改应用程序代码，只需要对中间层应用服务器进行修改，而不用修改成千上万的客户端应用程序，从而使开发人员可以专注于应用系统核心业务逻辑的分析、设计和开发，简化了应用系统的开发、更新和升级工作。

1. ASP.NET 分层结构

ASP.NET 分层结构是一种成熟、简单并得到普遍应用的应用程序架构，它将应用程序结构划分 3 层独立的包，包括用户表示层、业务逻辑层、数据访问层。其中，将实现人机界面的所有表单和组件放在表示层，将所有业务规则和逻辑的实现封装在负责业务逻辑组件中，将所有和数据库的交互封装在数据访问组件中，其结构如图 6-1 所示。

1）数据访问层：负责对数据库的访问，实现对数据表的增、删、改、查操作。
2）业务逻辑层：负责业务逻辑处理与数据传输，处于数据访问层与表示层之间，起到数据交换中的承上启下的作用，对于数据访问层它是调用者，对于表示层它是被调用者。
3）表示层：负责内容的展现和与用户的交互，主要完成以下两个任务。
①从业务逻辑层获取数据并显示。
②与用户进行交互，将相关的数据送回到业务逻辑层进行处理。

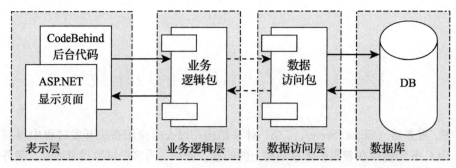

图 6-1　ASP.NET 分层结构

2. 模型层

区分层次的目的是为了体现"高内聚、低耦合"的思想。分层时如果没有一个适当的数据容器来贯穿各层，将导致耦合性过高，所以用模型层作为与各层之间数据传送的载体。模型层是标准和规范，它包含了数据表相对应的实体类。各层之间的逻辑关系，如图 6-2 所示。

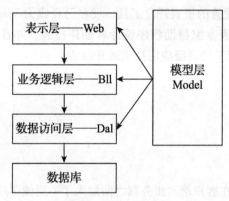

图 6-2　分层模型结构

3. 各层之间的依赖关系

层是一种弱耦合结构，层与层之间的依赖关系是向下的，上层可以调用下层的功能函数，而下层不能调用上层的功能函数。改变上层设计对其调用的下层而言没有任何影响。例如，修改表示层的外观不会影响业务逻辑层与数据访问层。分层设计具有提高应用程序内聚程度、降低应用程序的耦合度、便于应用程序的维护与重用等优点。

4. 分层结构的优点

采用分层开发模式，可以对程序员进行合理分工，提高开发效率，使应用程序具有良好的健壮性、可扩展性、便于维护等优点。因此，分层开发模式在软件设计中被广泛采用。

6.1.2　构建分层模型框架

下面以学生通讯录小系统为例，介绍如何用类库来构建分层结构中的模型层、数据访问层、业务逻辑层与表示层。操作步骤如下：

观看视频

1）新建空白解决方案 ex6_1.sln。

2）在解决方案 ex6_1 中构建分层模型结构。

① 新建模型层 Model。用鼠标右键单击解决方案 ex6_1，在弹出的快捷菜单中选择"添加"→"新建项目"命令，新建"类库"，设置名称为 Model、位置为 F:\ex6_1，如图 6-3 所示。

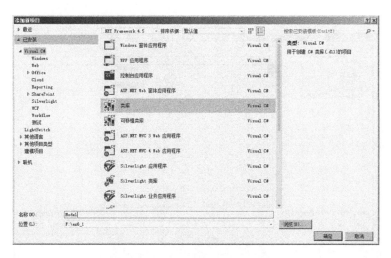

图 6-3 添加新项目新建"类库"

② 新建数据访问层 Dal。用鼠标右键单击解决方案 ex6_1，在弹出的快捷菜单中选择"添加"→"新建项目"命令，新建"类库"，设置名称为 Dal、位置为 F:\ex6_1，如图 6-4 所示。

③ 新建业务逻辑层 Bll。用鼠标右键单击解决方案 ex6_1，在弹出的快捷菜单中选择"添加"→"新建项目"命令，新建"类库"，设置名称为 Bll、位置为 F:\ex6_1。

④ 新建表示层 ex6_1。用鼠标右键单击解决方案 ex6_1，在弹出的快捷菜单中选择"添加"→"新建项目"命令，新建"ASP.NET 网站"，设置位置为 F:\ex6_1\ex6_1。

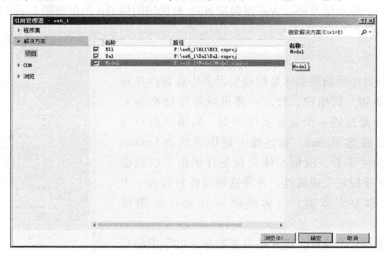

图 6-4 "添加引用"对话框

3）实现各层之间的依赖关系。

① 表示层 Web 对业务逻辑层 Bll 的依赖关系。用鼠标右键单击网站 ex6_1，在弹出的快捷菜单中选择"添加引用"命令，出现"添加引用"对话框。在"项目"选项卡中选中 Bll、Dal、Model 后单击"确定"按钮。

用鼠标右键单击 ex6_1 网站的"属性页"，出现表示层已引用类层的对话框，如图 6-5

所示。

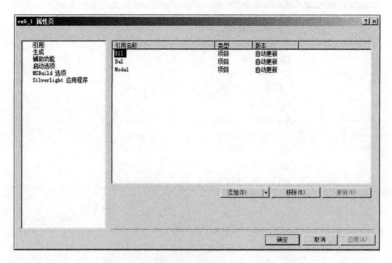

图 6-5 表示层属性页显示已引用类层

② 业务逻辑层 Bll 对数据访问层 Dal 的依赖关系。用鼠标右键单击 Bll 层，在弹出的快捷菜单中选择"添加引用"命令，出现"添加引用"对话框，在"项目"选项卡中选中 Dal、Model 后单击"确定"按钮。

③ 数据访问层 Dal 对模型层 Model 的依赖关系。用鼠标右键单击 Dal 层，在弹出的快捷菜单中选择"添加引用"命令，出现"添加引用"对话框，在"项目"选项卡中选中 Model 后单击"确定"按钮。

添加引用后，表示层 Web、业务逻辑层 Bll、数据访问层 Dal 与模型层 Model 的分层框架结构如图 6-6 所示。

6.1.3 模型层中业务实体类的设计

在数据库设计中所谓的实体是指现实世界中客观存在并可相互区别的事物，如用户、校友、通讯录等事物都是实体。所谓实体类是描述一个业务实体的类，如描述用户类 User、描述校友的类 Alumni、描述校友通讯录的类 Contact 等。从数据库角度来看，所谓实体类就是存储信息的数据表，若将表中的字段定义成属性，并将这些属性封装成一个类，这个类就称为实体类。实体类统一存放在模型层 Model 中。

实体类的编写较为简单，通常是根据数据库的字段编写对应的变量与属性，再加一个构造函数即可。下面以用户类 User 为例说明实体类的创建方法。操作步骤如下：

1）在模型层 Model 中创建用户类 User。在解决方案资源管理器中用鼠标右键单击 Model，在弹出的快捷菜单中选择"添加"→"新建项"命令，在出现的模板中选择"类"，输入类的名称"User.cs"，单击"添加"按钮，如图 6-7 所示。

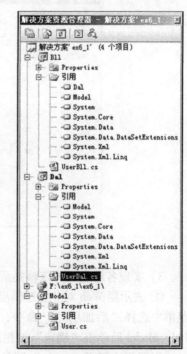

图 6-6 解决方案中的分层模型结构

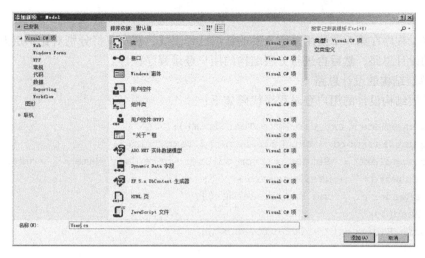

图 6-7 在 Model 层中添加 User.cs 类

2）编写类代码如下：

```
using System;
using System.Collections.Generic;
using System.Text;
namespace Model    //定义 Model 命名空间
{
    //定义用户类 User，为了在其他类中使用 User 类，需要将其定义为 Public 类型
    public class User
    {   //定义用户类私有数据成员
        private string _userName = "";
        private string _userPassWord = "";
        private string _userRole = "";
        //定义用户名属性 User_Name
        public string User_Name
        {
            get { return _userName; }
            set { _userName = value; }
        }
        //定义用户密码属性 User_Password
        public string User_PassWord
        {
            get { return _userPassWord; }
            set { _userPassWord = value; }
        }
        //定义用户角色属性 User_Role
        public string User_Role
        {
            get { return _userRole; }
            set { _userRole = value; }
        }
    }
}
```

6.1.4 分层结构的用户登录程序设计

用户登录程序在第5章使用单层开发的结构已经完成，在本节将分别对比单层开发与分层开发之间的设计思路，然后再进行分层结构的用户登录程序设计。

(1) 单层结构的设计思路

使用单层结构设计的用户登录程序代码如下：

```
string userName = txt_UserName.Text.Trim();
string userPassword = txt_UserPassword.Text.Trim();
cmd.CommandText = "Select * from tblUser where User_Name ='" + userName + "' and User_Password ='" + userPassword + "'";
SqlDataReader dr = cmd.ExecuteReader();
if(dr.Read())
{Response.Redirect("~/Default.aspx");}
 else
{lbl_Result.Text = "用户名或密码错误,请重新输入!";}
```

(2) 分层结构的设计流程

1) 在模型层 Model 中建立 User 类，与数据库中的数据表 tblUser 对应。

2) 在数据访问层 Dal 中建立 UserDal 类，在类中定义根据用户名获取用户记录的函数 GetUserByUserName()，需要从 Model 层中获取 User 类的信息。

3) 在业务逻辑层 Bll 中建立 UserBll 类，在类中定义用户登录函数 UserLogin()，需要从 Dal 层调用其定义的函数 GetUserByUserName()，Bll 层的实参将传回至 Dal 层，同时在 Bll 层也需要从 Model 层中获取 User 类的信息。

4) 在表示层网站中调用 Bll 层中的函数 UserLogin()，表示层的实参将传回至 Bll 层。

具体设计流程如图6-8所示（以下出现的代码主要是说明程序的设计思路，具体实现代码见后续介绍）。

```
表示层——Web:以用户名与密码为形参,调用 Bll 层用户登录函数 UserLogin(),判断登录是否成功
//用文本框控件获取用户名与密码
string userName = txt_UserName.Text; string userPassword = txt_UserPassword.Text;
User user; //定义用户对象user,调用函数 UserLogin()
if (UserBll.UserLogin(userName, userPassword,out user))
//返回 True,说明用户与密码正确
    if(user.User_Role == "2")      //判断用户角色
        Response.Redirect("~/Default.aspx");    // 是管理员则跳转到主页面 Default.aspx
    else
       lbl_Erroy.Text = "你不是管理员,无权访问!";   //提示你不是管理员无权登录
else
       lbl_Erroy.Text = "用户名或密码错误,请重新输入!";  //返回 False,提示用户或密码错误
```

图6-8 分层结构设计流程

业务逻辑层——Bll：定义 UserBll 类，并在类中定义用户登录函数 UserLogin()
函数作用：以用户名与密码为形参，调用 Dal 层函数 GetUserByUserName() 获取用户记录，判断用户名与密码是否正确

```
bool UserLogin(string userName,string userPassword,out User validUser)
{
    User user = UserDal.GetUserByUserName(userName);
    if(user = = null)              //无此用户则函数返回 False，形参 validUser 返回 Null
    {validUser = null; return false;}
    else if (user.User_PassWord ! = userPassword)     //若有用户但密码不对，
    {validUser = user; return false;}    //函数返回 False，形参 validUser 返回用户
                                          记录
    else               //用户与密码正确则函数返回 True，形参 validUser 返回用户记录
    { validUser = user; return true;}
}
```

数据访问层——Dal：定义 UserDal 类，并在类中定义获取用户记录的函数 GetUserByUserName()
函数作用：根据用户名获取用户记录信息，存储在 user 对象中，通过函数名返回用户信息

```
User GetUserByUserName(string userName)
{
    cmd.CommandText = "Select * from tblUser where User_Name = userName";
    SqlDataReader dr = cmd.ExecuteReader();
    if (dr.Read()) {User user = dr; return user;}
    else {return = null;}
}
```

模型层 Model
定义用户对象 User user

属性	字段值
User_Name	liping
User_PassWord	123456
User_Role	2

数据库 Alumni_Sys，用户数据表 tblUser

User_Name	User_Password	User_Role
admin	123456	2
liping	123456	2
wangdy	123456	1
yangwj	123456	2

图 6-8　分层结构设计流程（续）

(3) 用户登录数据访问层 Dal 的设计

定义用户访问类 UserDal，在类中定义获取用户记录的函数 GetUserByUserName()。该函数的作用是根据用户名获取用户记录信息，存储在 user 对象中，通过函数名返回用户信息。

1) 在数据访问层 Dal 中创建用户数据访问类 UserDal。在解决方案资源管理器中用鼠标右键单击 Dal，在弹出的快捷菜单中选择"添加"→"新建项"命令，在出现的对话框中选择"类"，输入类的名称"UserDal.cs"，单击"添加"按钮，如图 6-7 所示。

2) 编写用户数据访问类 UserDal 代码如下：

```
using System;
using System.Collections.Generic;
using System.Text;
```

```csharp
using System.Data;
using System.Data.SqlClient;
using System.Configuration;
using Model;        //引用模型层命名空间 Model
namespace Dal      //定义数据访问层命名空间 Dal
{
    public class UserDal      //定义用户访问类 UserDal
    {
        //定义连接对象 con 与命令对象 cmd
        static string strCon = "Data Source=(local);Initial Catalog=Alumni_Sys;Integrated Security=True";
        static SqlConnection con = new SqlConnection(strCon);
        static SqlCommand cmd = new SqlCommand();
        //根据用户名获取用户信息函数
        public static User GetUserByUserName(string userName)
        {
            con.Open();
            cmd.Connection = con;
            cmd.CommandType = CommandType.Text;
            cmd.CommandTimeout = 15;
            cmd.CommandText = "Select * from tblUser where User_Name ='" + userName + "'";
            SqlDataReader dr = cmd.ExecuteReader();
            if (dr.Read())
            {
                User user = new User();
                user.User_Name = dr["User_Name"].ToString().Trim();
                user.User_Password = dr["User_Password"].ToString().Trim();
                user.User_Role = dr["User_Role"].ToString().Trim();
                dr.Close();
                con.Close();
                return user;
            }
            else
            {
                dr.Close();
                con.Close();
                return null;
            }
        }
    }
}
```

(4) 用户登录业务逻辑层 Bll 的设计

在业务逻辑层 Bll 中定义用户业务逻辑类 UserBll，并在类中定义用户登录判断函数 UserLogin()。该函数的作用是以用户名与密码为形参，调用函数 GetUserByUserName() 获取用户记录，判断用户与密码是否正确，有以下 3 种情况：

1）若无此用户名则函数返回 False，形参 validUser 返回 Null。

2）若有此用户名但密码不对，函数返回 False，形参 validUser 返回用户记录。

3）若用户名和密码都正确则函数返回 True，形参 validUser 返回用户记录。

具体操作过程如下：

1）在业务逻辑层 Bll 中创建用户业务逻辑类 UserBll。在解决方案资源管理器中用鼠标右键单击 Bll，在弹出的快捷菜单中选择"添加"→"新建项"命令，在出现的对话框中选择"类"，输入类的名称"UserBll.cs"，单击"添加"按钮，如图 6-7 所示。

2）编写用户业务逻辑类 UserBll 代码如下：

```
public class UserBll
{   //用户登录函数 UserLogin()通过形参 userName、userPassword 输入用户名与密码
    //若登录成功,则函数返回 True,并通过形参 validUser 返回用户记录信息
    //若登录失败,则函数返回 Fasle
    public static bool UserLogin(string userName,string userPassword,out User validUser)
    {
        User user = new User();
        //根据用户账号取出用户信息
        user = UserDal.GetUserByUserName(userName);
        if(user = = null)
        {   //若无此用户,则形参 validUser 返回 Null,函数返回 False
            validUser = null;
            return false;
        }
        else if(user.User_PassWord.Trim()! = userPassword)
        {   //若有此用户但密码不对,则通过形参 validUser 返回用户信息,函数返回 False
            validUser = user;
            return false;
        }
        else
        {   //有此用户且密码正确,则通过形参 validUser 返回用户信息,函数返回 true
            validUser = user;
            return true;
        }
    }
}
```

（5）用户登录表示层 Web 的设计

1）在网站 ex6_1 中新建用户目录，目录名为 user。

2）在用户目录 user 中新建用户登录网页 User_Login.aspx。用鼠标右键单击 user 文件夹，在弹出的快捷菜单中选择"添加新项"命令，打开"添加新项"对话框，选择"Web 窗体"，设置名称为 User_Login.aspx。

3）将第 5 章例 5-4 中创建好的 Login.aspx 页面的 HTML 代码复制、粘贴至 User_Login.aspx 页面中。

4）编写登录按钮事件驱动程序。用文本框控件获取用户名与密码，定义用户对象 user，调用 UserBll 类中的函数 UserLogin()，有以下两种情况：

① 若函数返回 True，说明用户与密码正确，再判断用户角色。如果是管理员，则跳转到

主页面 Default.aspx，否则提示用户不是管理员，无权登录。

② 若函数返回 False，则提示用户名或密码错误。

```csharp
using System;
using System.Data;
using System.Configuration;
using System.Collections;
using System.Web;
using System.Web.Security;
using System.Web.UI;
using System.Web.UI.WebControls;
using System.Web.UI.WebControls.WebParts;
using System.Web.UI.HtmlControls;
using Bll;       //引用业务逻辑层的命名空间 Bll
using Dal;       //引用数据访问层的命名空间 Dal
using Model;     //引用模型层的命名空间 Model
public partial class user_Login: System.Web.UI.Page
{
    //用户登录按钮事件驱动程序
    protected void btn_Login_Click(object sender, EventArgs e)
    {
        //将文本框中的用户名与密码赋给变量 userName 与 userPassword
        string userName = txt_UserName.Text.Trim();
        string userPassword = txt_UserPassword.Text.Trim();
        //定义用户对象 user
        User user;
        //用 userName 与 userPassword 作为实参,调用业务逻辑层中的用户登录函数 UserLogin()
        //若函数返回 True,则通过实参 user 返回指定用户记录信息
        if (UserBll.UserLogin(userName, userPassword,out user))
        {
            //若用户是管理员(角色为2),则通过 Session 对象存储用户名
            //跳转至 Default.aspx 页面
            if(user.User_Role = = "2")
            {
                Session["userName"] = user.User_Name;
                Response.Redirect(" ~ /Default.aspx");
            }
            else
            {
                //若用户不是管理员,则显示无权访问信息
                lbl_Result.Text = "你不是管理员,无权访问!";
            }
        }
        else
        {
            //若函数返回 False,则表示无此用户或密码不对
            lbl_Result.Text = "用户名或密码错误,请重新输入!";
        }
    }
}
```

(6) 显示用户登录信息的 Default.aspx 的设计

1) 按图 6-9 设计 Default.aspx 页面。

> 用户登录信息
>
> 欢迎您 [lbl_UserName]

图6-9 显示用户登录信息的 Default 页面

2) 页面加载事件程序代码如下：

```
protected void Page_Load(object sender, EventArgs e)
{
    lbl_UserName.Text = Session["userName"].ToString();
}
```

3) 运行网站程序。

设置 User_Login.aspx 为起始页面，运行网站程序后：
① 输入用户名"wangdy"及其密码后，系统提示"你不是管理员，无权访问！"。
② 输入用户名"liping 及"其密码后，登录成功并跳转到 Default.aspx，显示用户名。

6.2 Web 服务

6.2.1 Web 服务概述

Web 服务是基于互联网、通过远程调用应用操作接口、再通过标准化的 XML 消息传递机制获取信息与服务的一种机制。Web 服务本身就是一个软件，它和客户端应用程序没有紧密的关联，可以被动态发现并组合成其他软件的软件实体。

Web 服务使用标准的、规范的基于 XML 的 WSDL 语言进行描述，这一描述囊括了与服务交互所需要的全部细节，包括消息格式（详细描述操作的输入/输出消息格式）、传输协议和位置。该接口隐藏了服务实现的细节，允许通过独立于服务实现、独立于硬件或软件平台、独立于编写服务所用的编程语言的方式使用该服务。这使得基于 Web 服务的应用程序具备松散耦合、面向组件和跨技术实现的特点。Web 服务都履行一项特定的任务或一组任务。Web 服务可以单独或同其他服务一起用于实现复杂的商业交易。

1. Web 服务的影响

1) Web 服务支持在 Web 站点上放置可编程的元素，用户可以抓取已有的元素，构成自己的新服务。
2) 能进行基于 Web 的分布式计算和处理，能很好地兼容现有的 Web 技术。
3) Web 服务是的 Internet 成为一个可以无限扩展、拥有无限潜力的分布式计算平台。
4) 任何设备都可以随时随地访问 Internet 上的 Web 服务（如天气预报这一 Web 服务可以通过计算机、手机等设备进行访问）。
5) 软件模块充分复用，计算机资源充分共享、信息无缝共享和交流。
6) 利用 Web 服务，公司和个人能够迅速且廉价地向整个国际互联网提供他们的服务，进而建立全球范围的联系，在广泛的范围内寻找可能的合作伙伴。

2. Web 服务的主要特征

1) 互操作性：一个 Web 服务可以与其他 Web 服务交互、协同工作，可以使用任何语言开发 Web 服务或使用他人提供的 Web 服务，开发环境可以异构。
2) 普遍性：Web 服务使用 HTTP 和 XML 进行通信，支持这些技术的设备都可以拥有和访问 Web 服务。

3)松散耦合:Web 服务的实现对使用者透明,当服务的实现发生变动时不影响用户使用。

4)高度可集成能力:Web 服务采用简单、易理解的标准 Web 协议作为组件界面描述和协同描述的规范,屏蔽了平台的异构性,与操作系统、程序设计语言、机器类型以及运行环境都无关,CORBA、DCOM 和 EJB 等都可通过它进行交互操作。

6.2.2 ASP.NET Web 服务体系

ASP.NET 在创建和使用 Web 服务方面提供了广泛的支持。ASP.NET Web 服务体系包括客户端应用程序、ASP.NET Web 服务程序以及一些文件(如代码文件、.asmx 文件和编译后的.dll 文件等),还包括一台 Web 服务器用来存载 Web 服务程序和客户端。如果需要,还可以有一台数据服务器来存取 Web 服务中的数据。

Web 服务是一种基于 XML、JSON、SOAP、HTTP、UDDI 和 WSDL 等一系列标准实现的分布式计算技术和软件组件。其中,XML 和 JSON 是数据的格式,SOAP 是调用 Web 服务的协议,WSDL 是描述 Web 服务的格式,而 UDDI 是 Web 服务发布、查找和利用的组合。

1. SOAP

SOAP 是一套用于 Web 服务端和客户端通信的标准消息控制协议,要调用 Web 服务上的一个方法,就必须转换为 SOAP 消息。SOAP 封装把所有的 SOAP 消息封装在一个块中,由 SOAP 标题和 SOAP 体两部分组成。其中,标题是可选的,它定义了客户机和服务器应如何处理 SOAP 体;SOAP 体是必须有的,它包括发送的数据。通常 SOAP 提供的信息是要调用的方法和序列化的参数值。SOAP 服务器在 SOAP 消息的消息体中返回值。

2. WSDL

WSDL 是 Web 服务的描述语言,是一个 XML 文档,用于说明一组 SOAP 消息以及如何交互这些消息,通知其他的 Web 应用程序如何调用自己。

WSDL 就是用机器能阅读的方式描述 Web 服务及其函数、参数和返回值。因为是基于 XML 的,所以 WSDL 既是机器可阅读的,又是人可阅读的。

3. UDDI

UDDI 的目的是为电子商务建立标准。UDDI 是一套基于 Web 的、分布式的、为 Web 服务提供的信息注册中心的实现标准规范,同时也包含一组使企业能将自身提供的 Web 服务注册,以使别的企业能够发现的访问协议的实现标准。UDDI 相当于 Web 服务的黄页,用户可以搜索提供所需服务的公司,阅读了解所提供的服务,然后与某人联系以获取更多信息。当然用户也可以提供 Web 服务而不在 UDDI 注册而自行使用。

上述几个标准协同工作后就能使 Web 服务"运转"起来,如图 6-10 所示。

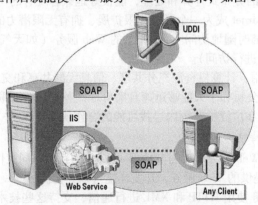

图 6-10 Web 服务运转过程示意图

1) Web 服务通过 WSDL 语言进行描述,驻留于 Web Server 中。
2) 客户使用 UDDI 机制查找符合要求的 Web 服务。
3) 网络中的机器之间通过 SOAP 进行通信。

6.2.3 构建 ASP.NET Web 服务

在 .NET Framework 中,可以很容易地创建和使用 Web 服务,与 Web 服务相关的命名空间有以下 3 个。

1) System.Web.Services:该命名空间中的类用于创建 Web 服务。
2) System.Web.Services.Desciption:使用该命名空间可以通过 WSDL 描述 Web 服务。
3) System.Web.Services.Protocols:使用该命名空间可以创建 SOAP 请求和响应。

使用 Visual Studio 2012 集成开发环境创建 Web 服务非常简单,只需选择相应的模板,然后按向导提示操作即可。

【例 6-1】创建 Web 服务示例,返回根据用户名显示欢迎信息的数据,返回两数相加之和的数据。

创建 Web 服务步骤如下:

1) 新建解决方案 ex6_2.sln 与网站 ex6_2。
2) 用鼠标右键单击网站 ex6_2,在弹出的快捷菜单中选择"添加新项"命令,打开"添加新项"对话框,选择"Web 服务"模板,添加名为 WebService.asmx 的 Web 服务,如图 6-11 所示。

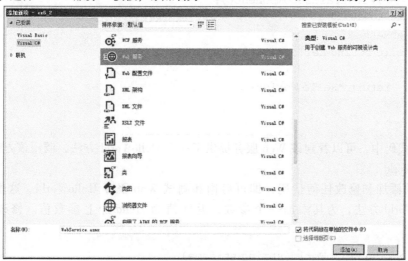

图 6-11 添加 Web 服务

3) 此时在网站中将自动生成 App_Code 文件夹,并自动生成一个名为 WebService.cs 的文件,同时在网站目录中会生成 WebService.asmx 文件,如图 6-12 所示。

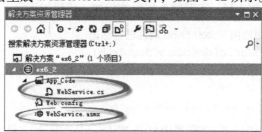

图 6-12 生成 Web 服务相关的文件

4）自动生成的 WebService.cs 文件的代码如下：

```csharp
using System;
using System.Collections.Generic;
using System.Linq;
using System.Web;
using System.Web.Services;
/// <summary>
///WebService 的摘要说明
/// </summary>
[WebService(Namespace = "http://tempuri.org/")]
[WebServiceBinding(ConformsTo = WsiProfiles.BasicProfile1_1)]
//若要允许使用 ASP.NET AJAX 从脚本中调用此 Web 服务,则取消注释以下行
//[System.Web.Script.Services.ScriptService]
public class WebService : System.Web.Services.WebService
{
    public WebService ()
    {
        //如果使用设计的组件,则取消注释以下行
        //InitializeComponent();
    }
    [WebMethod]
    public string HelloWorld()
    {
        return "Hello World";
    }
}
```

从这段代码中，可以看到该 Web 服务提供了一个 HelloWorld 方法，调用该方法将返回字符串 Hello World。

5）无须添加和修改任何代码，即可启用和测试 Web 服务 HelloWorld。这里适当修改一下 HelloWorld 方法，为其添加一个参数，返回值为 Hello 加上参数值。修改后的代码如下：

```csharp
public string HelloWorld(string strname)
{
    return "Hello" + strname;
}
```

另外，再增加一个函数 Add，实现两个实数的相加，代码如下：

```csharp
[WebMethod]    //必须使用 WebMethod 属性进行标记
public double HelloWorld(double a,double b)
{
    return a + b;
}
```

6）编译并启用应用程序，在浏览器中打开 WebService.asmx 文件，显示服务支持的操作，如图 6-13 所示。

7）单击服务链接（如"HelloWorld"）可以调用该方法，如图 6-14 所示。该方法需要一个字符串型的参数 strname，所以在"Strname"文本框中输入"李明"后，单击"调用"按钮即可返回调用结果，结果包含在一个 XML 文件中，如图 6-15 所示。

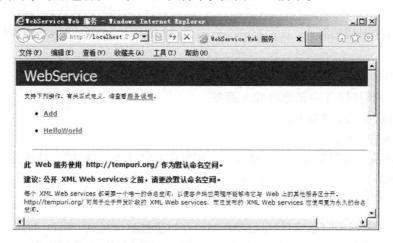

图 6-13　Web 服务的测试页面

图 6-14　调用 Web 服务

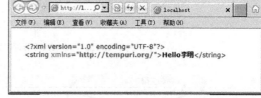

图 6-15　调用 Web 方法返回结果

8）此时已经完成了 Web 服务的创建，可以使用与发布普通 ASP.NET 网站一样的方法，发布提供有 Web 服务的网站到 IIS 上，供远程调用。

6.2.4　使用 Web 服务

Web 服务的最终目的是提供一种服务接口，由其他程序调用。

1. Web 服务调用机制

调用 Web 服务的第一步就是先找到一个满足需要的 Web 服务，然后得到这个 Web 服务的描述信息、分组的分类信息和绑定信息，最后用户根据描述信息，调用相应的方法。

为了找到已经存在的 Web 服务，Microsoft、IBM 和 Ariba 合作建立了一个带有 UDDI 服务的网站 http://www.uddi.org。如果一个公司想要发布自己的 Web 服务，就可以在 UDDI 中注册它。有了 UDDI 商务注册表和 UDDI API，就可以编程定位 Web 服务的信息了。

注意：Web 服务不一定要用 UDDI 注册，也可以从其他资源中获取 Web 服务的信息。

2. 常用的 Web 服务调用地址

1）获取最新天气预报：http://www.webxml.com.cn/WebServices/WeatherWebService.asmx。

2）获取国内飞机航班时刻表：http://webservice.webxml.com.cn/webservices/DomesticAirline.asmx。

3）获取 IP 地址详细信息：http://www.webxml.com.cn/WebServices/IpAddressSearchWebService.asmx。

4）获取手机号码归属地：http://webservice.webxml.com.cn/WebServices/MobileCodeWS.asmx

3. 调用 Web 服务

【例 6-2】调用例 6-1 中创建的 Web 服务。

调用 Web 服务的步骤如下：

1）打开网站 ex6_2。

2）在"解决方案资源管理器"窗口中，用鼠标右键单击"网站"，从弹出的快捷菜单中选择"添加服务引用"命令，打开如图 6-16 所示的"添加服务引用"对话框。单击"发现"按钮即可搜索到例6-1中创建的本地 Web 服务，并显示了当前可用的操作。

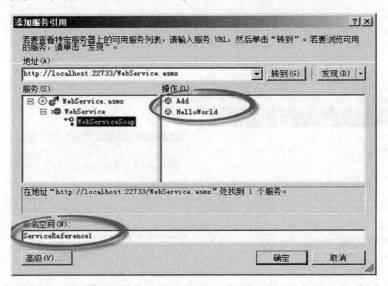

图 6-16 "添加服务引用"对话框

3）在"命名空间"文本框中输入名称，默认的命名空间为 ServiceReference1（在后续代码编写时用到这个命名空间），单击"确定"按钮将添加 Web 服务引用，网站会自动产生一个 APP_WebReferences 的文件夹，其中包括一个 ServiceReference1（与前面的命名空间名相同）文件夹，该文件夹中有 5 个文件，如图 6-17 所示。

4）在网站中新建页面 WebServiceDemo.aspx，页面效果如图 6-18 所示。

5）编写代码调用 Web 服务的两个方法。

//在命名空间部分引用 ServiceReference1 命名空间

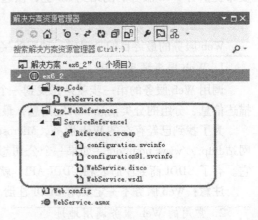

图 6-17 生成的命名空间与文件

```
Using ServiceReference1;
//调用 HelloWorld 方法
protected void btn_CallHello_Click(object sender, EventArgs e)
{
    WebServiceSoapClient w = new WebServiceSoapClient();
    string name = txt_Name.Text;
    lbl_Result.Text = w.HelloWorld(name);
}
//调用 Add 方法
protected void btn_CallAdd_Click(object sender, EventArgs e)
{
    WebServiceSoapClient w = new WebServiceSoapClient();
    double x = Convert.ToDouble(txt_First.Text);
    double y = Convert.ToDouble(txt_Second.Text);
    txt_Result.Text = w.Add(x,y).ToString();
}
```

6) 运行网页，输入相应信息，分别单击两个按钮，运行效果如图 6-18 所示。

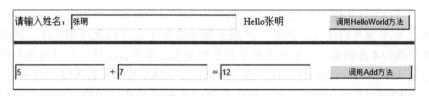

图 6-18　调用 Web 服务的运行效果

6.3　ASP.NET AJAX

6.3.1　AJAX 概述

AJAX（Asynchronous JavaScript and XML，异步 JavaScript 和 XML 技术）具有以下特点：减轻服务器负担，节约空间和带宽；无刷新更新页面，更好的用户体验；可以调用外部数据；基于标准化并被广泛应用，并且不需要插件或下载小程序；使 Web 中的界面和应用分离等。

说明：传统的 Web 应用允许用户填写表单，当提交表单时就向 Web 服务器发送一个请求。服务器接收并处理传来的表单，然后返回一个新的网页。这个做法浪费了许多带宽，因为在前后台两个页面中的大部分 HTML 代码往往是相同的。由于每次应用的交互都需要向服务器发送请求，应用的响应时间就依赖于服务器的响应时间，这导致了用户界面的响应比本地应用慢得多。

与此不同的是，AJAX 应用可以仅向服务器发送并取回必要的数据。它使用 SOAP 或其他一些基本 XML 的 Web 服务接口，并在客户端采用 JavaScript 处理来自服务器的响应。因为在服务器和浏览器之间交换的数据大量减少，结果就能看到响应更快的应用，同时很多的处理工作可以在发出请求的客户端机器上完成，所以 Web 服务器的处理时间也减少了。

AJAX 并不是一门新的语言或技术，它实际上是几项技术按一定的方式组合在一起在共同的协作中发挥各自的作用。它的特点如下：

1) 使用 XHTML 和 CSS 标准化呈现。

2）使用 DOM 实现动态显示和交互。
3）使用 XML 和 XSLT 进行数据交换与处理。
4）使用 XMLHttpRequest 进行异步数据读取。
5）用 JavaScript 绑定和处理所有数据。

6.3.2　ASP.NET AJAX 简介

ASP.NET AJAX 是 AJAX 技术的一种，它以 AJAX 的技术框架为依托，在 Web 浏览器和服务器端建立起了通信的桥梁。通过 ASP.NET AJAX 的客户端 JavaScript 脚本库，可以让 Web 应用程序直接与服务器的 ASP.NET 2.0 开发平台数据进行交互。通过 ASP.NET AJAX 技术，可以让客户端的脚本直接调用 ASP.NET 服务端的资源，在 ASP.NET 平台中发挥更大的优势。这些优势包括：

1）更佳的性能。
2）可扩展的用户界面特性。
3）局部页面更新特性。
4）异步页面回调。
5）跨浏览器的特性。

ASP.NET AJAX 技术构架主要分为客户端脚本库和服务器端组件两大部分。客户端脚本库主要负责通过 Web 服务的接口，调用 Web 服务器端的 Web 服务以及应用程序。服务器端组件主要是在客户端脚本库的基础上封装的便于开发和使用的服务器组件，通过这些组件，开发人员可以像使用 ASP.NET 页面控件一样，更方便地使用 AJAX 技术，具体包括以下几个部分：

1）ASP.NET AJAX 服务器端组件主要用来管理 Web 应用程序界面（UI）、序列化、验证、控件扩展，以及处理 ASP.NET AJAX Web 应用程序的基本通信等。

2）ASP.NET AJAX 服务器控件主要包括脚本管理控件（ScriptManager）、更新面板控件（UpdatePanel）、计时器控件（Timer）、更新进程控件（UpdateProgress）等，用户可以使用这些控件实现无刷新的 Web 环境。

3）ASP.NET AJAX 服务扩展了.NET Framework 中现有的 Web 服务功能，并增加了 Web 服务和脚本之间的处理技术。

4）ASP.NET AJAX 扩展服务器端控件提供了创建包括客户端功能的自定义 ASP.NET AJAX 控件的技术。

5）ASP.NET AJAX 客户端组件包括 ASP.NET AJAX 脚本处理库，并从浏览器、核心服务、基础类库、网络处理 4 个层次上提供了丰富的面向对象的脚本开发技术。

6）ASP.NET AJAX 工具箱提供了丰富的 ASP.NET AJAX 的开发技术、应用实例和帮助文档等。

6.3.3　ASP.NET AJAX 的安装

安装 Visual Studio 2012 时会自动安装 ASP.NET AJAX。如果 Visual Studio 集成环境中没有安装 ASP.NET AJAX，则必须先进行程序的安装。安装程序可以在微软的 AJAX 官方网站 http://ajax.asp.net 进行下载。安装包文件的名称为 ASPAJAXExtSetup.msi，具体安装过程如下：

1）双击该安装文件，进入安装向导提示页面，单击"Next"按钮，在使用协议窗口中，选中接受协议的复选框，然后单击"Next"按钮，如图 6-19 所示。

图 6-19　安装向导说明及协议对话框

2）进入安装窗口，单击"Install"按钮，待安装进度条显示结束之后，弹出安装成功页面，单击"Finish"按钮完成安装，如图 6-20 所示。

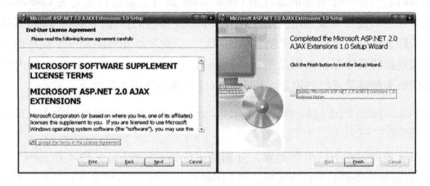

图 6-20　安装过程及完成窗口

安装 ASP. NET AJAX 成功之后，在"工具箱"面板中将出现"AJAX 扩展"选项，该选项显示了 ASP. NET AJAX 的所有控件，如图 6-21 所示。

6.3.4　ASP. NET AJAX 常用控件

1. ScriptManager 控件

ScriptManager 控件用于 ASP. NET AJAX 页面的客户端脚本资源，每个使用 ASP. NET AJAX 技术的 ASP. NET 页面都需要添加一个 ScriptManager 控件，以标明该页面使用的是 ASP. NET AJAX 框架。

通过 ScriptManager 控件的内部标签指定，可以标明该页面中的部分区域内所需要调用的 Web 服务、Web 服务器应用程序资源等内容。

图 6-21　ASP. NET AJAX 控件

ScriptManager 控件的使用语法如下：

```
<asp:ScriptManager id = "ScriptManager1" runat = "server">
</asp:ScriptManager>
```

如果需要在 ScriptManager 控件的所在页面中，通过脚本调用 Web 服务，则需要指明 Web 服务所在的文件地址。文件地址指定的代码如下：

```
<asp:ScriptManager id="ScriptManager1" runat="server">
    <Services>
        <asp:ServiceReference Path="~/demo.asmx"/>
    </Services>
</asp:ScriptManager>
```

2. UpdatePanel 控件

UpdatePanel 控件是用来实现页面的无刷新技术的控件，开发时，只需要在 UpdatePanel 控件中包括需要刷新的页面区域，每次浏览器向服务器端发出请求之后，只有该面板内的部分才会被刷新，以此代替了以往整个页面都需要回调来获取请求的回调方式。

如果在页面中指定了 UpdatePanel 控件，则 ASP.NET AJAX 技术会自动根据设定的空间属性调用 ASP.NET AJAX 技术的脚本库，以建立客户端和服务器端的数据交互过程，从而免去开发人员为了实现页面的无刷新技术而编写大量代码的过程。

UpdatePanel 控件中一个重要的属性是 UpdateMode 属性，通过设定它为 Condition 模式或者 Always 模式来区别该更新面板采用何种方式来获取服务器端的资源。Condition 模式是指在更新面板遇到了某种条件触发之后，才更新其中的内容。该触发条件可能是一个控件的事件，或者其他可以引起更新的条件等。如果采用了 Always 模式，则表示该更新面板中的内容是每次客户端浏览器向服务器端请求时的刷新。UpdatePanel 控件的使用语法如下：

```
<asp:UpdatePanel id="UpdatePanel1" runat="server" UpdateMode="Always">
</asp:UpdatePanel>
```

UpdatePanel 控件包括了两个字元素，分别是 <ContentTemplate> 和 <Triggers>。<ContentTemplate> 元素是指需要刷新的页面区域，当 UpdatePanel 控件符合刷新条件之后，该元素内部控件或者内容将会重新被服务器端刷新。<ContentTemplate> 元素的使用代码如下：

```
<ContentTemplate>
<asp:LinkButton ID="lnkbtn_AddMajor" runat="server" Font-Size="14px" ForeColor="#1B4F93" OnClick="lnkbtn_AddMajor_Click">添加</asp:LinkButton>
</ContentTemplate>
```

<Triggers> 元素是指当内部控件的事件被触发之后，才引发 <ContentTemplate> 元素中控件内容的更新，使用代码如下：

```
<Triggers>
<asp:AsyncPostBackTrigger ControlID="btnseletdata" EventName="Click"/>
</Triggers>
```

其中，ControlID 是指引发事件的控件编号，EventName 是指引发事件控件的事件名称。

3. UpdateProgress 控件

UpdateProgress 控件是在 ASP.NET AJAX 安装以后提供的一种服务器控件。该控件可以使用在 UpdatePanel 控件中，用来提示用户发出请求之后更新面板中所请求的内容。该控件的使用方法如下：

1）在网站中添加一个 .aspx 页面文件，命名为 UpdateProgressDemo.aspx。在页面中添加一个按钮控件，同时添加该按钮的单击事件的处理代码如下：

```
protected void Button1_Click(object sender, EventArgs e)
{System.Threading.Thread.Sleep(3000);}
```

该段代码表示，单击该按钮之后，页面后台会自动休眠 3 秒，来模拟请求时间过长的情景。

2）在页面中，分别添加 ScriptManager 控件、UpdatePanel 控件及 UpdateProgress 控件。添加之后的 HTML 代码如下：

```
<asp:ScriptManager ID = "ScriptManager1" runat = "server" >
</asp:ScriptManager >
<asp:UpdatePanel ID = "UpdatePanel1" runat = "server" >
  <ContentTemplate >
   <asp:Button ID = "Button1" runat = "server" OnClick = "Button1_Click" Text = "Button"/>
      <asp:UpdateProgress ID = "UpdateProgress1" runat = "server" >
      <ProgressTemplate >
      正在提交请稍后……
      </ProgressTemplate >
      </asp:UpdateProgress >
   </ContentTemplate >
</asp:UpdatePanel >
```

该代码中，UpdateProgress 控件包括了 ProgressTemplate 元素，该元素中存放的即是页面请求之后提示给用户的信息。

3）运行该页面，单击"提交"按钮之后，页面的效果如图 6-22 所示。

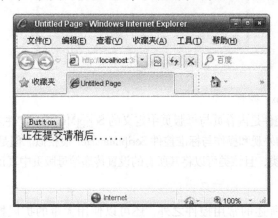

图 6-22　使用 UpdateProgress 控件

4. Timer 控件

Timer 控件用来作为页面的时钟控制控件，通过该控件，页面可以按照设定的时间周期去刷新更新面板中的内容。

可以通过 Timer 控件来显示系统当前的时间，HTML 代码如下：

```
<asp:ScriptManager ID = "ScriptManager1" runat = "server" >
</asp:ScriptManager >
```

```
<asp:UpdatePanel ID = "UpdatePanel1" runat = "server" >
    <ContentTemplate >
        <asp:Timer ID = "Timer1" runat = "server" Interval = "1000" >
        </asp:Timer >
        <asp:Label ID = "Label1" runat = "server" Text = "Label" > </asp:Label >
    </ContentTemplate >
</asp:UpdatePanel >
```

代码中，将 Timer 控件和一个用于显示时间的 Label 控件放置到 UpdatePanel 中，由于 Timer 控件的 Interval 属性设置的是每 1 秒刷新一次 ContentTemplate 中的页面内容，所以在后台的 Page_Load 方法中添加如下代码：

```
protected void Page_Load(object sender, EventArgs e)
{
    this.Label1.Text = DateTime.Now.ToLongDateString();
}
```

运行该页后的效果如图 6-23 所示。

图 6-23 使用 Timer 控件

5. ScriptManagerProxy 控件

ScriptManagerProxy 控件是内容页与母版页中定义的 ScriptManager 控件之间的桥梁。在页面中，ScriptManagerProxy 控件的外观和操作与标准控件 ScriptManager 很相似。但是，ScriptManagerProxy 控件实际上只是一个 Proxy 类，且该类可以将其所有的设置传递给母版页中真正的 ScriptManager 控件。

6.3.5 ASP.NET AJAX 控件工具包的使用

ASP.NET 除了上节所述的常用控件之外，还可以使用大量的扩展控件，目前最常用的是 AjaxControlToolKit。扩展控件极大地扩充了 ASP.NET AJAX 的功能，可以从微软官方网站等进行下载。

1. 控件安装包的安装

双击 AjaxControlToolKit 的安装包，进入如图 6-24 所示的安装界面，依次按步骤安装完成后启动 Visual Studio 2012。用鼠标右键单击工具箱，此时会发现工具箱中新添了"AJAX Control Toolkit"选项，在其中有很多 AJAX 扩展控件，如图 6-25 所示。

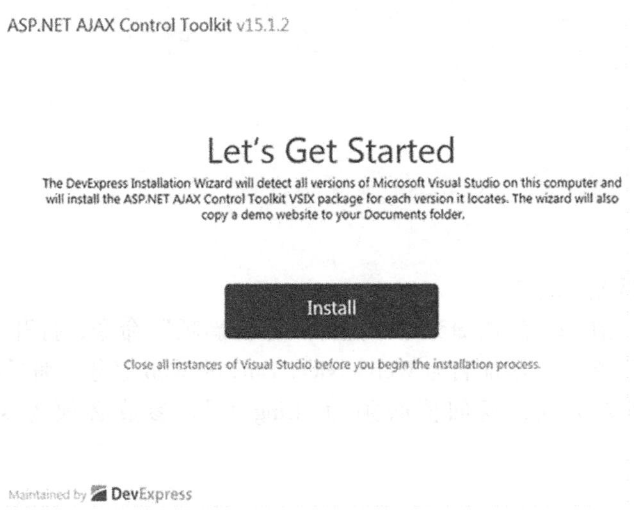

图 6-24　AJAX Control ToolKit 安装界面 　　　图 6-25　AJAX 扩展控件

2. 控件工具包的应用

AJAX 扩展控件有很多，常用的控件有 AutoCompleteExtender、CalendarExtender、MaskedEditExtender、ModalPopupExtender 等。这里以 AutoCompleteExtender 控件为例介绍其使用方法。

AutoCompleteExtender 即自动完成控件，一般与文本框 TextBox 配合使用，其主要功能是帮助用户在输入简单的字符之后实现智能感知读取。例如，在百度搜索框中输入"无锡"，将出现如图 6-26 所示的感知提示。

图 6-26　智能感知功能

该控件的属性见表 6-1。

表 6-1　AutoCompleteExtender 控件属性

属　　性	说　　明
ServicePath	关联的 Web 服务名称
TargetControlID	关联的文本框控件名称
ServiceMethod	Web 服务中提供的搜索方法名
MinimumPrefixLength	启动搜索的最小字数，默认为 1
CompletionInterval	返回搜索结果的时间间隔，单位为毫秒

【例 6-3】创建一个能输入商品编号与商品拼音码提示显示商品名称的页面，运行效果如图6-27所示。

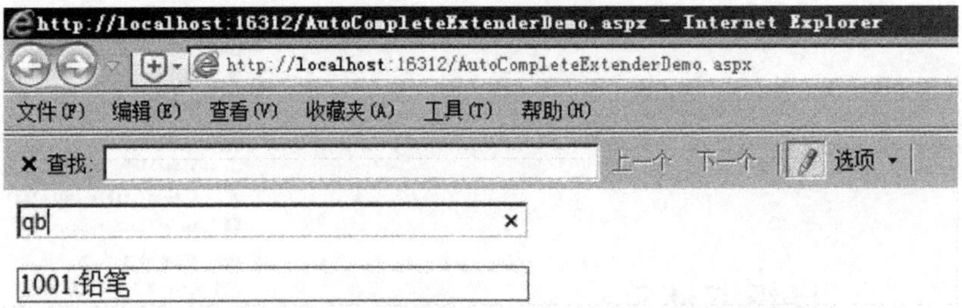

图 6-27 AutoCompleteExtender 控件案例运行效果

操作步骤如下：

1) 新建解决方案 ex6_3.sln 与网站 ex6_3。

2) 用鼠标右键单击网站 ex6_3，在弹出的快捷菜单中选择"添加新项"命令，打开"添加新项"对话框，选择"Web 服务"模板，添加名为 WebService.asmx 的 Web 服务，编写带有[WebMethod]特性的获取商品列表方法，返回值必须为 string[]，参数必须为 string prefixText, int count。代码如下：

```csharp
//商品代码
string[] productID = { "1001", "1002", "1103", "1104" };
//商品拼音简称
string[] productPY = { "qb", "xp", "sj", "bx" };
//商品名称
string[] productName = { "铅笔", "橡皮", "手机", "冰箱" };
[WebMethod]
public string[] GetProductList(string prefixText, int count)
{
    if(count == 0)
    {
        count = 10;
    }
    Random random = new Random();
    List<string> items = new List<string>(count);
    for (int i = 0; i < productID.Length; i++)
    {
        if((productID[i].IndexOf(prefixText) >= 0) ||(productName[i].IndexOf(prefixText) >= 0) ||(productPY[i].ToUpper().IndexOf(prefixText.ToUpper()) >= 0))
        {
            items.Add(productID[i] + ":" + productName[i]);
        }
    }
    return items.ToArray();
}
```

3) 向 Web 服务添加[System.Web.Script.Services.ScriptService]特性。

4）在网站中新建页面 AutoCompleteExtenderDemo.aspx，在其中添加一个 TextBox 控件 txt_Product 和一个 AutoCompleteExtender 控件。

5）设置 AutoCompleteExtender 控件的属性，其中 ServicePath 设置为 WebService.asmx，ServiceMethod 设置为 GetProductList，TargetControlID 设置为 txt_Product。

6）运行网页，输入相应信息，运行效果如图 6-27 所示。

6.4 报表设计

6.4.1 报表简介

报表是一种有效的数据管理工具，用于帮助用户快速掌握原始数据中的基本元素和关系，以便进行下一步有效的决策。报表已经成为 Visual Studio 2012 中的标准模板之一，用户可以自己创建报表，也可以使用报表向导创建报表，并且完成报表设计中常用的操作。

1. rdlc 报表文件

使用报表，必须在报表设计器中创建报表文件。

2. 数据源

报表文件通常需要数据的支持。报表文件可以使用项目数据，也可以创建新连接，以便更加灵活地使用报表。

3. 报表向导

报表向导用来编辑报表，主要的编辑功能包括设置标题，添加数据、公式、图表等。

4. 报表查看控件（ReportViewer）

报表查看控件用于查看设计好的报表，可以看成是一个存放报表的容器。

5. 执行模式

报表取数据可以使用以两种模式实现。

1）拉模式（Pull）：由报表连接数据库，把数据"拉"回报表。数据跟.NET 没有关系，报表主动接收数据。

2）推模式（Push）：编写代码连接数据并组装 DataSet，然后将获取的数据"推"至报表，报表被动接收数据。在这种情况下，通过使用连接共享以及限制记录集合的大小，可以使报表性能最大化。

6.4.2 使用报表的一般步骤

使用报表通常包括 5 个步骤：创建报表文件；为报表设置数据源；设计报表外观；创建报表查看器；编写事件过程，查看报表。也可以先创建报表查看器，通过查看器建立报表。

1. 创建报表文件

在网站中创建一个报表文件。用鼠标右键单击网站，在弹出的快捷菜单中选择"添加新项"命令，弹出如图 6-28 所示的"添加新项"对话框，选择"报表向导"模板创建报表。

图6-28 "添加新项"对话框

2. 为报表设置数据源

1）设置数据集。单击图6-28中的"添加"按钮，弹出"数据源配置向导"对话框，如图6-29所示。单击"新建连接"按钮确定要连接的数据源（此过程与第5章中SqlDataSource控件数据源的配置过程类似，这里不再赘述）。

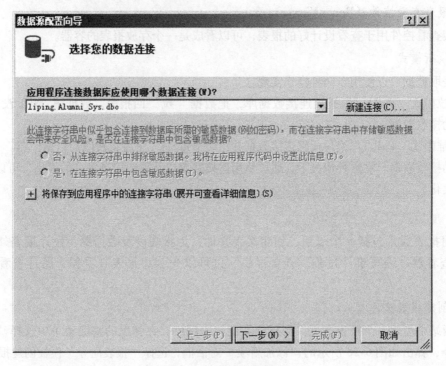

图6-29 数据源配置向导

数据源配置成功后,回到如图 6-30 所示的"报表向导"对话框中的"数据集属性"界面。

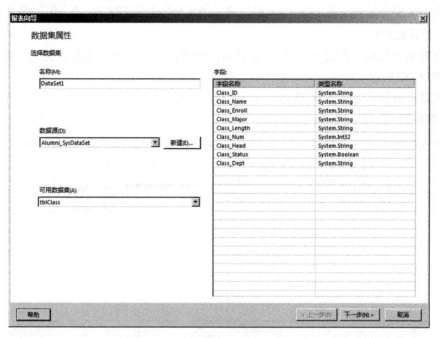

图 6-30 "数据集属性"界面

2)设置在报表中需要显示的字段。在图 6-30 所示的对话框中,单击"下一步"按钮进入"排列字段"界面,如图 6-31 所示。

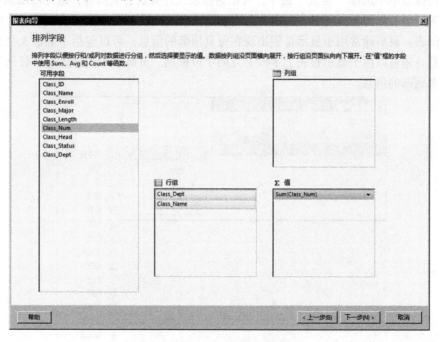

图 6-31 选择需要显示的字段

选中可选字段并分别拖动到"行组""列组"和"∑值"中,完成要显示字段的设置。"行组"是报表横坐标对应的字段,"列组"是报表纵坐标对应的字段,"∑值"是汇总值。

3.设计报表外观

1)设置报表布局。在图6-31所示的对话框中单击"下一步"按钮,进入"选择布局"界面,如图6-32所示。

2)设置报表样式。在图6-32所示的对话框中单击"下一步"按钮,进入"选择样式"界面,如图6-33所示。

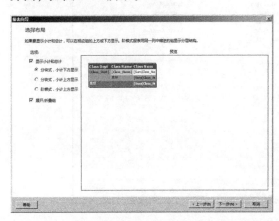

图6-32 "选择布局"界面

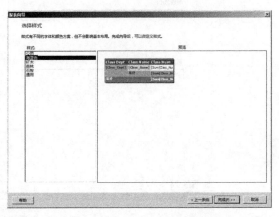

图6-33 "选择样式"界面

选择报表样式后单击"完成"按钮完成报表设计。在设计好的报表空白处单击鼠标右键,在弹出的快捷菜单中选择"插入"命令,可以为报表设计页眉、页脚等,也可以添加文本、线条和图表等对象,如图6-34所示。文本对象用于设置字段,线条对象用于绘制线条,图表对象用于插入图表。页眉通常用于显示希望出现在每页顶部的信息,可以包括章名、文档名称和其他类似信息,还可以用于显示报表上字段上方的字段标题。页脚通常包含页码和任何其他希望出现在每页底部的信息。

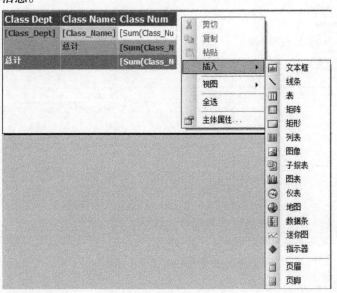

图6-34 报表设计视图

4. 创建报表查看器

报表查看器控件（ReportViewer）可以添加到 Web 窗体上，是用于显示报表的 .NET 控件。将报表查看器添加到窗体的过程如下：选择"工具箱"→"报表"→"ReportViewer"命令，然后拖放至设计窗体。通过单击报表查看控件的智能标记设置要显示的报表，如图 6-35 所示。设置完毕可以直接运行程序，查看报表设计效果，如图 6-36 所示。

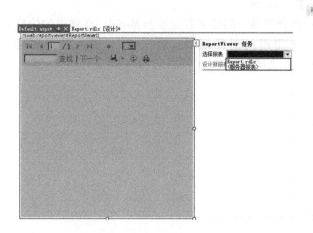 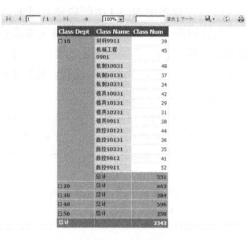

图 6-35 设置要显示的报表　　　　图 6-36 报表运行效果

工作任务

工作任务 15　分层结构的校友录管理程序设计

观看视频

1. 项目描述

分层结构的校友录系统网站设计的主要内容有校友录主页面、校友通讯录显示与查询页面、校友通讯录编辑与删除页面、校友通讯录录入页面、校友通讯录统计页面等。

2. 相关知识

本项目的实施，需要了解分层开发模型的框架构件，了解模型层中业务实体校友通讯录类的设计，了解数据访问层中校友信息访问类、业务逻辑层中校友信息业务类的设计，了解表示层程序的设计。

3. 项目设计

本项目使用分层开发思想实现校友录管理：在模型层构建业务实体类；在数据访问层构建信息访问类，包括单行数据查询、多行数据列表查询、添加记录、修改记录和删除记录等函数；在业务逻辑层构建信息访问业务类，调用数据访问层中的类函数实现数据查询、数据添加、数据修改、数据删除、分类统计等常规业务；在 Web 页面层使用 ObjectDataSource 数据源控件进行数据绑定（设置其查询、修改、删除等业务逻辑），使用 GridView、DropDownList 等控件实现数据的显示、编辑和删除等功能。

本项目主要完成校友录管理中的以下功能模块：

1）显示班级通讯录列表。
2）删除班级通讯录。

3）编辑班级通讯录。
4）按编号、姓名、性别、地址等查询班级通讯录。
5）班级通讯录录入。
6）通讯录分组统计。

每个模块的具体设计思路详见项目实施部分。

4. 项目实施

(1) 在模型层 Model 中创建校友通讯录类 Contact

打开解决方案 ex6_1.sln，在解决方案资源管理器中用鼠标右键单击 Model，在弹出的快捷菜单中选择"添加"→"新建项"命令，在出现的对话框中选择"类"，输入类的名称"Contact.cs"，单击"添加"按钮。编写 Contact 类代码如下：

```
public class Contact
{  //定义字段
    private string _contId = "";
    private string _contName = "";
    ...
    //重构,封装字段,定义属性函数
    public string Cont_Id
    {
        get { return _contId; }
        set { _contId = value; }
    }
    public string Cont_Name
    {
        get { return _contName; }
        set { _contName = value; }
    }
    ...
}
```

(2) 显示班级通讯录程序设计

用分层结构的方式从校友录数据库 Alumni_Sys 中取出校友通讯录表 tblContact 显示在 GridView 控件上的编程分为以下 3 步：

1）在数据访问层 Dal 中定义校友通讯录访问类 ContactDal，在类中定义获取班级校友通讯录列表函数 GetContactList()，该函数将通过 Select 语句与 ADO.NET 对象获取校友通讯录数据表。

2）在逻辑层 Bll 中定义校友通讯录业务逻辑类 ContactBll，并在该类中定义 GetContact 函数，该函数通过调用 GetContactList() 获取校友通讯录表。

3）在表示层中添加数据源控件 ObjectDataSource 控件（ID = obs_Contact）与 GridView 控件（ID = gv_Contact），并设置 obs_Contact 控件的属性 SelectMethod = GetContact，设置 gv_Contact 控件的属性 DataSourceID = obs_Contact。当程序运行时，obs_Contact 控件将会调用业务逻辑层中的函数 GetContact 获取校友通讯录数据表，并显示在 gv_Contact 控件上，如图 6-37 所示。

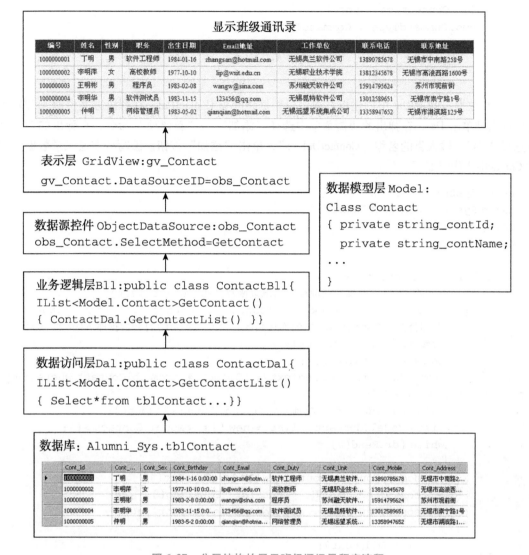

图 6-37 分层结构的显示班级通讯录程序流程

下面具体介绍程序设计步骤：

1）新建公用连接类 CommonDal。公共连接类定义是为了在后续程序的设计中不需要再次定义 ADO.NET 的对象，特别是 Connection 对象，多个程序共用一个连接对象。

```
public class CommonDal
{
    //定义连接对象 con、命令对象 cmd 和适配器对象 da
    static string strCon = "Data Source=(local);Initial Catalog=Alumni_Sys;Integrated Security=True";
    public static SqlConnection con = new SqlConnection(strCon);
    public static SqlCommand cmd = new SqlCommand();
    public static SqlDataAdapter da = new SqlDataAdapter();
    public static void Connection()
    {
```

```
            cmd.Connection = con;
            cmd.CommandType = CommandType.Text;
            cmd.CommandTimeout = 15;
        }
    }
```

2) 在数据访问层 Dal 中创建校友通讯录数据访问类 ContactDal。在解决方案资源管理器中用鼠标右键单击 Dal，在弹出的快捷菜单中选择"添加"→"新建项"命令，在弹出的对话框中选择"类"，输入类的名称"ContactDal.cs"，单击"添加"按钮。编写校友通讯录数据访问类 ContactDal 代码如下：

```
using System.Data;
using System.Data.SqlClient;
using Model;
namespace Dal
{
    public class ContactDal
    {
        //用泛型 List < >编写获取校友通讯录函数 GetContactList()
        public static IList<Model.Contact> GetContactList(string class_Id)
        {
            //用公共类 CommonDal 中的连接函数 Connection()打开数据库 Alumni_Sys
            CommonDal.Connection();
            CommonDal.con.Open();
            CommonDal.cmd.CommandText = "Select * from tblContact where cont_Class ='" + class_Id + "'";
            SqlDataReader dr = CommonDal.cmd.ExecuteReader();
            List<Model.Contact> list = new List<Model.Contact>();
            while (dr.Read())
            {
                Model.Contact cont = new Model.Contact();
                cont.Cont_Id = dr["Cont_Id"].ToString();
                cont.Cont_Name = dr["Cont_Name"].ToString();
                ...
                list.Add(cont);
            }
            dr.Close();
            CommonDal.con.Close();
            return list;
        }
    }
}
```

3) 在业务逻辑层 Bll 中创建校友通讯录业务逻辑类 ContactBll。在解决方案资源管理器中用鼠标右键单击 Bll，在弹出的快捷菜单中选择"添加"→"新建项"命令，在弹出的对话框中选择"类"，输入类的名称"ContactBll.cs"，单击"添加"按钮。编写校友通讯录业务逻辑类 ContactBll 代码如下：

```
using System;
using System.Collections.Generic;
using System.Text;
```

```
using Model;
using Dal;
namespace Bll
{
    public class ContactBll
    {
        public static IList<Model.Contact> GetContact(string class_Id)
        {
            return ContactDal.GetContactList(class_Id);
        }
    }
}
```

4）显示班级通讯录表示层设计。在网站 ex6_1 中新建校友通讯录文件夹 Contact，用鼠标右键单击该文件夹，在弹出的快捷菜单中选择"添加新项"命令，在打开的"添加新项"对话框中选择"Web 窗体"，设置名称为 Contact_List.aspx，选择使用母版页 masterpage.master。在页面中添加两个 DropDownList 控件 ddlst_Dept 和 ddlst_Class，分别用于选择院系与班级（有关院系名称的绑定，选择院系后班级名称的绑定可通过数据绑定控件 SqlDataSource 实现，也可通过 ADO.NET 编程实现，读者可以自行完成，这里不再赘述）。

在页面中添加数据源控件 ObjectDataSource，将其 ID 设为 obs_Contact（ObjectDataSource 用于在表示层与数据访问层、表示层与业务逻辑层之间构建一座桥梁，从而将来自数据访问层或业务逻辑层的数据对象与表示层中的数据控件绑定，实现数据表的显示、编辑、删除、插入等操作）。单击数据源 obs_Contact 的智能按钮，选择"配置数据源"命令，首先选择业务对象为 Bll.ContactBll，如图 6-38 所示。

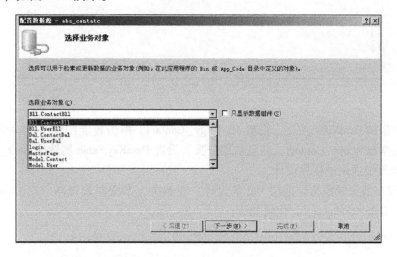

图 6-38　用数据源控件选择业务对象 Bll.ContactBll

注意：一般应先编译网站程序，使 Bll.ContactBll 被编译到 bin 目录中的 .dll 文件中去，然后配置数据源 obs_Contact，否则将会找不到所要的业务对象 Bll.ContactBll。

单击"下一步"按钮，选择"SELECT"选项卡，选择方法 GetContact()，如图 6-39 所示。

单击"下一步"按钮，定义参数，参数 class_Id 来源于页面中的下拉式列表框控件 ddlst_Class 中的 Value 值，如图 6-40 所示。

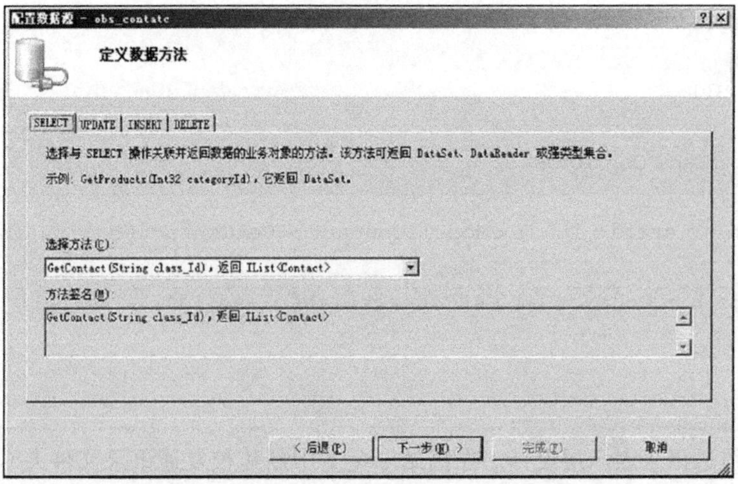

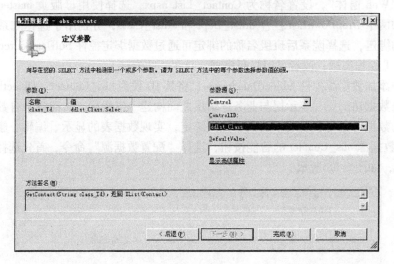

图 6-39 用数据源控件选择方法 GetContact( )

图 6-40 定义参数

在页面中添加 GridView 控件,设置 ID 为 gv_Contact。单击智能按钮,自动套用格式为彩色型,选择数据源为 obs_Contact,并且启用分页,设置 DataKeyName 属性为 Cont_Id。

(3) 删除班级通讯录程序设计

1) 删除校友通讯录数据访问层 Dal 的设计。在解决方案资源管理器中双击 ContactDal.cs,编写删除函数 DeleteContact( ),代码如下:

```
public static void DeleteContact(Model.Contact contact)
{
    CommonDal.Connection();
    CommonDal.con.Open();
    string strSQL = "Delete from tblContact where Cont_Id ='" + contact.Cont_Id + "'";
    CommonDal.cmd.CommandText = strSQL;
    CommonDal.cmd.ExecuteNonQuery();
    CommonDal.con.Close();
}
```

2) 删除校友通讯录业务逻辑层 Bll 设计。在解决方案资源管理器中双击 ContactBll.cs，编写删除函数 DelContact()，代码如下：

```
public static void DelContact(Model.Contact contact)
{
    ContactDal.DeleteContact(contact);
}
```

3) 删除班级通讯录表示层设计。在 Contact 文件夹中新建班级通讯录删除页面 Contact_Del.aspx。将显示班级通讯录页面 Contact_List.aspx 中的数据源控件 obs_Contact 与数据表控件 gv_Contact 复制到 Contact_Del.aspx 页面中。单击数据源 obs_Contact 的智能按钮，选择"配置数据源"命令，选择业务对象为 Bll.ContactBll，然后单击"下一步"按钮，选择"DELETE"选项卡，选择方法 DelContact()，单击"完成"按钮。在 gv_Contact 控件的字段编辑器中添加"删除"按钮，设置 HeaderText 为"操作"。

(4) 编辑通讯录程序设计

1) 编辑校友通讯录数据访问层 Dal 的设计。在解决方案资源管理器中双击 ContactDal.cs，编写修改函数 UpdateContact()，代码如下：

```
public static void UpdateContact(Model.Contact contact)
{
    CommonDal.Connection();
    CommonDal.con.Open();
    string strSQL = "Update tblContact Set Cont_Name ='" + contact.Cont_Name + "',";
    strSQL += "Cont_Sex ='" + contact.Cont_Sex + "',";
    strSQL += "Cont_Birthday ='" + contact.Cont_Birthday + "',";
    strSQL += "Cont_Email ='" + contact.Cont_Email + "',";
    strSQL += "Cont_Duty ='" + contact.Cont_Duty + "',";
    strSQL += "Cont_Unit ='" + contact.Cont_Unit + "',";
    strSQL += "Cont_Mobile ='" + contact.Cont_Mobile + "',";
    strSQL += "Cont_Address ='" + contact.Cont_Address + "'";
    strSQL += " where Cont_Id ='" + contact.Cont_Id + "'";
    CommonDal.cmd.CommandText = strSQL;
    CommonDal.cmd.ExecuteNonQuery();
    CommonDal.con.Close();
}
```

2) 编辑校友通讯录业务逻辑层 Bll 的设计。在解决方案资源管理器中双击 ContactBll.cs，编写修改函数 UpContact()，代码如下：

```
public static void UpContact(Model.Contact contact)
{
    ContactDal.UpdateContact(contact);
}
```

3) 编辑校友通讯录表示层的设计。在 Contact 文件夹中新建编辑班级通讯录页面 Contact_Edit.aspx，将删除页面 Contact_Del.aspx 中的数据源控件 obs_Contact 与数据表控件 gv_Contact 复制到 Contact_Edit.aspx 页面中。单击数据源 obs_Contact 的智能按钮，选择"配置数据源"命令，选择业务对象为 Bll.ContactBll，然后单击"下一步"按钮。选择"UPDATE"选项卡，选择方法 UpContact()，单击"完成"按钮。在 gv_Contact 控件的字段编辑器中添加"编辑"按钮，设置 HeaderText 为"操作"。

(5) 查询班级通讯录程序设计

1) 查询班级通讯录数据访问层 Dal 的设计。在解决方案资源管理器中双击 ContactDal.cs，编写查询函数 FindContactList()，代码如下：

```
public static IList<Model.Contact> FindContactList(string contId, string contName, string contSex, string contAddress, string contClass)
{
    CommonDal.Connection();
    CommonDal.con.Open();
    CommonDal.cmd.CommandText = "Select * from tblContact where Cont_Id Like '" + contId + "%' and Cont_Name Like '" + contName + "%' and Cont_Sex Like '" + contSex + "%' and Cont_Address Like '" + contAddress + "%' and Cont_Class ='" + contClass + "'";
    SqlDataReader dr = CommonDal.cmd.ExecuteReader();
    List<Model.Contact> list = new List<Model.Contact>();
    while (dr.Read())
    {
        Model.Contact cont = new Model.Contact();
        cont.Cont_Id = dr["Cont_Id"].ToString();
        cont.Cont_Name = dr["Cont_Name"].ToString();
        ...
        list.Add(cont);
    }
    dr.Close();
    CommonDal.con.Close();
    return list;
}
```

2) 查询班级通讯录业务逻辑层 Bll 的设计。在解决方案资源管理器中双击 ContactBll.cs，编写查询函数 FindContact()，代码如下：

```
public static IList<Model.Contact> FindContact(string contId, string contName, string contSex, string contAddress, string contClass)
{
    return ContactDal.FindContactList(contId, contName, contSex, contAddress, contClass);
}
```

3) 查询班级通讯录表示层的设计。在 Contact 文件夹中新建查询班级通讯录页面 Contact_Find.aspx。在查询页面 Contact_Find.aspx 中添加 Table 控件、Label 控件、TextBox 控件和 Button 控件，将显示页面 Contact_List.aspx 中的数据源控件 obs_Contact 与数据表控件 gv_Contact 复制到 Contact_Find.aspx 页面中。单击数据源 obs_Contact 的智能按钮，选择"配置数据源"命令，选择业务对象为 Bll.ContactBll，然后单击"下一步"按钮。选择"SELECT"选项卡，选择方法 FindContact()，然后单击"下一步"按钮定义参数。在对话框中设置 contId 形参的参数源是 control，ControlID 为页面中输入编号的文本框 txt_ContId。对于其他 4 个形参用相同的方法选择参数源与控件 ID，如图 6-41 所示。

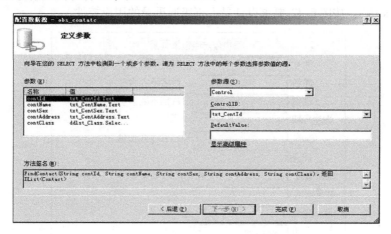

图 6-41　为查询函数形参配置实参

(6) 班级通讯录录入程序设计

1) 录入班级通讯录数据访问层 Dal 的设计。在解决方案资源管理器中双击 ContactDal.cs，编写插入函数 InsertContact()，代码如下：

```
public static void InsertContact(Model.Contact contact)
{
    CommonDal.Connection();
    CommonDal.con.Open();
    string strSQL = "Insert Into tblContact Values('" + contact.Cont_Id + "','";
    strSQL += contact.Cont_Name + "','";
    strSQL += contact.Cont_Sex + "','";
    strSQL += contact.Cont_Birthday + "','";
    strSQL += contact.Cont_Email + "','";
    strSQL += contact.Cont_Duty + "','";
    strSQL += contact.Cont_Unit + "','";
    strSQL += contact.Cont_Mobile + "','";
    strSQL += contact.Cont_Address + "','";
    strSQL += contact.Cont_Group + "','";
    strSQL += contact.Cont_Class + "')";
    CommonDal.cmd.CommandText = strSQL;
    CommonDal.cmd.ExecuteNonQuery();
    CommonDal.con.Close();
}
```

2) 录入班级通讯录业务逻辑层 Bll 的设计。在解决方案资源管理器中双击 ContactBll.cs，编写插入函数 InsertContact()，代码如下：

```
public static void InsContact(Model.Contact contact)
{
    ContactDal.InsertContact(contact);
}
```

3）录入班级通讯录表示层的设计。用鼠标右键单击 Controls 目录，在弹出的快捷菜单中选择"添加新项"命令，打开"添加新项"对话框，选择"Web 用户控件"，输入名称为"Contact_Add.ascx"。按图 6-42 要求设计录入班级通讯录的用户控件。

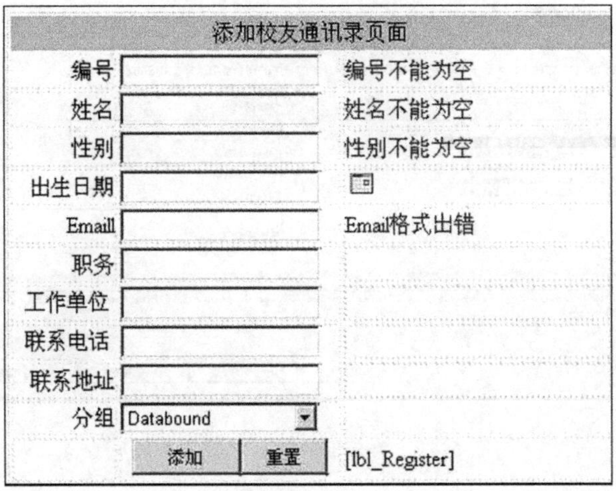

图 6-42 添加校友通讯录页面

编写"添加"按钮事件驱动程序，代码如下：

```
protected void btn_Submit_Click(object sender, EventArgs e)
{
    Contact cont = new Contact ();
    cont.Cont_Id = txt_ContId.Text.Trim();
    cont.Cont_Name = txt_ContName.Text.Trim();
    ...
    //班级编号由页面中存储的 Session 对象获取
    cont.Cont_Class = Session["Class_Id"].ToString();
    IList<Model.Contact> list = ContactBll.FindContact(cont.Cont_Id,"","",
"",cont.Cont_Class);
    if(list.Count! =0)
    {
        lbl_Register.Text = "编号已用过,请重新输入!";
    }
    else
    {
        ContactBll.InsContact(cont);
        Response.Redirect("~/contact/Contact_List.aspx");
    }
}
```

4）在 Contact 文件夹中新建录入班级通讯录页面 Contact_Add.aspx。用鼠标右键单击 Contact 文件夹，在弹出的快捷菜单中选择"添加新项"命令，打开"添加新项"对话框，选择"Web 窗体"，输入名称为"Contact_Add.aspx"，选择使用母版页 masterpage.master。在班级通讯录录入页面 Contact_Add.aspx 中添加用户控件 Contact_Add.ascx。在 Contact_Add.aspx 中的下拉列表框 ddlst_Class 的 SelectedChanged 事件中编写如下程序，使得选择了班级后将班级号通过 Session 对象存储。

```
protected void ddlst_Class_SelectedIndexChanged(object sender, EventArgs e)
{
    Session["Class_Id"] = ddlst_Class.SelectedValue.ToString();
}
```

(7) 通讯录分组统计程序设计

通讯录分组统计人数页面如图 6-43 所示。在此页面中先显示各分组的人数，单击"按年龄统计"按钮，将显示各年龄段人数，如图 6-44 所示；单击"按生日统计"按钮，将显示各生日月份中人数，如图 6-45 所示。

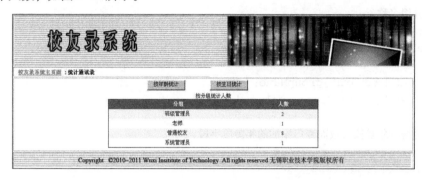

图 6-43　通讯录分组统计人数页面

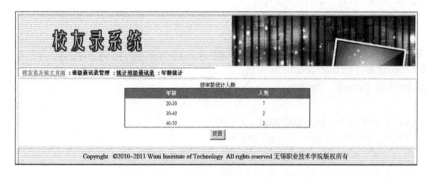

图 6-44　按年龄段统计人数页面

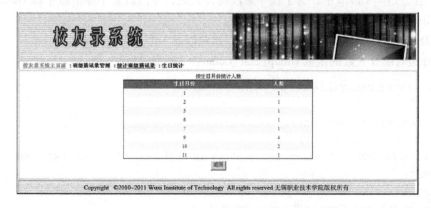

图 6-45　按生日月份统计人数页面

1)定义分组类 Group。在 Model 层中新建类文件 Group.cs。在该文件中,按分组表 tblGroup 结构的要求定义分组类 Group。Group 类的代码如下:

```csharp
public class Group
{   //分组 ID
    int _groupID;
    public int Group_ID
    {
        get { return _groupID; }
        set { _groupID = value; }
    }
    //分组名称
    string _groupName;
    public string Group_Name
    {
        get { return _groupName; }
        set { _groupName = value; }
    }
    //为统计年龄段人数而专门添加的年龄段字段
    private string _groupAge = "";
    public string Group_Age
    {
        get { return _groupAge; }
        set { _groupAge = value; }
    }
    //为统计年龄段人数而专门添加的人数字段
    private int _groupCount = 0;
    public int Group_Count
    {
        get { return _groupCount; }
        set { _groupCount = value; }
    }
}
```

说明:在分组类 Group 中,为了按年龄段统计人数,专门设置了年龄段字段 Group_Age 与人数字段 Group_Count。

2)在 Dal 层中新建分组访问类 GroupDal,新建以下 3 个分组统计函数:

① 按分组名统计人数的函数 Group_Stat_Count(),代码如下:

```csharp
public static DataTable Group_Stat_Count()
{
    CommonDal.Connection();
    CommonDal.con.Open();
    string strSQL = "Select Group_Name as 分组,Count(*) as 人数 from tblGroup,tblContact ";
    strSQL += " where Group_Id=Cont_Group Group By Group_Name";
    CommonDal.cmd.CommandText = strSQL;
    CommonDal.da.SelectCommand = CommonDal.cmd;
```

```
        CommonDal.con.Close();
        DataSet ds = new DataSet();
        CommonDal.da.Fill(ds, "Count");
        return ds.Tables["Count"];
}
```

② 按生日月份统计人数的函数 Group_Stat_Birth( )，代码如下：

```
public static DataTable Group_Stat_Birth()
{
        … //同前一函数
        string strSQL = "Select datepart(mm,Cont_Birthday) as 生日月份,count(*) as 人数";
        strSQL + ="from  tblContact  Group By datepart(mm,Cont_Birthday)";
        … //同前一函数
        CommonDal.da.Fill(ds, "Birth");
        return ds.Tables["Birth"];
}
```

③ 按年龄段统计人数的函数 Group_Stat_Age( )，代码如下：

```
public static IList<Model.Group> Group_Stat_Age()
{
        CommonDal.Connection();
        CommonDal.con.Open();
        string strSQL = " select (datepart(yy,Getdate())- datepart(yy,Cont_Birthday))/10 as Age,count(*) as Count from tblContact ";
        strSQL + = " Group by (datepart(yy,Getdate())- datepart(yy,Cont_Birthday))/10 ";
        CommonDal.cmd.CommandText = strSQL;
        SqlDataReader dr = CommonDal.cmd.ExecuteReader();
        List<Model.Group> list = new List<Model.Group>();
        while(dr.Read())
        {
            Model.Group group = new Model.Group();
            string age = dr["Age"].ToString();
            int agemin = 10 * Convert.ToInt32(age);
            int agemax = 10 * (1 + Convert.ToInt32(age));
            group.Group_Age = agemin.ToString() + "-" + agemax.ToString();
            group.Group_Count = Convert.ToInt32(dr["Count"].ToString());
            list.Add(group);
        }
        dr.Close();
        CommonDal.con.Close();
        return list;
}
```

3) 在网站 ex6_1 中新建目录 Group，在 Group 目录中按图 6-43～图 6-45 的要求添加分组统计、生日统计、年龄统计 3 个页面，具体要求如下。

① 分组统计页面 Group_Stat.aspx 的设计。在 Group 目录中使用母版页创建分组统计页面 Group_Stat.aspx，在 Group_Stat.aspx 中添加 Table 控件、Button 控件 btn_Age 和 btn_Birth、ObjectDataSource 控件 obs_Group、GridView 控件 gv_Group。

设置 obs_Group 属性如下：

```
obs_Group.TypeName = Dal.GroupDal
obs_Group.SelectMethod = Group_Stat_Count
```

编写按钮 btn_Age、Btn_Birth 的事件驱动程序如下：

```
protected void btn_Age_Click(object sender, EventArgs e)
{
    Response.Redirect("~/Group/Group_Age.aspx");
}
protected void btn_Birth_Click(object sender, EventArgs e)
{
    Response.Redirect("~/Group/Group_Birth.aspx");
}
```

② 生日统计页面 Group_Birth.aspx 的设计。在 Group 目录中使用母版页创建生日统计页面 Group_Birth.aspx，在 Group_Birth.aspx 中添加 Table 控件、Button 控件 btn_Back、ObjectDataSource 控件 obs_Group、GridView 控件 gv_Group。

设置 obs_Group 属性如下：

```
obs_Group.TypeName = Dal.GroupDal
bs_Group.SelectMethod = Group_Stat_Birth
```

编写按钮 btn_Back 事件驱动程序如下：

```
protected void btn_Back_Click(object sender, EventArgs e)
{
    Response.Redirect("~/Group/Group_Stat.aspx");
}
```

③ 年龄统计页面 Group_Age.aspx 的设计。在 Group 目录中使用母版页创建分组统计页面 Group_Age.aspx，在 Group_Age.aspx 中添加 Table 控件、Button 控件 btn_Back、ObjectDataSource 控件 obs_Group、GridView 控件 gv_Group。

设置 obs_Group 属性如下：

```
obs_Group.TypeName = Dal.GroupDal
obs_Group.SelectMethod = Group_Stat_Age
```

编写按钮 btn_Back 事件驱动程序如下：

```
protected void btn_Back_Click(object sender, EventArgs e)
{
    Response.Redirect("~/Group/Group_Stat.aspx");
}
```

5. 项目测试

通过"添加现有项"将第 3 章工作任务 5 中设计好的 Default.aspx 页面和站点地图文件添

加进网站中，并修改站点地图文件中的 URL 地址信息。设置 Default.aspx 页面为起始页并运行网站。依次单击"显示班级通讯录""录入班级通讯录""编辑班级通讯录""删除班级通讯录""查询班级通讯录"将出现如图 6-46 ~ 图 6-50 所示的页面。

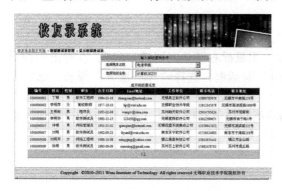

图 6-46　显示班级通讯录

图 6-47　录入班级通讯录

图 6-48　编辑班级通讯录

图 6-49　删除班级通讯录

图 6-50　查询班级通讯录

工作任务 16　使用 Web 服务实现用户登录与用户注册

观看视频

1. 项目描述

本工作任务使用 Web 服务技术实现校友录系统中用户登录与用户注册模块的设计。

2. 相关知识

本项目的实施，需要了解构建 Web 服务、使用 Web 服务的方法。

3. 项目设计

本项目创建 Web 服务，在其中编写用户登录与用户注册这两个功能函数（此处使用第 5 章中的 ADO.NET 实现）。通过引用 Web 服务，在客户端页面中调用 Web 服务中的两个函数，实现用户登录与用户注册的功能。

4. 项目实施

1）打开解决方案 ex6_2.sln 中的网站 ex6_2。用鼠标右键单击网站 ex6_2，在弹出的快捷菜单中选择"添加新项"命令，打开"添加新项"对话框，选择"Web 服务"模板，添加名为 Web_Base.asmx 的 Web 服务。

2）打开自动生成的 Web_Base.cs 文件，编写用户登录函数 User_Login() 与用户注册函数 User_Register()，代码如下：

```csharp
//引用数据访问命名空间
using System.Data;
using System.Data.SqlClient;
static string strCon = "Server=localhost;Database=Alumni_Sys;Integrated Security=True";
//用户登录函数User_Login():根据两个形参(用户名name和密码password)返回登录是否成功
[WebMethod]
public bool User_Login(string name,string password)
{
    SqlConnection con = new SqlConnection(strCon);
    con.Open();
    SqlCommand cmd = new SqlCommand();
    cmd.Connection = con;
    cmd.CommandText = "Select * from tblUser where User_Name='" + name + "' and User_Password='" + password + "'";
    SqlDataReader dr = cmd.ExecuteReader();
    if (dr.Read())          //验证成功
        return true;
    else                    //验证失败
        return false;
}
//用户注册函数User_Register():将一个用户实体形参插入用户表,返回插入是否成功
[WebMethod]
public bool User_Register(User user)
{
    SqlConnection con = new SqlConnection(strCon);
    con.Open();
    SqlCommand cmd = new SqlCommand();
    cmd.Connection = con;
    //将各文本框中的值赋给变量
    string userName = user.User_Name;
    string userPassword = user.User_PassWord;
    string userRole = user.User_Role;
    string strSql = "Insert into tblUser Values('";
    strSql += userName + "','" + userPassword + "','" + userRole + "')";
```

```
            cmd.CommandText = strSql;
            try
            {   //执行以下代码,一旦发现异常,则立即跳到 catch 执行
                cmd.ExecuteNonQuery();
                return true;
            }
            catch
            {   //如果发生异常则执行以下代码
                return false;
            }
        }
```

说明：User 类的编写与分层开发中模型层中的 User 类代码类似，这里不再赘述。

3）在"解决方案资源管理器"窗口中，用鼠标右键单击网站，从弹出的快捷菜单中选择"添加服务引用"命令，打开"添加服务引用"对话框。单击"发现"按钮即可搜索到创建的本地 Web 服务 WS_Base，并显示了当前可用的操作。在"命名空间"文本框中输入名称"ServiceReference2"。

4）在网站中新建用户登录页面 Login.aspx。

5）在用户登录页面 Login.aspx 中编写代码调用 Web 服务中的 User_Login()方法。

```
//在命名空间部分引用 ServiceReference2 命名空间
Using ServiceReference2;
protected void btn_Login_Click(object sender, EventArgs e)
{
    WS_Base w = new WS_Base();
    if(w.User_Login(txt_UserName.Text, txt_UserPassword.Text)) //验证成功
    {
        Response.Redirect("~/Default.aspx");
    }
    else      //验证失败
    {
        Literal txtMsg = new Literal();
        txtMsg.Text = " <script >alert(用户名或密码错误! )</script >";
        Page.Controls.Add(txtMsg);
    }
}
```

6）在网站中新建用户注册页面 User_Register.aspx。

7）在用户注册页面 User_Register.aspx 中编写代码调用 Web 服务中的 User_Register()方法。

```
//在命名空间部分引用 ServiceReference2 命名空间
Using ServiceReference2;
protected void btn_Register_Click(object sender, EventArgs e)
{
    WS_Base w = new WS_Base();
    User user = new User();
    user.User_Name = txt_UserName.Text.Trim();
    user.User_PassWord = txt_UserPassword.Text.Trim();
    user.User_Role = txt_UserRole.Text.Trim();
```

```
        Literal txtMsg = new Literal();
        if(w.User_Register(user))    //注册成功
        {
            txtMsg.Text = "<script>alert(用户注册成功！)</script>";
            Page.Controls.Add(txtMsg);
        }
        else    //注册失败
        {
            txtMsg.Text = "<script>alert(用户注册失败！)</script>";
        }
        Page.Controls.Add(txtMsg);
}
```

5. 项目测试

分别设置 Login.aspx 和 User_Register 页面为起始页，运行网页，分别测试用户登录和用户注册页面。

工作任务17 使用 ASP.NET AJAX 优化查询班级通讯录页面

1. 项目描述

本工作任务使用 ASP.NET Ajax 技术对工作任务 15 中的查询班级通讯录页面进行优化。

2. 相关知识

本项目的实施，需要了解 ASP.NET AJAX 常用控件的使用方法。

3. 项目设计

本项目在原有页面的技术上通过添加 ASP.NET AJAX 中的 ScriptManager 控件和 UpdatePanel 控件实现页面中 GridView 控件的局部刷新。

4. 项目实施

1) 打开解决方案 ex6_1.sln 中的网站 ex6_1，打开 Contact 文件夹中的查询班级通讯录页面 contact_Find.aspx。

2) 将页面切换到源 HTML 设计页面，在页面中添加用于标志该页面使用 ASP.NET AJAX 的 ScriptManager 控件，代码如下：

```
<asp:ScriptManager id="ScriptManager1" runat="server">
</asp:ScriptManager>
```

3) 在页面中的 GridView 控件的外面添加一个 UpdatePanel 控件和 <ContentTemplate> 元素，表示该 GridView 控件是更新面板中需要局部刷新的区域，添加之后的 HTML 代码如下：

```
<asp:UpdatePanel id="UpdatePanel1" runat="server" UpdateMode="Always">
<ContentTemplate>
<asp:GridView ID="gv_Contatc" runat="server" AllowPaging="True" …>
…
</asp:GridView>
<ContentTemplate>
</asp:UpdatePanel>
```

4) Web.config 配置。在 <system.web> 元素中添加或者修改 <httpHandlers> 元素，代码

如下：

```
<httpHandlers>
<remove verb="*" path="*.asmx"/>
<add verb="*" path="*.asmx" validate="false"
  type="System.Web.Script.Services.ScriptHandlerFactory, System.Web.Extensions,
Version=1.0.61025.0, Culture=neutral,PublicKeyToken=31bf3856ad364e35"/>
<add verb="*" path="*_AppService.axd" validate="false"
  type="System.Web.Script.Services.ScriptHandlerFactory, System.Web.Extensions,
Version=1.0.61025.0, Culture=neutral, PublicKeyToken=31bf3856ad364e35"/>
<add verb="GET,HEAD" path="ScriptResource.axd"
  type="System.Web.Handlers.ScriptResourceHandler, System.Web.Extensions,
Version = 1.0.61025.0, Culture = neutral, PublicKeyToken = 31bf3856ad364e35"
validate="false"/>
</httpHandlers>
```

仍然是在 <system.web> 元素中添加如下的 HTTP 模块声明：

```
<httpModules>
<add name="ScriptModule" type="System.Web.Handlers.ScriptModule,
  System.Web.Extensions, Version=1.0.61025.0, Culture=neutral,
PublicKeyToken=31bf3856ad364e35"/>
</httpModules>
```

5. 项目测试

运行该页面，在页面的 GridView 控件中单击分页中的各个页码可以发现，不同于以前章节的实例效果，在单击链接之后，页面并不是整个刷新，而是只有被 UpdatePanel 控件包含的 GridView 控件本身刷新。

工作任务 18　实现校友信息报表打印

观看视频

1. 项目描述

本工作任务实现校友信息报表打印，页面显示校友的重要信息，并且可以用报表形式显示，如图 6-51 所示。

a)　　　　　　　　　　　　　　　b)

图 6-51　校友信息报表打印

a) 表格显示　b) 报表显示

2. 相关知识

本项目的实施,需要了解报表数据源的概念、报表的设计与使用方法。

3. 项目设计

本项目利用 DropDownList 控件显示、选择系部和班级信息,利用 GridView 控件显示班级的校友信息,利用 ReportViewer 控件显示校友信息。

4. 项目实施

1)打开解决方案 ex6_1.sln 与网站 ex6_1。

2)选中网站,添加名为 Report.aspx 的页面并应用母版页,界面如图 6-48 所示(参考工作任务 15 中的"显示班级通讯录"页面)。

3)创建报表文件。用鼠标右键单击网站 ex6_1,在弹出的快捷菜单中选择"添加新项"命令,弹出"添加新项"对话框,选择"报表",输入名称为"Report.rdlc",出现如图 6-52 所示的界面。

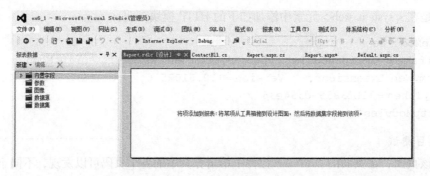

图 6-52 报表设计页面

4)配置数据集。用鼠标右键单击"数据集"图标,在弹出的快捷菜单中选择"添加数据集"命令,在如图 6-53 所示的对话框中设置数据集(此例中选择数据源来自业务逻辑层,数据集为 ContactBll.GetContactList 函数)。单击"确定"按钮后,数据配置完成。

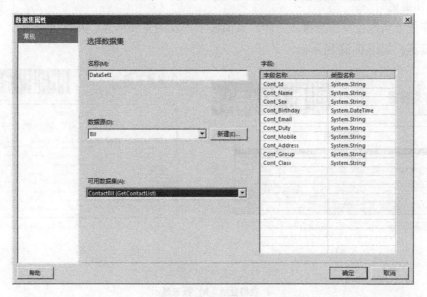

图 6-53 配置数据集

5)设计报表样式。在图 6-52 所示的界面中用鼠标右键单击右侧的"报表设计"区域,在弹出的快捷菜单中选择"插入"→"表"命令,弹出如图 6-54 所示的页面,在其中配置要报表显示的字段。

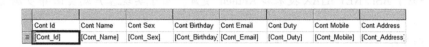

图 6-54　设计报表样式

6)在 Report. aspx 页面中添加 ReportViewer 控件,并为其选择报表为 Report. rdlc。

7)在 Report. aspx. cs 中编写代码如下:

```
protected void Page_Load(object sender, EventArgs e)
{
    btn_Report_Click(sender, e);
}
protected void btn_Report_Click(object sender, EventArgs e)
{
    gv_Contatc.Visible = false;
    ReportViewer1.Visible = true;
}
protected void btn_GridView _Click(object sender, EventArgs e)
{
    gv_Contatc.Visible = true;
    ReportViewer1.Visible = false;
}
```

5. 项目测试

设置 Report. aspx 为起始页,运行程序,单击"表格显示"按钮将以 GridView 形式显示校友信息(见图 6-51a);单击"报表显示"按钮将以报表形式显示校友信息(见图 6-51b)。

本章小结

本章介绍了在 ASP. NET 程序开发过程中的分层结构设计、Web 服务、ASP. NET AJAX 技术和报表设计等知识点。

1. 分层结构设计

ASP. NET 分层结构将应用程序结构划分为 3 层独立的包,包括用户表示层、业务逻辑层、数据访问层。其中,将实现人机界面的所有表单和组件放在表示层,将所有业务规则和逻辑的实现封装在负责业务逻辑组件中,将所有和数据库的交互封装在数据访问组件中。此外,使用模型层作为与各层之间数据传送的载体。模型层是标准和规范,它包含了与数据表相对应的实体类。

2. Web 服务

Web 服务是基于互联网、通过远程调用应用操作接口、再通过标准化的 XML 消息传递机制获取信息与服务的一种机制。Web 服务通过 WSDL 语言进行描述,驻留于 Web Server 中,客户使用 UDDI 机制查找符合要求的 Web 服务，网络中的机器之间通过 SOAP 进行通信。用户也可以自行构建并调用。

3. ASP.NET AJAX

主要介绍了 ASP.NET AJAX 技术和 Anthem 类库，用于实现客户端页面异步调用服务器端资源。

4. 报表设计

使用向导创建报表的步骤包括选择数据源、设置排列字段、汇总字段、选择报表图表样式和报表模板等，利用向导创建好的报表还可以进一步修改。

习题 6

1. ＿＿＿＿＿＿层作为与各层之间数据传送的载体，该层包含了数据表相对应的实体类。
2. 负责业务逻辑处理与数据传输、处于数据访问层与表示层之间、起到数据交换中的承上启下的作用是＿＿＿＿＿＿层。对＿＿＿＿＿＿层它是调用者，对于＿＿＿＿＿＿层它是被调用者。
3. 用鼠标右键单击 Dal 层，在弹出的快捷菜单中选择＿＿＿＿＿＿命令，可以实现 Dal 层对 Model 层的依赖关系。
4. 在分层开发中使用的数据源控件是（　　）。
   A. ObjectDataSource　　　　　　　　B. SqlDataSource
   C. XmlDataSource　　　　　　　　　D. AccessDataSource
5. 关于 ObjectDataSource 的说法不正确的是（　　）。
   A. ObjectDataSource 是 ASP.NET 数据源控件，用于向数据绑定控件表示数据识别中间层对象或数据接口对象
   B. ObjectDataSource 控件使用反射创建业务对象的实例，并调用这些实例的方法以检索、更新、插入和删除数据
   C. 如果数据是作为 DataSet 或 DataTable 对象返回的，则 ObjectDataSource 控件可以筛选由 SelectMethod 属性检索的数据
   D. ObjectDataSource 使用中间层业务对象以声明方式对数据执行选择、插入、更新的操作，但是不提供删除、分页、排序、缓存和筛选操作
6. 简述分层开发模型框架的建立过程。
7. 简述调用 Web 服务的机制和工作原理。
8. 页面方法和 Web 服务有何异同点？
9. 如何让 UpdatePanel 控件外部的按钮进行异步刷新？
10. UpdateProgress 控件的 AssociateUpdatePanelID 属性的作用是什么？
11. 简述 Web 应用程序中报表的设计步骤。
12. 如何在报表中添加日期、时间、页号等项？

实训 6　图书管理系统的分层开发与 Web 服务的使用

1. 新建空白解决方案 Lab6.sln 与网站 Library。
2. 搭建分层结构框架。要求如下：

1) 在解决方案 Lab6 中通过添加项目的方法，创建模型层 Model、数据访问层 DAL、业务逻辑层 BLL。

2) 建立层与层之间的依赖关系，实现模型层→数据访问层→业务逻辑层→表示层的分层结构框架。

3. 在模型层 Model 中建立图书实体类 Book.cs（根据实训 5 中数据库 Book 中的 tblBook 图书表）。

4. 在数据访问层 DAL 中建立图书数据访问类 BookDAL.cs，在其中编写 1 个获取图书信息函数 GetBookList，函数定义语句为 "public static List < Model.Book > GetBookList( )。"

5. 在业务逻辑层 BLL 建立有关图书的业务逻辑类 BookBLL.cs，在其中编写 1 个函数 BookList，调用数据访问层中的函数获取图书的列表信息。函数定义语句为 "public static List < Model.Book > BookList( )。"

6. 在网站 Library 中添加 Web 服务 WS_Book.asmx，在其中编写 1 个 DelBook 函数，用于删除指定图书，函数定义语句为 "public void DelBook（Model.Book book）"。

7. 通过"添加现有项"的方法，将实训 5 网站 Library 中的 Book_Del.aspx 添加进网站 Library 中，页面效果如图 6-53 所示。要求如下：

1) 创建数据源控件 Obj_Book，选择业务对象，并选择 Select 语句方法。

2) 绑定数据表格控件 gv_Book，按图 6-55 的要求设置属性，每页 8 条记录。

3) 添加 Web 服务引用，将 WS_Book.asmx 引用进网站 Library 中。

4) 在 GridView 中添加 Button 字段（图 6-55 中的最后一列），调用 Web 服务中的 DelBook 函数实现删除操作。

图书编号	图书名称	出版社	图书作者	图书单价	操作
100043101	动态网站开发基础教程	清华大学出版社	唐植华	35.00	删除
100043102	计算机网络技术	科学出版社	张潜生	26.00	删除
100043103	C++程序设计	电子工业出版社	周志德	31.00	删除
100043104	Delphi程序设计	高等教育出版社	周志德	28.00	删除
100043105	数据库设计与应用	高等教育出版社	李萍	22.50	删除
100043106	计算机网络实用教程	中国铁道出版社	李畅	29.00	删除

图 6-55 分层开发和 Web 服务实现的删除图书页面

第7章 ASP.NET 应用程序配置与部署

ASP.NET 提供了一个丰富、可行的配置部署系统，使开发人员能快速地建立自己的 Web 应用环境。ASP.NET 提供的是一个层次配置架构，可以帮助 Web 应用、站点、机器分别配置自己的扩展配置数据。本章主要学习 Global.asax 文件的配置、Web.config 文件的配置以及 ASP.NET 应用程序的部署。

理论知识

7.1 配置 Global.asax 文件

Global.asax 文件有时也叫作 ASP.NET 应用程序文件，提供了一种在一个中心位置响应应用程序级或模块级事件的方法。和其他类型的应用程序一样，在 ASP.NET 中有一些任务一定要在 ASP.NET 应用程序开始执行之前执行。这些任务都会在 Global.asax 中定义。Global.asax 文件位于 ASP.NET 应用程序的根目录中，如果该文件存在，IIS 会自动找到它。这个文件的名字是确定的，不能对文件名字做任何的改动，也不能把位置做任何的改动。该文件主要包括以下内容：

1）编写 Application_Start 和 Application_End 事件处理代码。
2）编写 Session_Start 和 Session_End 事件代码。
3）编写 Application_Error 错误处理程序。

当位于应用程序 namespace 的任何资源或者 URL 被首次访问时，ASP.NET 系统将自动解析 Glabal.asax 文件并把它编译为动态的 .NET 框架类（此类派生自 HttpApplication 基类并加以扩展）。在创建 HttpApplication 派生类实例的同时，还将引发 Application_Start 事件。随后 HttpApplication 实例将处理页面的一个个请求或者响应，同时触发 Application_BeginRequest 或者 Application_EndRequest 事件，直到最后一个实例退出时才引发 Application_End 事件。

当服务器接收到应用程序中的 URL 格式的 HTTP 请求时，将触发 Session_Start 事件，并建立一个 Session 对象。当调用 Session.Abandon 方法时或者在 TimeOut 时间内用户没有刷新操作，将触发 Session_End 事件。

Global.asax 文件中的 Application_Error 事件在 ASP.NET 程序出错时被触发，可以在该事件中进行错误处理。

7.1.1 Global.asax 文件的结构

Global.asax 文件包括几个程序级别事件，有 Application_Start、Application_End、Application_Error、Session_Start、Session_End 等。Global.asax 文件的结构如下：

```
<%@ Application Language = "C#" %>
<script runat = "server">
void Application_Start(object sender, EventArgs e)
```

```
{ //在应用程序启动时运行的代码
}
void Application_End(object sender, EventArgs e)
{ //  在应用程序关闭时运行的代码
}
void Application_Error(object sender, EventArgs e)
{ //在出现未处理的错误时运行的代码
}
void Session_Start(object sender, EventArgs e)
{ //在新会话启动时运行的代码
}
void Session_End(object sender, EventArgs e)
{ //在会话结束时运行的代码
}
</script>
```

7.1.2 Global.asax 文件的应用

Global.asax 文件最广泛的应用就是处理 7.1.1 节中讲述的全局事件，这些事件是针对整个应用程序的事件，而不是针对某个特定的页面。

例如，当一个新用户浏览网页时，发生 Session_Start 事件，在线人数加 1，访问用户数也加 1。当某用户离开或者会话超时后会发生 Session_End 事件，在该事件中将在线人数减 1。

【例 7-1】对 Global.asax 文件进行配置，如图 7-1 和图 7-2 所示，通过用户登录过程访问 Global.asax 中的配置信息。

图 7-1 用户登录页面 Login.aspx

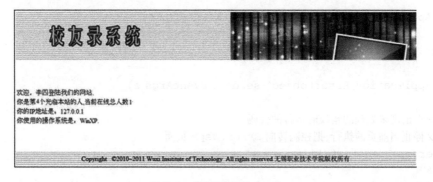

图 7-2 主页面 Main.aspx

1）新建空白解决方案 ex7_1.sln 与网站 ex7_1。
2）创建母版页。
3）用鼠标右键单击网站 ex7_1，在弹出的快捷菜单中选择"添加新项"命令，按图7-3所示进行设置，单击"添加"按钮。

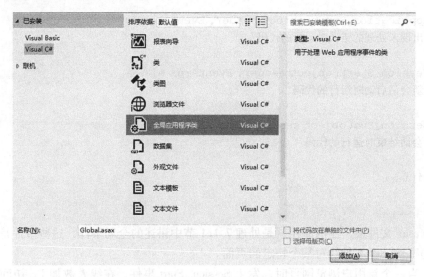

图7-3 添加 Global.asax 文件

4）打开 Global.asax 文件，编写代码如下：

```
<%@ Application Language="C#" %>
<script runat="server">
void Application_Start(object sender, EventArgs e)
{
    //在应用程序启动时运行的代码
    //初始化应用程序变量 UsersOnline 和 total
    //用于保存统计在线用户个数以及访问总数的存储信息,在应用程序范围的缓存的访问
    Application.Lock();
    Application["UsersOnline"] = 0;
    Application["total"] = 0;
    Application.UnLock();
}
void Application_End(object sender, EventArgs e)
{
    //  在应用程序关闭时运行的代码
}
void Application_Error(object sender, EventArgs e)
{
    //在出现未处理的错误时运行的代码
    //停止当前页的执行,把控制转向 Error.aspx 页面
    Server.Transfer("Error.aspx");
}
void Session_Start(object sender, EventArgs e)
{
```

```
//在新会话启动时运行的代码
//设置 Session 的会话间隔时间为 1 分钟有效
Session.Timeout = 1;
//锁定对 HttpApplicationState 变量的访问以促进访问同步
Application.Lock();
//用户个数统计的应用程序变量 UsersOnline 增加 1
Application["UsersOnline"] = (int)Application["UsersOnline"] + 1;
//用户总数增加 1
Application["total"] = (int)Application["total"] + 1;
//取消锁定对 HttpApplicationState 变量的访问以促进访问同步
Application.UnLock();
}
void Session_End(object sender, EventArgs e)
{
    //在会话结束时运行的代码
    //Session 结束时更新计数器和页面
    Application.Lock();
    Application["UsersOnline"] = (int)Application["UsersOnline"] - 1;
    Application.UnLock();
}
</script>
```

5) 用母版页创建页面 Login.aspx,在页面上添加表 7-1 所示控件。

表 7-1 Login.aspx 页面控件属性设置一览表

控 件	ID	Text	其他属性
Label1	Label1	用户名	
TextBox1	username		
Button1	Addbtn		

6) 编写 Login.aspx 页面按钮事件驱动程序。代码如下:

```
protected void Addbtn_Click(object sender, EventArgs e)
{
    String uname = this.username.Text.Trim();
    HttpCookie cookie1 = new HttpCookie("test1");
    cookie1["username"] = uname;
    Response.Cookies.Add(cookie1);
    Server.Transfer("main.aspx");
}
```

7) 用母版页创建页面 Main.aspx,在页面上添加表 7-2 所示控件。

表 7-2 Main.aspx 页面控件属性设置一览表

控 件	ID	Text	其他属性
Label1	Label1		
Label2	Label2		
Label3	Label3		
Label4	Label4		

8) 编写 Main.aspx 页面事件程序。代码如下：

```
protected void Page_Load(object sender, EventArgs e)
{
    //获得 cookie
    HttpCookie cookie1 = Request.Cookies["test1"];
    //确定是否存在用户输入的 cookie
    if(cookie1 == null)
    {
        Response.Write("没有发现指定的 cookie <br> <hr> ");
    }
    else
    {
        Label1.Text = "欢迎,<font color=blue>" + cookie1.Values["username"] + "</font>登录我们的网站.";
        Label2.Text = "你是第<font color=blue>" + Application["total"].ToString() + "</font>个光临本站的人,当前在线总人数<font color=blue>" + Application["UsersOnline"].ToString() + "</font>";
        Label3.Text = "你的 IP 地址是:<font color=blue>" + Request.UserHostAddress + "</font>";
        Label4.Text = "你使用的操作系统是:<font color=blue>" + Request.Browser.Platform + "</font>.";
    }
}
```

9) 设置 Login.aspx 为起始页，运行网站程序，效果如图 7-1 和图 7-2 所示。

7.2 配置 Web.config 文件

Web.config 文件是 Web 应用程序中的配置文件，它是 XML 格式的纯文本文件，用来保存 Web 应用程序特定的设置。配置是层次式的，在应用程序的根目录下或在其某个子目录下都可以存放该文件，但每个 Web.config 文件的作用域只是它所在的目录。子目录可以继承父目录的设置，并覆盖相同选项的设置。而每个应用程序的配置都会继承 Framework 安装文件夹下的 Machine.config 文件中的配置。

7.2.1 Web.config 文件的结构

Web.config 除了手动编辑以外，还可以使用 Web 管理工具来配置应用程序的设置。可以使用 Visual Studio 2012 中的"网站"菜单下的"ASP.NET 配置"命令。

Web.config 文件的基本结构如下：

```
<?xml version="1.0"?>
<configuration>
<appSettings></appSettings>
<system.web>
<compilation/>
<customErrors/>
<authentication/>
```

```
<trace/>
<sessionState/>
</system.web>
</configuration>
```

1) 所有的配置信息都写在 <configuration> 和 </configuration> 标签之间，而所有的 ASP.NET 配置信息都写在 <system.web> 和 </system.web> 标签之间。

2) 在 <appSettings> 和 </appSettings> 标签之间存放对应用程序的设置信息。

3) <compilation/> 用于配置 ASP.NET 使用的所有编译设置，设置 debug = "True"，可以启用对应用程序的调试；设置 debug = "False"，可以提高应用程序运行时的性能。

4) <customErrors/> 用于自定义错误信息，设置 customErrors mode = "On" 或 "RemoteOnly"，可以启用自定义错误信息，设置为 "Off" 可以禁用自定义错误信息。使用时为每个要处理的错误添加 <error> 标签。On 表示始终显示自定义错误信息，Off 表示不显示自定义错误信息，RemoteOnly 表示只把自定义错误显示在非服务器上的浏览器。

5) <authentication/> 用于设置应用程序的身份验证策略。身份验证模式有 Windows、Forms、Passport 和 None4 种。其中，None 不执行身份验证；Windows 使用 IIS 根据应用程序的设置执行身份验证，在 IIS 中必须禁用匿名访问；Forms 为用户提供一个输入凭据的自定义窗体，然后在应用程序中验证用户的身份；Passport 身份验证是通过 Microsoft 的集中身份验证服务执行的，它为成员站点提供单独登录和核心配置文件服务。

6) <trace/> 可以跟踪代码的执行，以便以后查看。这有助于使松散的编码变得紧密起来，并有利于更正错误。

7) <sessionState/> 中是关于会话信息的设置。

7.2.2 使用 Web.config 文件存放常量

在应用程序中常会用到一些常量信息，如连接数据库的字符串常量。当数据库位置变化或发生其他事件时，相应的数据库连接字符串也必须改变，当软件交付给用户后，某些文件的内容不能轻易修改，可以把这样的信息作为自定义的属性，写在应用程序的 Web.config 文件中。当需要修改时，只要修改 Web.config 配置文件，而不需要修改其他的程序文件。存放常量的语法格式如下：

```
<appSettings>
<add key = "常量名称" value = "常量的值">
</appSettings>
```

当需要在某个文件中使用这些常量信息时，可以采用 ConfigurationManager 类的 AppSettings 属性读取在 Web.config 文件中设置的自定义属性，语法格式如下：

```
ConfigurationManager.AppSettings["自定义常量名称"];
```

【例 7-2】演示读取 Web.config 文件中常量的代码。

1) 打开解决方案 ex7_1.sln 与网站 ex7_1。

2) 用鼠标右键单击网站 ex7_1，在弹出的快捷菜单中选择"添加新项"命令，按图 7-4 所示进行设置，单击"添加"按钮。

图 7-4 添加 Web.config 文件

3) 打开 Web.config 文件，编写代码如下：

```
<?xml version = "1.0" encoding = "utf-8"?>
<configuration>
  <appSettings>
   <add key = "WelStr" value = "您好！欢迎光临本站。"/>
  </appSettings>
  <connectionStrings/>
    <system.web>
      <!--
        设置 compilation debug = "true" 将调试符号插入已编译的页面中。但由于这会影响性能，因此只在开发过程中将此值设置为 true
      -->
      <compilation debug = "false" />
      <!--
        通过 <authentication> 可以配置 ASP.NET 使用的安全身份验证模式，以标识传入的用户
      -->
      <authentication mode = "Windows" />
      <!--
        如果在执行请求的过程中出现未处理的错误，则通过 <customErrors> 可以配置相应的处理步骤。具体来说，开发人员通过该节可以配置要显示的 html 错误页以代替错误堆栈跟踪，例如：
        <customErrors mode = "RemoteOnly" defaultRedirect = "GenericErrorPage.htm">
          <error statusCode = "403" redirect = "NoAccess.htm" />
          <error statusCode = "404" redirect = "FileNotFound.htm" />
        </customErrors>
      -->
    </system.web>
</configuration>
```

4) 用母版页创建页面 Webkey.aspx，在页面上添加 Label 控件。
5) 编写 Webkey.aspx 页面事件程序。代码如下：

```
protected void Page_Load(object sender, EventArgs e)
{
    String str = ConfigurationManager.AppSettings["WelStr"];
    Label1.Text = str;
}
```

6) 设置 Login.aspx 为起始页，运行效果如图 7-5 所示。可以看出页面中的文本来自于 Web.config 中的配置。

图 7-5 Web.config 常量访问页面

【例 7-3】在 Web.config 文件中定义数据库连接字符串 strCon，在网页程序中使用 strCon 连接数据库，用 ADO.NET 对象与 GridView 显示校友录用户表 tblcontact，如图 7-6 所示。

在第 6 章介绍数据库程序设计中，访问数据库时数据库的连接是定义在事件程序中的。例如，下面的程序是显示校友录的用户表信息，请先调试一下，然后把数据库的连接字符串配置在 Web.config 文件，这样统一配置后就很方便编程和修改。

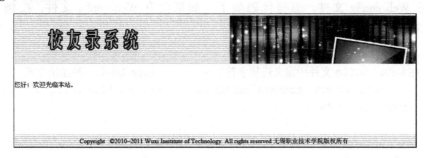

图 7-6 Web.config 定义数据库连接字符串

```
protected void Page_Load(object sender, EventArgs e)
{
    //定义数据库连接字符串
    string strCon = "Data Source=(local);Uid=sa;Pwd=sa;Database=Alumni_Sys";
    SqlConnection con = new SqlConnection(strCon);
    con.Open();
```

```
            string strSQL = "Select * from tblcontact ";
            SqlDataAdapter da = new SqlDataAdapter(strSQL, con);
            DataSet ds = new DataSet();
            da.Fill(ds, "list");
            GridView1.DataSource = ds;
            GridView1.DataBind();
        }
```

1）打开解决方案 ex7_1.sln 与网站 ex7_1。

2）打开 Web.config 文件，编写代码如下（如果没有 Web.config 文件，按例 7-2 添加 Web.config 文件）：

```
<connectionStrings>
<!--在 Web.config 文件中定义连接字符串 strCon。选择其中的一种连接方式
<add   name="strconn" connectionString="server=(local);Uid=sa;Pwd=sa;Database=Alumni_Sys"/>
    -->
<add name="strconn" connectionString="Data Source=(local);Uid=sa;Pwd=sa;Database=Alumni_Sys"/>
</connectionStrings>
```

3）用母版页创建页面 List.aspx，在页面上添加 GridView 控件，在页面加载事件中引用连接字符串 strCon 打开数据库 Alumni_Sys 与表 tblcontact，显示在 GridView1 控件上。

4）编写 List.aspx 页面事件程序。代码如下：

```
protected void Page_Load(object sender, EventArgs e)
{
    //读取 Web.config 文件中配置的连接字符串
    String strCon = ConfigurationManager.ConnectionStrings["strconn"].ConnectionString;
    SqlConnection con = new SqlConnection(strCon);
    con.Open();
    string strSQL = "Select * from tblcontact ";
    SqlDataAdapter da = new SqlDataAdapter(strSQL, con);
    DataSet ds = new DataSet();
    da.Fill(ds, "list");
    GridView1.DataSource = ds;
    GridView1.DataBind();
}
```

5）设置 List.aspx 为起始页，运行效果如图 7-6 所示。

7.2.3 网站的安全性配置

互联网中的许多网页只允许具有一定权限的用户访问，为此 ASP.NET 使用认证提供程序为 Web 应用程序实现身份验证，而这些认证提供程序可以通过对 Web.config 文件的配置来实现对网站的保护，这些认证提供程序包括 Windows 验证、Passport 验证、Form 验证。

1. Windows 验证

当应用程序中采用 Windows 验证时，用 IIS 来验证用户合法性。此处的合法用户是指具有

Windows 账号的用户。采用 Windows 验证的操作步骤如下：

1) 配置 Web.config 文件代码如下：

```
<system.web>
<authentication mode = "Windows"/>
</system.web>
```

2) 配置 IIS Web 站点。

2. Passport 验证

Passport 验证是 Microsoft 公司提供的一种集中式的身份验证服务，采用 Microsoft Passport 护照服务，这种验证需要向微软支付费用并下载 Passport SDK。

3. Form 验证

Form 验证提供一种灵活的验证方式，这种验证方式将用户名与密码信息存储在数据库或其他地方，并在应用程序中提供一个登录页面，没有通过身份验证的用户访问任何页面时，都会被系统引导到该登录页面，用户正确登录后，将在客户机上创建一个 Cookie，使用户可以继续访问其他页面。

用户验证配置在 Web.config 文件中的 <authentication> 与 </authentication> 标签之间，语句格式如下：

```
<authentication mode = "Form|Passport|Windows|None">
<forms
    loginUrl = "Url"    //未通过验证或超时后重定位的页面URL,一般为默认登录页面地址
    name = "Name"    //Cookie 对象名称
    path = "\"       //验证Cookie的路径,默认值为"\"
    protection = "All|Encryption|None|Validation"
    //All 表示使用数据加密与数据有效性验证,Encryption 表示对 Cookie 内容进行加密验证,
None 表示不使用验证,Validation 表示对 Cookie 内容进行有效性验证
    timeout = "time"    //指定 Cookie 的失效时间,默认值为30分钟
>
<credentials passwordFormat = "Clear|MD5|SHA1">    //Clear 表示不使用加密,MD5
使用 MD5 哈希算法加密,SHA1 使用 SHA1 哈希算法加密。
<user name = "UserName" password = "PassWord"/>
</forms>
<passport redirectUrl = "Url"/>    //用户验证失败后,重定向的页面地址,一般为登录页面
地址
</authentication>
```

例如，设置 Forms 验证模式，使用数据加密与数据有效性验证，超时 30 秒或验证不通过时重定向到 Login.aspx 页面的语句：

```
<authentication mode = "Forms">
    <forms loginUrl = "login.aspx" protection = "All" path = "\" timeout = "30"/>
</authentication>
```

上述语句将禁止用户从网站的非登录页面登录网站。

4. 在 Web.config 文件中配置用户授权

在网站安全性中，身份验证通常不是单独使用的，而是和授权一起使用。对不同用户授予

不同的访问权限，从而有效地保证合法用户的利益。用户授权的操作方法如下：

```
<system.web>
<authorization>
<allow users="允许访问用户名"/>
<deny users="禁止访问用户名"/>
</authorization>
</system.web>
```

其中，用户名可以是用户列表、匿名用户"?"或者所有用户"*"。例如，禁止匿名登录，定位路径为images，然后允许所有用户登录的语句如下：

```
<authorization>
      <deny users="?"/>    //禁止匿名登录
</authorization>
...
<location path="images">
          <system.web>
              <authorization>
               <allow users="*"/>
               </authorization>
           </system.web>
      </location>
```

7.2.4 Web.config 文件的其他配置

1. <appSettings>

格式：

`<appSettings><add key="ErrPage" value="Error.aspx"/></appSettings>`
含义：定义了一个错误重定向页面。

2. <compilation>

格式：

```
<compilation
 defaultLanguage="C#"
 debug="True"
/>
```

default language：定义后台代码语言，可以选择C#和VB.NET两种语言。

debug：True 表示启动 aspx 调试，False 表示不启动 aspx 调试，因而可以提高应用程序运行时的性能。一般程序员在开发时设置为True，交给客户时设置为False。

3. <customErrors>

格式：

```
<customErrors
 mode="RemoteOnly"
 defaultRedirect="error.aspx"
  <error statusCode="440" redirect="err440page.aspx"/>
  <error statusCode="500" redirect="err500Page.aspx"/>
```

/>

mode：具有 On、Off 和 RemoteOnly 3 种状态。On 表示始终显示自定义的信息；Off 表示始终显示详细的 ASP.NET 错误信息；RemoteOnly 表示只对不在本地 Web 服务器上运行的用户显示自定义信息。

defaultRedirect：用于出现错误时重定向的 URL 地址。

redirect：错误重定向的 URL。

7.3 ASP.NET 应用程序的部署

ASP.NET 应用程序部署可以使用 Visual Studio 2012 的复制项目功能进行部署。利用复制项目功能可以将 Web 工程复制到同一服务器中、其他服务器中或者 FTP 中。

使用复制项目功能进行部署时，仅仅是将文件复制到目的路径中去，并不执行任何的编译操作。因此部署前请确认应用程序已经被编译过了。

为了部署到 Web 服务器，必须具有对该计算机的管理访问特权。如果使用了 System.Data 命名空间的任何类，就需要在目标服务器上安装有 Microsoft 的数据访问组件 MDAC2.7 或者更高版本，否则应用程序将运行失败。

7.3.1 使用 Visual Studio.NET 中的发布工具部署

网站完成以后，可以将网站部署到计算机上。可以直接将文件复制到目标计算机上，附加数据库，再配置 IIS 来实现。

下面使用 Visual Studio 2012 自带的发布功能工具对网站进行发布。

【例 7-4】使用 Visual Studio 2012 的发布功能，对通讯录网站进行发布。

1）打开校友录解决方案 ex7_1.sln 与网站 ex7_1。

2）用鼠标右键单击网站 ex7_1，在弹出的快捷菜单中选择"发布网站"命令，打开"发布网站"对话框，如图 7-7 所示。

图 7-7　发布网站

3）在目标位置文本框中选择发布目录位置，如 C:\inetpub\wwwroot，单击"确定"按钮后开始发布，如图 7-8 所示。

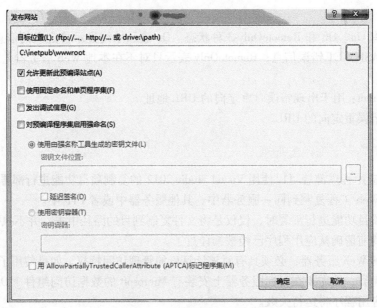

图7-8 选择发布目录位置

4)发布结束后,打开发布目标,得到网站需要发布的资源文件,其中包括所有网页文件(.aspx)、图片文件、CSS 文件等,但不包括源代码文件(.cs)。

5)打开 IIS,用鼠标右键单击网站,在弹出的快捷菜单中选择"添加网站"命令,打开"添加网站"对话框,填写网站名称,在物理路径中选择前面发布的路径 C:\inetpub\wwwroot,单击"确定"按钮,如图 7-9 所示。

图7-9 "添加网站"对话框

6) 单击"校友录"站点,选择"功能视图"选项,再选择"默认文档",如图 7-10 所示。设置"文档"为 Login.aspx,单击"确定"按钮。

图 7-10 设置默认文档

7) 在 IE 浏览器中输入本机 IP 地址(127.0.0.1),则可浏览校友录网页。

7.3.2 使用 Web 安装项目部署

将网站部署到计算机上,除了直接将文件复制到目标计算机上,附加数据库,再配置 IIS 来实现外,还可以使用专用的打包工具来实现。下面使用 Visual Studio 2012 自带的工具对网站进行发布、打包和安装(详细操作见工作任务)。

工作任务

观看视频

工作任务 19 网站的安全认证与授权

1. 项目描述

本工作任务用于创建校友录网站系统的网站安全认证与授权(见图 7-12)。

2. 相关知识

本项目的实施,需要了解网站的安全认证与授权的相关知识以及 Web.config 的配置方法。

3. 项目设计

本项目先进行 Windows 验证,然后进行 Form 验证,最后进行权限配置。

4. 项目实施

1) 打开解决方案 ex6_1.sln。

2) 在 Web.config 文件中进行如下配置:

```
<system.web>
<authentication mode = "Windows" />
</system.web>
```

3) 配置 IIS Web 站点。

打开 IIS,单击"Web 站点",选择"功能视图"选项,再选择"身份验证",如图 7-11 所示。

图 7-11 IIS 身份验证

用鼠标右键单击"Windows 身份验证",在弹出的快捷菜单中选择"启用"命令,如图 7-12 所示。

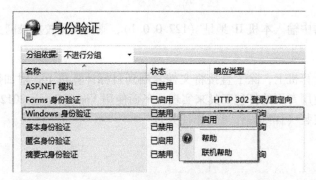

图 7-12 Windows 身份验证

如果没有打开"Windows 身份验证"功能,则选择"控制面板"→"程序和功能"→"打开或关闭 Windows 功能"命令,选中"Windows 身份验证"复选框,如图 7-13 所示。

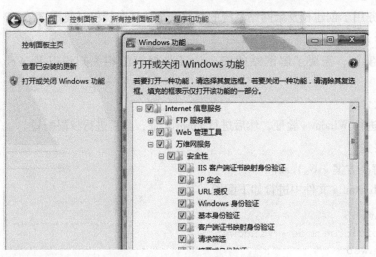

图 7-13 打开 Windows 身份验证

设置了"Windows 身份验证"后,当运行网站时,就会弹出如图 7-14 所示的对话框,在该对话框中可以进行身份验证。

图 7-14 网站认证窗口

4）为 Windows 添加用户。

选择"控制面板"→"用户账号"→"管理其他账号"命令，用鼠标右键单击"用户"，在弹出的快捷菜单中选择"创建一个新账号"命令，就可以添加新用户，如图 7-15 所示。

图 7-15 创建新账号

5）Form 验证配置。

在 Web.config 文件中进行如下配置：

```
<authentication mode="Forms">
    <forms loginUrl="Login.aspx" protection="All" path="\" timeout="30"/>
</authentication>
```

该配置使用 Forms 验证模式，使用数据加密与数据有效性验证，超时 30 秒或验证不通过时重定向到 Login.aspx 页面。

6）在 Web.config 文件中配置用户授权，禁止匿名登录。代码如下：

```
<authorization>
    <deny users="?"/>
</authorization>
```

5．项目测试

运行网站，使用新建的 Windows 用户登录，测试页面能否正常运行；使用 Form 验证，在没有通过 Login.aspx 进行用户登录验证前，单击所有页面将跳转回 Login.aspx。

观看视频

工作任务 20　校友录系统部署

1．项目描述

本工作任务用于创建校友录网站系统的系统部署。

2．相关知识

本项目的实施,需要了解网站的系统部署的常用方法。

3．项目设计

本项目先进行发布部署,然后进行安装部署。

4．项目实施

1) 在 Visual Studio 2012 中使用 InstallShield Limited Edition for Visual Studio 工具对网站进行打包。如果没有安装,则需安装 InstallShield Limited Edition for Visual Studio,如图 7-16 所示。

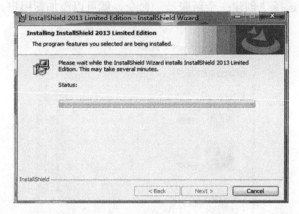

图 7-16　安装 InstallShield Limited Edition for Visual Studio

2) 打开解决方案 ex6_1.sln,新建安装和部署项目,如图 7-17 所示。

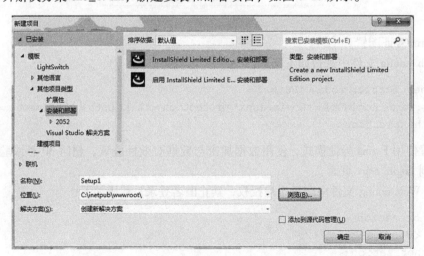

图 7-17　新建安装和部署项目

3) 单击"确定"按钮后,按向导根据实际情况填写程序基本信息如图 7-18 所示。

4) 单击"General Information"后,弹出如图 7-19 所示的页面,在其中设置为中文(简体),设置默认安装路径,修改默认字体等内容。

5)单击"Installation Requirements"后,弹出如图 7-20 所示的页面(要求选择 .NET Framework 4.5)。

6)单击"Installation Architecture"后,弹出如图 7-21 所示的页面,不要改动,按默认设置。

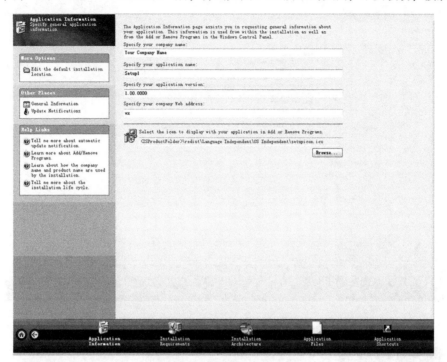

图 7-18 填写程序基本信息

图 7-19 General Information

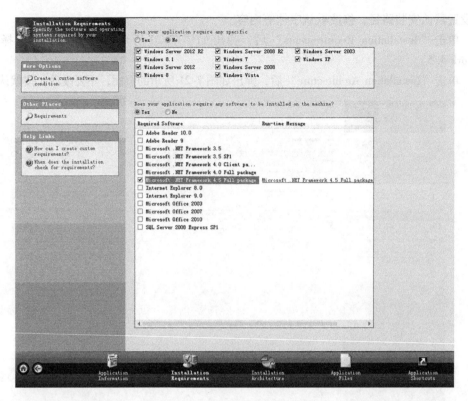

图 7-20 Installation Requirements

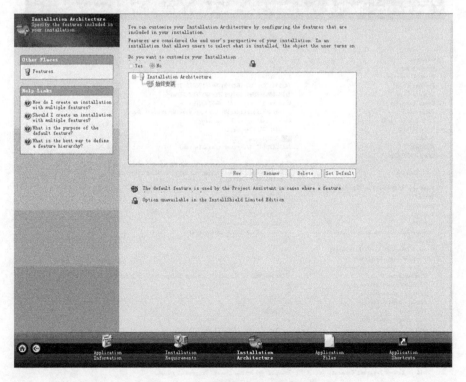

图 7-21 Installation Architecture

7）单击"Application Files"后，弹出如图 7-22 所示的页面，添加要打包的文件。

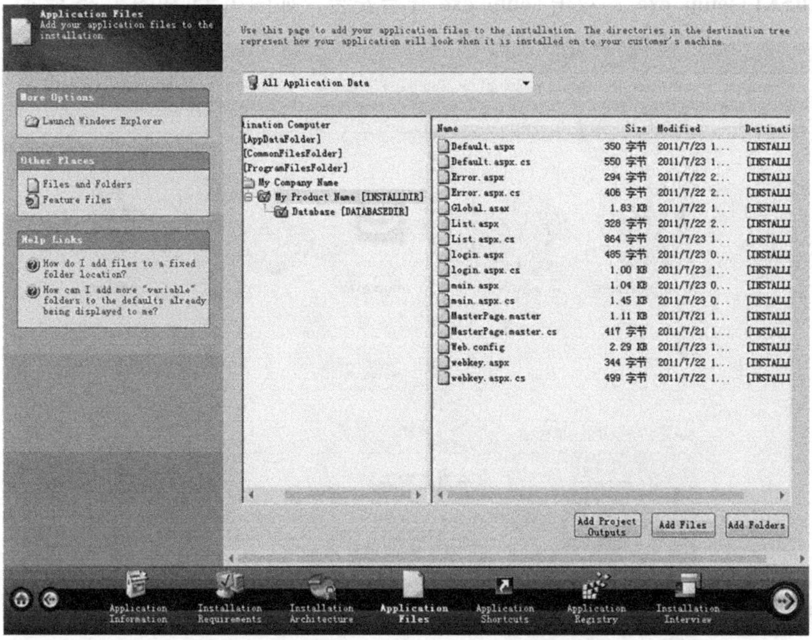

图 7-22 Application Files

8）选中解决方案，单击"Prepare for Release"，双击"Releases"，选择"SingleImage"，在"Setup.exe"选项卡中的"InstallShield Prerequisites Location"下拉列表中选择"Extract From Setup.exe"选项，如图 7-23 所示。

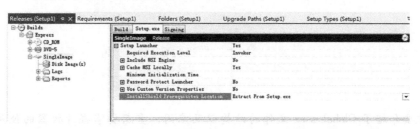

图 7-23 InstallShield Prerequisites Location

9）单击"开始"按钮，弹出如图 7-24 所示的对话框，单击"是"按钮开始打包。

图 7-24 确认开始生成安装文件

10）打包后的程序地址为 C:\Inetpub\wwwroot\Setup1\Setup1\Setup1\Express\CD_ROM\DiskImages\DISK1\setup.exe 。双击 setup.exe 开始安装，如图 7-25 和图 7-26 所示。

图 7-25　安装文件

图 7-26　开始安装

本章小结

本章主要介绍了 Global.asax 文件的结构以及应用，重点要掌握计数器的使用。在掌握 Web.config 文件的结构的基础上，学会使用常量的读取、连接字符串的统一配置等内容。最后讲述了项目完成后进行发布、生成和安装的过程。

习题 7

1. 默认安装中，IIS 服务器的发布目录被安装在_____目录下。
2. 在 ASP.NET 中连接字符串的统一配置在_____中。
3. 网站中的 Global.asax 文件（如果有）必须放在应用程序的_____下。
4. Web.config 是一个 XML 文档，它的根元素是_____。
5. 在应用程序启动时运行的事件是_____。
6. 当一个网站有用户下线时，会触发什么事件 _____。
7. 配置 ASP.NET 使用的安全身份验证模式是放在_____中，用户授予不同的访问权限是放在_____中。

8. Web.config 中设置自定义常量是在自＿＿＿＿＿＿＿中。

实训 7　图书管理系统的部署与安全性配置

1. 打开解决方案 ex6_1.sln。使用 Visual Studio 2012 对图书管理系统网站进行发布，如图 7-27 所示。

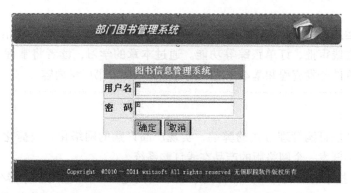

图 7-27　图书管理系统网站登录页面

2. 打包成功后在 Debug 文件夹中双击 setup.exe 即可完成安装，如图 7-28 所示。

图 7-28　安装文件

第 8 章 综合案例——产品在线订购系统

本章将综合运用前面所学内容，创建一个产品在线订购系统，支持产品信息管理、库存管理、在线订购、在线审批、订单跟踪等功能。通过本章的学习，读者将掌握一个独立的 Web 网站从设计到实现的开发流程和基本方法，同时全面巩固全书所学内容。

8.1 开发环境与开发工具

为解决传统产品订购管理方式的弊端，实现产品订购的网络化、快捷化、可追踪化的要求，现要求设计和开发一个网络版的产品在线订购系统。

随着 Internet 技术的发展，本产品订购系统采用浏览器/Web 应用服务器/数据库服务器体系，即 B/S 结构。B/S 结构由表示层、服务层与数据库层组成。表示层将数据库信息以网页格式表示，用 Web 浏览器实现，所以也称为浏览器层；服务层安装有 IIS Web 服务器，提供浏览器的互联网访问接口和应用系统的运行平台，是表示层与数据库层的中间接口；数据库层安装 SQL Server 2012 数据库管理系统并存储数据，接收来自服务层的应用请求，并按标准格式返回数据信息。

本系统使用 Visual C# 2012 开发 Web 应用程序，SQL Server 2012 作为后台数据库管理系统，前后台数据库的连接则采用 ADO.NET 和分层开发技术。

8.2 系统需求分析

8.2.1 总体需求

产品在线订购系统包括查询产品、订购产品、审核订单、查询跟踪订单、产品库存管理等处理情况，简化的系统需求情况如下。

1）可以随时查询出产品的详细情况，如产品价格、产品介绍、产品类别和产品图片等，便于客户订购。

2）客户订购产品后由其负责的销售经理进行订单审核，再交由系统管理员统一进行审核，审核通过后派发物流。

3）为了唯一标识每一个客户、销售经理和管理员，该系统需要为每个用户进行信息注册，包括以下信息：用户登录名、登录密码、真实姓名、联系方式等。

4）管理员可以对产品信息等进行维护，对产品进行库存管理，包括出库、入库、库存盘点等。

8.2.2 业务分析

系统角色：客户、销售经理、系统管理员。

1. 客户

客户可以查询产品的详细情况，选购产品后加入购物车，确认购买后生成订单，并指派收货人信息；可以随时查看自己订单的目前状态；可以进行个人信息维护和收货人信息维护。

2. 销售经理

销售经理可以进行自己所辖客户的信息管理，审核客户待批订单，查询自己负责的订单的信息，查看产品的库存信息以便进行客户订单的审批。

3. 管理员

管理员的职责范围包括维护工作和日常管理。维护工作分为客户信息管理、用户管理、物流公司管理；日常管理有产品管理、库存管理、审核销售经理待批订单、查询所有订单信息等。

8.2.3 非功能性需求

系统管理人员 2 人，用户数在 500 人以内。在线用户数达 100 人左右，并发用户数 5 人。

单用户查询操作请求响应时间一般不大于 2 秒，最长不大于 5 秒。在 Windows 操作系统平台下运行，系统在工作日 8 小时运行，停机时间不超过 2%。

系统界面友好，易于使用，并提供联机帮助功能。

8.2.4 功能分析

在对需求进行分析的基础上，提出产品在线订购系统的功能如下，如图 8-1 所示。

1) 基本信息维护：包括用户管理、客户信息管理、物流公司管理。

2) 库存管理：包括产品入库、产品出库、库存盘点。

3) 产品管理：包括产品添加、修改和删除，产品类别添加、修改和删除。

4) 个人中心：包括个人信息维护、密码修改、订单状态查询。

说明："订单状态查询"这一功能根据角色不同功能有所不同。对于顾客，可以查看自己提交订单的当前状态（待批准、已批准、被拒绝）；对于销售经理，可以查看自己待审批订单和已审批订单的详细情况；对于管理员，可以查看待处理订单、已处理订单、已完成订单的详细情况。

5) 产品在线订购：顾客在线选择产品后生成订单。

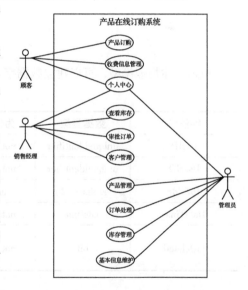

图 8-1 产品在线订购系统用例图

6) 审批订单：销售经理对其负责的顾客进行订单的审批（给出"同意"或"不同意"的审批意见）。

7) 处理订单：管理员对所有已经审批过的订单进行处理（给出"发货"或"取消发货"的处理意见）。

8.3 数据结构设计

8.3.1 物理模型设计

根据需求分析的结果，采用设计工具软件进行物理模型的设计，如图 8-2 所示。

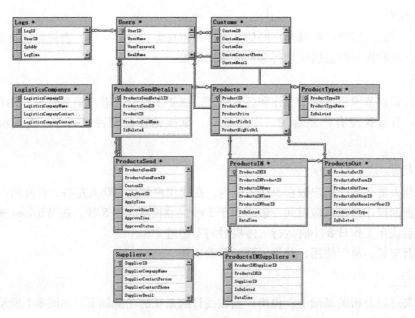

图 8-2 产品在线订购系统的物理模型

8.3.2 数据字典

根据上述物理模型,可以建立数据字典,见表 8-1~表 8-12。

表 8-1 登录日志表 Logs

字段名	数据类型	为空性	含义	注释
LogID	uniqueidentifier	not null	日志编号	主键
UserID	uniqueidentifier	not null	登录用户编号	外键
IpAddr	varchar(32)	null	登录 IP 地址	
DataTime	datetime	not null	登录时间	
IsDeleted	bit	not null	删除标记	0 表示未删除 1 表示删除

表 8-2 用户表 Users

字段名	数据类型	为空性	含义	注释
UserID	uniqueidentifier	not null	登录用户编号	主键
UserName	varchar(50)	not null	登录用户名	
UserPassword	varchar(32)	null	登录密码	
RealName	nvarchar(50)	not null	真实姓名	
ContactPhone	varchar(50)	null	联系电话	
UserRole	bit	not null	用户角色	0 表示管理员 2 表示销售经理 3 表示顾客

（续）

字段名	数据类型	为空性	含 义	注 释
FatherUserID	uniqueidentifier	null	销售经理用户编号（只有当用户为顾客时才需要设置值）	外键
IsDeleted	bit	not null	删除标记	0 表示未删除 1 表示删除
DataTime	datetime	not null	创建时间	

表 8-3 客户（收货人）信息表 Customs

字段名	数据类型	为空性	含 义	注 释
CustomID	uniqueidentifier	not null	客户（收货人）编号	主键
CustomName	nvarchar(50)	not null	客户（收货人）姓名	
CustomSex	bit		性别	
CustomContactPhone	varchar(50)	null	联系电话	
CustomEmail	varchar(50)	not null	Email	
CustomAddress	nvarchar(50)	null	收货地址	
IsDeleted	bit	not null	删除标记	0 表示未删除 1 表示删除
UserID	uniqueidentifier	not null	归属用户编号	外键
DataTime	datetime	not null	创建时间	

表 8-4 物流公司表 LogisticsCompany

字段名	数据类型	为空性	含 义	注 释
LogisticsCompanyID	uniqueidentifier	not null	物流公司编号	主键
LogisticsCompanyName	nvarchar(50)	not null	物流公司名称	
LogisticsCompanyContactPerson	nvarchar(50)	null	联系人	
LogisticsCompanyContactPhone	nvarchar(50)	null	联系电话	
IsDeleted	bit	not null	删除标记	0 表示未删除 1 表示删除
DataTime	datetime	not null	创建时间	

表 8-5 产品类别表 ProductTypes

字段名	数据类型	为空性	含义	注释
ProductTypeID	uniqueidentifier	not null	产品类别编号	主键
ProductTypeName	nvarchar(50)	not null	产品类别名称	
IsDeleted	bit	not null	删除标记	0 表示未删除 1 表示删除

表 8-6 产品表 Products

字段名	数据类型	为空性	含义	注释
ProductID	uniqueidentifier	not null	产品编号	主键
ProductName	nvarchar(50)	not null	产品名称	
ProductPrice	decimal(18,2)	null	产品价格	
Product PicUrl	varchar(50)	null	产品缩略图地址	
Product BigPicUrl	varchar(50)	null	产品大图地址	
ProductIntro	nvarchar(500)	null	产品介绍	
ProductTypeID	uniqueidentifier	not null	产品类别编号	外键
IsDeleted	bit	not null	删除标记	0 表示未删除 1 表示删除
DataTime	datetime	not null	创建时间	

表 8-7 产品入库表 ProductsIN

字段名	数据类型	为空性	含义	注释
ProductsINID	uniqueidentifier	not null	产品入库编号	主键
ProductsINProductID	uniqueidentifier	not null	产品编号	外键
ProductsINNums	int	null	入库数量	
ProductsINTime	datetime	null	入库时间	
ProductsINUserID	uniqueidentifier	not null	入库经办人用户编号	外键
IsDeleted	bit	not null	删除标记	0 表示未删除 1 表示删除
DataTime	datetime	not null	创建时间	

表 8-8 入库产品经销商表 ProductsINSupplier

字段名	数据类型	为空性	含义	注释
ProductINSupplierID	uniqueidentifier	not null	入库产品经销商编号	主键
ProductsINID	uniqueidentifier	not null	入库产品编号	外键
SupplierID	uniqueidentifier	not null	经销商编号	外键
IsDeleted	bit	not null	删除标记	0 表示未删除 1 表示删除
DataTime	datetime	not null	创建时间	

表 8-9 经销商表 Suppliers

字段名	数据类型	为空性	含义	注释
SupplierID	uniqueidentifier	not null	经销商编号	主键
SupplierCompanyName	nvarchar(50)	not null	经销商姓名	
SupplierContactPerson	varchar(50)	null	联系人	
SupplierContactPhone	varchar(50)	null	联系电话	
SupplierEmail	varchar(50)	null	Email	
SupplierAddress	nvarchar(50)	null	地址	
SupplierCompanyIntro	Text	null	公司介绍	
IsDeleted	bit	not null	删除标记	0 表示未删除 1 表示删除

表 8-10 产品出库表 ProductsOut

字段名	数据类型	为空性	含义	注释
ProductsOutID	uniqueidentifier	not null	产品出库编号	主键
ProductsOutFormID	varchar(50)		出库凭证号	
ProductsOutTime	datetime	null	出库时间	
ProductsOutUserID	uniqueidentifier	not null	出库经办人用户编号	外键
ProductsOutReceiverUserID	uniqueidentifier	null	出库接收人用户编号	外键
ProductsOutType	int	not null	出库类型	
IsDeleted	bit	not null	删除标记	0 表示未删除 1 表示删除

表 8-11 产品发货表 ProductsSend

字段名	数据类型	为空性	含义	注释
ProductsSendID	uniqueidentifier	not null	产品发货流水编号	主键
ProductsSendFormID	varchar(50)	not null	发货凭证号	
CustomID	uniqueidentifier	null	客户（收货人）编号	外键
ApplyUserID	uniqueidentifier	not null	购买人编号	外键
ApplyTime	uniqueidentifier	null	购买时间	外键
ApproveUserID	int	null	审批经理编号	
ApproveTime	datetime	null	审批时间	
ApproveStatus	int		审批状态	
SendUserID	uniqueidentifier	null	送货员编号	外键
SendTime	datetime	null	送货时间	
ReceiveTime	datetime	null	收货时间	

(续)

字段名	数据类型	为空性	含 义	注 释
LogisticsCompanyID	uniqueidentifier	null	物流公司编号	外键
LogisticsFormID	varchar(50)	null	物流单号	
IsDeleted	bit	not null	删除标记	0 表示未删除 1 表示删除
CustomReceiveAddr	nvarchar(100)	null	收货地址	
CustomReceivePerson	nvarchar(100)	null	收货人	
Remark	nvarchar(500)	null	备注	

表 8-12 产品发货详情表 ProductsSend

字段名	数据类型	为空性	含 义	注 释
ProductsSendDetailID	uniqueidentifier	not null	产品发货详情编号	主键
ProductsSendID	uniqueidentifier	not null	产品发货流水编号	外键
ProductID	uniqueidentifier	not null	产品编号	外键
ProductsSendNums	int	not null	发货数量	
IsDeleted	bit	not null	删除标记	0 表示未删除 1 表示删除

8.4 系统实现

本节将详细介绍产品在线订购系统的实现，包括数据操作类的创建与实现、实体类的创建，以及各 Web 窗体的设计与实现。

首先启动 Visual Studio 2012，新建空白解决方案 ProductBook.sln，在解决方案中新建网站 ProductBook_Web。

8.4.1 数据库操作类

因为几乎所有页面都涉及数据库的访问，所以把访问数据库的操作抽象成一个独立的公共类 DataBaseOperator.cs。

1）在 Web.config 配置文件中设置数据库连接字符串信息。代码如下：

```
<appSettings>
    <add key="CS" value="Data Source=.;Initial Catalog=ProductBook;persist security info=False;Trusted_Connection=yes;Connect Timeout=500"/>
</appSettings>
```

2）在"解决方案资源管理器"中，为项目添加 ASP.NET 文件夹 App_Code，在该文件夹中添加一个类文件 DataBaseOperator.cs，在该类中实现对数据库的操作。代码如下：

```
using System;
using System.Collections.Generic;
using System.Linq;
using System.Web;
```

```csharp
using System.Data;
using System.Data.SqlClient;
public class DataBaseOperator
{
    private SqlConnection _SqlConn = null;
    private SqlCommand _SqlCmd;
    private SqlDataAdapter _SqlDad;
    private DataTable _SqlDtbl;
    private string _ConnStr;
    public DataBaseOperator()
    {
        _ConnStr = System.Configuration.ConfigurationSettings.AppSettings["CS"];
    }
    //打开数据库连接
    public void OpenDb()
    {
        if(_SqlConn == null)
        {
            _SqlConn = new SqlConnection();
            _SqlConn.ConnectionString = _ConnStr;
        }
        if(_SqlConn.State == ConnectionState.Closed)
        {
            _SqlConn.Open();
        }
    }

    //关闭数据库连接并释放资源
    public void CloseDb()
    {
        if(_SqlConn.State == ConnectionState.Open)
        {
            _SqlConn.Close();
        }
        _SqlConn.Dispose();
    }
    //根据SQL语句和参数执行insert、update、delete语句
    public int ExcuteSQL(String sqlStr, params SqlParameter[] value)
    {
        try
        {
            OpenDb();
            _SqlCmd = new SqlCommand(sqlStr, _SqlConn);
            if(value.Length > 0)
            {
                foreach(SqlParameter o in value)
                {
                    _SqlCmd.Parameters.Add(o);
```

```csharp
            }
        }
            return _SqlCmd.ExecuteNonQuery();
        }
        catch(Exception e)
        {
            string str = e.Message;
            return -1;
        }
        finally
        {
            CloseDb();
        }
    }
    //根据 SQL 语句执行 insert、update、delete 语句
    public int ExcuteSQL(String sqlStr)
    {
        try
        {
            OpenDb();
            _SqlCmd = new SqlCommand(sqlStr, _SqlConn);
            return _SqlCmd.ExecuteNonQuery();
        }
        catch(Exception e)
        {
            string str = e.Message;
            return -1;
        }
        finally
        {
            CloseDb();
        }
    }
    //根据 SQL 语句和参数执行 Select 语句,返回 DataTable
    public DataTable GetDataTable(string sqlstr, params SqlParameter[] value)
    {
        try
        {
            OpenDb();
            _SqlCmd = new SqlCommand(sqlstr, _SqlConn);
            if(value.Length > 0)
            {
                foreach(SqlParameter o in value)
                {
                    _SqlCmd.Parameters.Add(o);
                }
            }
```

```
            _SqlDtbl = new DataTable();
            _SqlDad = new SqlDataAdapter(_SqlCmd);
            _SqlDad.Fill(_SqlDtbl);
        }
        catch(Exception e)
        {
            string str = e.Message;
        }
        finally
        {
            CloseDb();
        }
        return _SqlDtbl;
    }
}
```

8.4.2 数据实体类

在产品订购系统中的操作可分为3类：一类是针对用户的，一类是针对产品的，还有一类是针对订单的。所以，要把用户、产品和订单等信息分别封装成不同的实体类。

以产品实体类为例，在 App_Code 目录中添加类文件 Product.cs，在该类中添加 Product 表中所需的私有成员变量，定义相应的公共属性来访问这些私有变量。代码如下：

```
public class Products
{
    private Guid _productid;
    private string _productname;
    ...
    public Guid ProductID
    {
        set { _productid = value; }
        get { return _productid; }
    }
    public string ProductName
    {
        set { _productname = value; }
        get { return _productname; }
    }
    ...
}
```

8.4.3 实体操作类

与产品实体相关的操作主要包括以下几个方面：
1) 添加新产品信息
2) 更新产品信息
3) 删除产品信息
4) 根据指定条件（如产品名、产品类别等）实现产品信息、产品详细信息的查询。

产品实体操作类 ProductsOperator.cs 的参考代码如下:

```csharp
public class ProductsOperator
{
    private DataBaseOperator _DataBaseOperator;
    private SqlParameter[] ParamList;
    //添加产品信息
    public bool InsertProducts(Products product)
    {
        Pub pub = new Pub();
        ParamList = new SqlParameter[8];
        bool insertStatus = false;
        string sqlStr = "insert into Products(ProductID,ProductName,ProductPrice,ProductPicUrl,ProductIntro,ProductTypeID,IsDeleted,ProductBigPicUrl)";
        sqlStr = sqlStr + " values(@ProductID,@ProductName,@ProductPrice,@ProductPicUrl,@ProductIntro,@ProductTypeID,@IsDeleted,@ProductBigPicUrl)";
        pub.AddParams(DbType.Guid, "@ProductID", product.ProductID, 0, ParamList);
        pub.AddParams(DbType.String, "@ProductName", product.ProductName, 1, ParamList);
        pub.AddParams(DbType.Decimal, "@ProductPrice", product.ProductPrice, 2, ParamList);
        pub.AddParams(DbType.String, "@ProductPicUrl", product.ProductPicUrl, 3, ParamList);
        pub.AddParams(DbType.String, "@ProductIntro", product.ProductIntro, 4, ParamList);
        pub.AddParams(DbType.Guid, "@ProductTypeID", product.ProductTypeID, 5, ParamList);
        pub.AddParams(DbType.Int32, "@IsDeleted", product.IsDeleted, 6, ParamList);
        pub.AddParams(DbType.String, "@ProductBigPicUrl", product.ProductBigPicUrl, 7, ParamList);
        if (_DataBaseOperator.ExcuteSQL(sqlStr, ParamList) > 0)
        {
            insertStatus = true;
        }
        return insertStatus;
    }
    //更新产品信息
    public bool UpdateProducts(Products product)
    {
        Pub pub = new Pub();
        ParamList = new SqlParameter[7];
        bool updateStatus = false;
        string sqlStr = "update Products set ProductName=@ProductName,ProductPrice=@ProductPrice,ProductPicUrl=@ProductPicUrl,ProductIntro=@ProductIntro,ProductTypeID=@ProductTypeID,ProductBigPicUrl=@ProductBigPicUrl where ProductID
```

```csharp
=@ ProductID";
            pub.AddParams(DbType.Guid, "@ ProductID", product.ProductID, 0, ParamList);
            pub.AddParams(DbType.String, "@ ProductName", product.ProductName, 1, ParamList);
            pub.AddParams(DbType.Decimal, "@ ProductPrice", product.ProductPrice, 2, ParamList);
            pub.AddParams(DbType.String, "@ ProductPicUrl", product.ProductPicUrl, 3, ParamList);
            pub.AddParams(DbType.String, "@ ProductIntro", product.ProductIntro, 4, ParamList);
            pub.AddParams(DbType.Guid, "@ ProductTypeID", product.ProductTypeID, 5, ParamList);
            pub.AddParams(DbType.String, "@ ProductBigPicUrl", product.ProductBigPicUrl, 6, ParamList);
            if(_DataBaseOperator.ExcuteSQL(sqlStr, ParamList) > 0)
            {
                updateStatus = true;
            }
            return updateStatus;
        }
        //删除产品信息
        public bool DeleteProduct(Products product)
        {
            Pub pub = new Pub();
            ParamList = new SqlParameter[1];
            bool deleteStatus = false;
            string sqlStr = "update Products set IsDeleted =1 where  ProductID =@ ProductID";
            pub.AddParams(DbType.Guid, "@ ProductID", product.ProductID, 0, ParamList);
            if(_DataBaseOperator.ExcuteSQL(sqlStr, ParamList) > 0)
            {
                deleteStatus = true;
            }
            return deleteStatus;
        }
        //根据名称、价格区间、类型等查询产品信息
        public DataTable QueryProducts( string productName, string productPrice, string productTypeID,bool isFile)
        {
            string productNameStr = "";
            double priceMinStr = 0;
            double priceMaxStr = 0;
            string typeStr = "";
            productNameStr = "'% " + productName + "% '";
            if(productPrice = = "0")
```

```csharp
        {
            priceMinStr = 0;
            priceMaxStr = 100000000;
        }
        else if(productPrice == "1")
        {
            priceMinStr = 0;
            priceMaxStr = 50;
        }
        else if(productPrice == "2")
        {
            priceMinStr = 50;
            priceMaxStr = 100;
        }
        else if(productPrice == "3")
        {
            priceMinStr = 100;
            priceMaxStr = 200;
        }
        else if(productPrice == "4")
        {
            priceMinStr = 200;
            priceMaxStr = 400;
        }
        else
        {
            priceMinStr = 400;
            priceMaxStr = 100000000;
        }
        typeStr = "'%" + productTypeID + "%'";
        string sqlStr = "select * from Products where ProductName like " + productNameStr + "and ProductPrice between" + priceMinStr.ToString() + "and" + priceMaxStr.ToString() + "and ProductTypeID like" + typeStr + "and IsDeleted = 0";
        if(isFile)
        {
            sqlStr += " and ProductTypeID = '45660b8e-bf51-4562-88aa-53a0a1016c6c' ";
        }
        else
        {
            sqlStr += " and ProductTypeID != '45660b8e-bf51-4562-88aa-53a0a1016c6c' ";
        }
        return _DataBaseOperator.GetDataTable(sqlStr);
    }
    //查询所有产品信息
    public DataTable QueryProducts()
```

```csharp
        {
            string sqlStr = "select * from Products where IsDeleted = 0";
            return _DataBaseOperator.GetDataTable(sqlStr);
        }
        //根据产品名称、产品类型编号模糊查询产品信息
        public DataTable QueryProductsByProductNameOrProductTypeID(string productName, string productTypeId)
        {
            string sqlStr = "select * from Products where IsDeleted = 0";
            if (productName != "")
            {
                sqlStr += " and ProductName like '% " + productName + "%'";
            }
            if (productTypeId != "")
            {
                sqlStr += " and ProductTypeID ='" + productTypeId + "'";
            }
            return _DataBaseOperator.GetDataTable(sqlStr);
        }
        //根据产品类型查询产品信息
        public DataTable QueryProductsByProductType(ProductTypes productType)
        {
            Pub pub = new Pub();
            ParamList = new SqlParameter[1];
            string sqlStr = "select * from Products where ProductTypeID = @ProductTypeID and IsDeleted = 0";
            pub.AddParams(DbType.Guid, "@ProductTypeID", productType.ProductTypeID, 0, ParamList);
            return _DataBaseOperator.GetDataTable(sqlStr, ParamList);
        }
        // 查询产品详细信息
        public DataTable QueryProductsDetail()
        {
            string sqlStr = "select ProductID,ProductName,ProductPrice,ProductPicUrl,ProductBigPicUrl,ProductIntro,ProductTypeName from Products left join ProductTypes on Products.ProductTypeID = ProductTypes.ProductTypeID where Products.IsDeleted = 0 order by Products.DataTime desc";
            return _DataBaseOperator.GetDataTable(sqlStr);
        }
        // 根据选中的产品查询该产品信息
        public DataTable QueryProduct(Products product)
        {
            Pub pub = new Pub();
            ParamList = new SqlParameter[1];
            string sqlStr = "select * from Products where  ProductID = @ProductID and IsDeleted = 0";
            pub.AddParams(DbType.Guid, "@ProductID", product.ProductID, 0, Param-
```

```
List);
        return _DataBaseOperator.GetDataTable(sqlStr, ParamList);
    }
    //根据选中的产品查询该产品详细信息
    public DataTable QueryProductDetail(Products product)
    {
        Pub pub = new Pub();
        ParamList = new SqlParameter[1];
        string sqlStr = "select ProductID,ProductName,ProductPrice,ProductPi-
cUrl,ProductBigPicUrl,ProductIntro,ProductTypeName from Products left join Pro-
ductTypes on Products.ProductTypeID=ProductTypes.ProductTypeID where ProductID =
@ ProductID and Products.IsDeleted = 0";
        pub.AddParams(DbType.Guid, "@ ProductID", product.ProductID, 0, Param-
List);
        return _DataBaseOperator.GetDataTable(sqlStr, ParamList);
    }
}
```

8.4.4 产品在线订购系统登录页面

1. 页面设计

产品在线订购系统登录页面 LoginPage.aspx 如图 8-3 所示。在该页面中输入用户名和密码，验证输入是否正确。登录成功时获取用户身份，根据 3 种不同的身份权限（客户、销售经理和管理员）跳转到不同的主页面。

图 8-3 产品在线订购系统登录页面

2. 后台代码

```
//登录按钮单击事件代码
protected void btnLogin_Click(object sender, EventArgs e)
{
    string username = txtUserName.Text.Trim();
    string password =
    System.Web.Security.FormsAuthentication.HashPasswordForStoringInConfigFile(tx-
tPassWord.Text.Trim(), "MD5");   //数据库中密码用 MD5 加密,此处将输入的密码也进行 MD5 加密
    Users user = new Users();
    user.UserName = username;
    user.UserPassword = password;
    UsersOperator usersOperator = new UsersOperator();
```

```csharp
            DataTable dtbl = usersOperator.QueryUserByUserNameAndPassword(user);
            if(dtbl.Rows.Count > 0)
            {
                Int32 userRole = Convert.ToInt32(dtbl.Rows[0]["UserRole"].ToString());
                Session["UserID"] = dtbl.Rows[0]["UserID"].ToString();
                Session["UserRole"] = userRole;
                InsertLog();
                switch (userRole)
                {   //用户角色为"管理员"时
                    case (Int32)UserRoleEnum.Admin:
                        Response.Redirect("AdminMain.html");
                        break;
                    //用户角色为"销售经理"时
                    case (Int32)UserRoleEnum.SaleManager:
                        Response.Redirect("SaleManagerMain.html");
                        break;
                    //用户角色为"客户"时
                    case (Int32)UserRoleEnum.Customer:
                        Response.Redirect("CustomerMain.html");
                        break;
                }
            }
            else
            {
                Response.Write("<script>alert('用户名或密码错误,请重新登录。');window.location='LoginPage.aspx';</script>");
            }
        }
        //将成功登录的信息存入日志表中
        private void InsertLog()
        {
            LogOperator logOperator;
            Log log = new Log
            {
                LogID = Guid.NewGuid(),
                LogTime = DateTime.Now,
                IpAddr = Request.UserHostAddress,
                UserID = new Guid(Session["UserID"].ToString()),
                IsDeleted = 0
            };
            logOperator = new LogOperator();
            logOperator.InsertLog(log);
        }
        //重置按钮单击事件代码
        protected void btnReset_Click(object sender, EventArgs e)
        {
            txtUserName.Text = "";
```

```
    txtPassWord.Text = "";
    txtUserName.Focus();
}
```

8.4.5 产品在线订购系统主页面

不同用户权限的用户进入产品在线订购系统后，系统将呈现出不同的主界面，图 8-4～图 8-6 分别是以客户、销售经理和管理员身份进入的系统主页面，左侧的菜单项分别列出了每类角色的系统功能菜单。

图 8-4 客户主界面

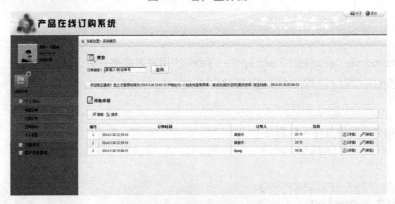

图 8-5 销售经理主界面

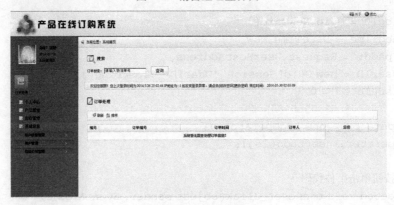

图 8-6 管理员主界面

1. 页面总体设计

考虑到每类用户的主界面有所不同，所以产品在线订购系统没有采用统一的母版页进行设计。每个主界面均是采用了框架结构实现，这里以管理员主界面 AdminMain.html 为例，介绍页面的设计思路。

管理员主界面由上（AdminTop.html）、左（AdminLeft.aspx）、右（AdminRight.aspx）3 个框架构成，页面代码参考如下：

```
<frameset rows="88,*" cols="*" frameborder="no" border="0" framespacing="0">
    <frame src="AdminTop.html" name="topFrame" scrolling="No" noresize="noresize" id="topFrame"/>
    <frameset rows="*" cols="250,*" framespacing="0" frameborder="no" border="0">
        <frame src="AdminLeft.aspx" name="leftFrame" scrolling="No" noresize="noresize" id="leftFrame"/>
        <frame src="AdminRight.aspx" name="mainFrame" id="mainFrame"/>
    </frameset>
</frameset>
```

2. 左侧 AdminLeft.aspx 页面设计

左侧页面包括用户登录信息、订单处理提示图标和功能菜单，这里介绍功能菜单的设计。

```
<div class="arrowlistmenu">
    <div class="menuheader expandable">个人中心</div>
    <ul class="categoryitems" style="display: none;">
        <li><a href="AdminNeedToProcessOrder.aspx" target="mainFrame">待处理订单</a></li>
        <li><a href="AdminHaveProcessOrder.aspx" target="mainFrame">已处理订单</a></li>
        <li><a href="AdminHaveReceiveOrder.aspx" target="mainFrame">已完成订单</a></li>
        <li><a href="UserPasswordMod.aspx" target="mainFrame">密码修改</a></li>
        <li><a href="UserPic.aspx" target="mainFrame">个人设置</a></li>
    </ul>
    <div class="menuheader expandable">产品管理</div>
    <ul class="categoryitems" style="display: none;">
        <li><a href="ProductManage.aspx" target="mainFrame">产品管理</a></li>
        <li><a href="ProductTypeManage.aspx" target="mainFrame">类型管理</a></li>
        <li><a href="SupplierManage.aspx" target="mainFrame">供应商管理</a></li>
    </ul>
    <div class="menuheader expandable">库存管理</div>
```

```
        <ul class = "categoryitems" style = "display: none;" >
        <li > <a href = "AdminProductIn.aspx" target = "mainFrame" >入库记录</a ></li >
        <li > <a href = "AdminProductOut.aspx" target = "mainFrame" >出库记录</a ></li >
        <li > <a href = "ProductInManage.aspx" target = "mainFrame" >产品入库</a ></li >
        <li > <a href = "ProductRemain.aspx" target = "mainFrame" >当前库存</a ></li >
        </ul >
        <div class = "menuheader expandable" >基础信息</div >
        <ul class = "categoryitems" style = "display: none;" >
        <li > <a href = "AdminCustoms.aspx" target = "mainFrame" >客户信息管理</a ></li >
        <li > <a href = "UsersManage.aspx" target = "mainFrame" >用户管理</a ></li >
        <li > <a href = "LogisticsCompanyManage.aspx" target = "mainFrame" >物流公司管理</a ></li >
        </ul >
</div >
```

3. 右侧 AdminRight.aspx 页面设计

右侧 AdminRight.aspx 页面包括订单搜索栏目、用户登录日志信息、订单处理 GridView3 部分。在 Visual Studio 2012 中的设计页面如图 8-7 所示。

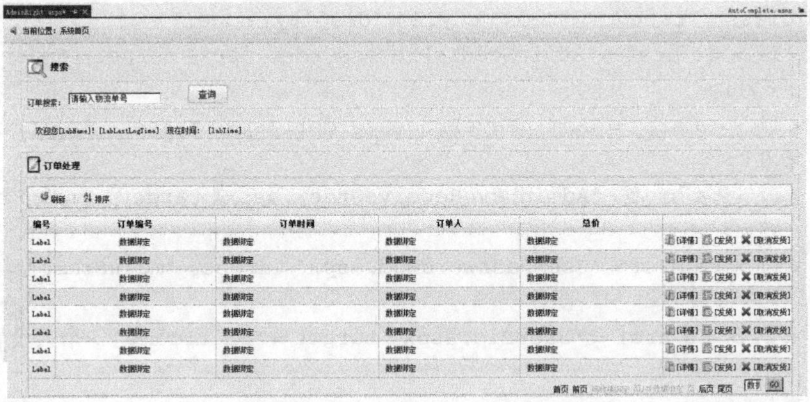

图 8-7 管理员主界面右侧部分页面设计

8.4.6 产品在线订购功能实现

产品在线订购系统包含的功能比较多，由于篇幅限制，在本节将围绕"顾客选择产品→加入购物车→生成订单→销售经理审批订单→管理员处理订单"这一完整的订购业务流程展开叙述。

1. 顾客选择产品

顾客选择产品页面 CustomerProductSelect.aspx 的运行界面如图 8-8 所示。

第 8 章 综合案例——产品在线订购系统

图 8-8 顾客选择产品页面

该页面按产品类型、产品名称、产品价格区间查询产品，并使用 DataList 数据绑定控件来实现产品信息显示，单击任意一件产品进入到产品详细信息页面 CustomerProductSelectDetail.aspx。

参考代码如下：

```
//页面加载事件
protected void Page_Load(object sender, EventArgs e)
{
    if(! IsPostBack)
    {
        DataInit();
        if(Request["productTypeID"]! = null)
            dpLstProductTypes.SelectedValue = Request.QueryString["productTypeID"].ToString();
        if(Request["productPrice"]! = null)
            dpLstProductPrice.SelectedValue = Request.QueryString["productPrice"].ToString();
        if (Request["productName"]! = null)
            txtProductName.Text = Request.QueryString["productName"].ToString();
        GDBind();
        ShowProductStore();
        ShowProductCount();
    }
}
//产品类别绑定
private void DataInit()
{
    ProductTypesOperator productTypesOperator = new ProductTypesOperator();
    DataTable dtbl = productTypesOperator.QueryProductTypesNotContainFiles();
```

```csharp
            dpLstProductTypes.DataSource = dtbl;
            dpLstProductTypes.DataTextField = "ProductTypeName";
            dpLstProductTypes.DataValueField = "ProductTypeID";
            dpLstProductTypes.DataBind();
            dpLstProductTypes.Items.Insert(0, new ListItem("请选择", ""));
    }
    //产品信息绑定程序
    private void GDBind()
    {
        string productTypeID = dpLstProductTypes.SelectedValue;
        string productPrice = dpLstProductPrice.SelectedValue;
        string productName = txtProductName.Text.Trim();
        ProductsOperator productsOperator = new ProductsOperator();
         DataTable dtbl = productsOperator.QueryProducts(productName, productPrice, productTypeID,false);;
        PagedDataSource ObjPgs = new PagedDataSource();
        ObjPgs.DataSource = dtbl.DefaultView;
        ObjPgs.AllowPaging = true;
        ObjPgs.PageSize = 8;
        Int32 CurPage, PageCount;
        PageCount = ObjPgs.PageCount;
        if(Request.QueryString["Page"] ! = null)
            CurPage = Convert.ToInt32(Request.QueryString["Page"]);
        else
            CurPage = 1;
        if (CurPage > PageCount)
        {
            CurPage = PageCount;
        }
        ObjPgs.CurrentPageIndex = CurPage - 1;
        ProductDataLst.DataSource = ObjPgs;
        ProductDataLst.DataBind();
        if(! ObjPgs.IsFirstPage)
        {
            ((HyperLink)this.ProductDataLst.Controls[ProductDataLst.Controls.Count - 1].FindControl("First")).NavigateUrl = "? Page =1&productTypeID =" + productTypeID + "&productPrice =" + productPrice + "&productName =" + productName;
            ((HyperLink)this.ProductDataLst.Controls[ProductDataLst.Controls.Count - 1].FindControl("Pre")).NavigateUrl = "? Page =1&productTypeID =" + productTypeID + "&productPrice =" + productPrice + "&productName =" + productName;
        }
        else
        {
            ((HyperLink)this.ProductDataLst.Controls[ProductDataLst.Controls.Count - 1].FindControl("First")).Enabled = false;
            ((HyperLink)this.ProductDataLst.Controls[ProductDataLst.Controls.
```

```csharp
Count - 1].FindControl("Pre")).Enabled = false;
        }
        if(! ObjPgs.IsLastPage)
        {
            ((HyperLink)this.ProductDataLst.Controls[ProductDataLst.Controls.
Count - 1].FindControl("Next")).NavigateUrl = "? Page = " + Convert.ToString
(CurPage + 1) + " &productTypeID = " + productTypeID + " &productPrice = " +
productPrice + "&productName = " + productName;
            ((HyperLink)this.ProductDataLst.Controls[ProductDataLst.Controls.
Count - 1].FindControl("Last")).NavigateUrl = "? Page = " + PageCount.ToString()
+ " &productTypeID = " + productTypeID + " &productPrice = " + productPrice + "
&productName = " + productName;
        }
        else
        {
            ((HyperLink)this.ProductDataLst.Controls[ProductDataLst.Controls.
Count - 1].FindControl("Next")).Enabled = false;
            ((HyperLink)this.ProductDataLst.Controls[ProductDataLst.Controls.
Count - 1].FindControl("Last")).Enabled = false;
        }
        ((Label)this.ProductDataLst.Controls[ProductDataLst.Controls.Count - 1].
FindControl("PerPage")).Text = "<font color = '#43860c'>第" + CurPage.ToString() + "
页/共" + PageCount.ToString() + "页</font>";
    }
    //显示产品库存量函数
    private void ShowProductStore()
    {
        ProductStoreOperator productStoreOperator = new ProductStoreOperator();
        List<ProductStore> lst = productStoreOperator.GetProductStore();
        if(lst.Count > 0)
        {
            for(int i = 0; i <= lst.Count - 1; i++)
            {
                ProductStore productStore = lst[i];
                int nums = productStore.ProductStoreNums;
                Guid productID = productStore.ProductID;
                for(int j = 0; j <= ProductDataLst.Items.Count - 1; j++)
                {
                    Label labProductID = (Label)ProductDataLst.Items[j].FindControl
("labProductID");
                    Label labProductNum = (Label)ProductDataLst.Items[j].FindControl
("labProductNum");
                    Guid productIDLab = new Guid(labProductID.Text);
                    if(productID == productIDLab)
                    {
                        labProductNum.Text = nums.ToString();
```

```
                }
            }
        }
    }
    //显示购物车数量函数
    private void ShowProductCount()
    {
        Int32 count = 0;
        if(Session["ProductLst"] != null)
        {
            List<ProductSelect> lst = (List<ProductSelect>)Session["ProductLst"];
            if(lst.Count > 0)
            {
                for(Int32 i = 0; i <= lst.Count - 1; i++)
                {
                    count += lst[i].ProductNums;
                }
            }
            labCount.Text = count.ToString();
        }
    }
    //"查询"按钮单击事件
    protected void btnQuery_Click(object sender, EventArgs e)
    {
        GDBind();
        ShowProductStore();
        ShowProductCount();
    }
```

2. 加入购物车

加入购物车页面 CustomerProductSelectDetail.aspx 的运行界面如图 8-9 所示。

图 8-9 加入购物车页面

参考代码如下：

```csharp
public string _ProductPicUrl = "Img/nopic.jpg";
//页面加载事件
protected void Page_Load(object sender, EventArgs e)
{
    if(! IsPostBack)
    {
        string productID = Request.QueryString["ProductID"].ToString();
        ViewState["ProductID"] = productID;
        DataInit(productID);
        ShowProductCount();
    }
}
//根据传入的产品编号,显示该产品的详细信息
private void DataInit(string productID)
{
    Products product = new Products();
    product.ProductID = new Guid(productID);
    ProductsOperator productsOperator = new ProductsOperator();
    DataTable dtbl = productsOperator.QueryProductDetail(product);
    if (dtbl.Rows.Count > 0)
    {
        labProductName.Text = dtbl.Rows[0]["ProductName"].ToString();
        labProductPrice.Text = dtbl.Rows[0]["ProductPrice"].ToString();
        labProductTypeName.Text = dtbl.Rows[0]["ProductTypeName"].ToString();
        labProductIntro.Text = dtbl.Rows[0]["ProductIntro"].ToString();
        _ProductPicUrl = dtbl.Rows[0]["ProductBigPicUrl"].ToString();
    }
    ProductStoreOperator productStoreOperator = new ProductStoreOperator();
    Int32 productStorNums = productStoreOperator.GetProductStoreByProductID(product);
    labStoreNums.Text = productStorNums.ToString();
}
//显示购物车产品数量的函数
private void ShowProductCount()
{
    …    //与前一个页面中函数完全相同
}
//"加入购物车"按钮单击事件程序
protected void btnSave_Click(object sender, EventArgs e)
{
    List<ProductSelect> lst;
    if(Session["ProductLst"] ! = null)
    {
        lst = (List<ProductSelect>)Session["ProductLst"];
```

```csharp
            if(lst.Count > 0)
            {
                bool have = false;
                for(int i = 0; i <= lst.Count - 1; i++)
                {
                    if(lst[i].ProductID == new Guid(ViewState["ProductID"].ToString()))
                    {
                        have = true;
                        Response.Write("<script>alert('该产品已经加入过购物车');window.location='CustomerProductHaveSelect.aspx';</script>");
                        break;
                    }
                }
                if(have == false)
                {
                    lst.Add(new ProductSelect { ProductID = new Guid(ViewState["ProductID"].ToString()), ProductName = labProductName.Text, ProductTypeName = labProductTypeName.Text, ProductNums = Convert.ToInt32(txtNumber.Text), ProductPrice = Convert.ToDouble(labProductPrice.Text) });
                    Response.Write("<script>alert('加入购物车成功!');window.location='CustomerProductHaveSelect.aspx';</script>");
                }
            }
            else
            {
                lst.Add(new ProductSelect { ProductID = new Guid(ViewState["ProductID"].ToString()), ProductName = labProductName.Text, ProductTypeName = labProductTypeName.Text, ProductNums = Convert.ToInt32(txtNumber.Text), ProductPrice = Convert.ToDouble(labProductPrice.Text) });
                Response.Write("<script>alert('加入购物车成功!');window.location='CustomerProductHaveSelect.aspx';</script>");
            }
        }
        else
        {
            lst = new List<ProductSelect>();
            lst.Add(new ProductSelect { ProductID = new Guid(ViewState["ProductID"].ToString()), ProductName = labProductName.Text, ProductTypeName = labProductTypeName.Text, ProductNums = Convert.ToInt32(txtNumber.Text), ProductPrice = Convert.ToDouble(labProductPrice.Text) });
            Session["ProductLst"] = lst;
            Response.Write("<script>alert('加入购物车成功!');window.location='CustomerProductHaveSelect.aspx';</script>");
        }
    }
```

3. 生成订单

生成订单页面 CustomerProductHaveSelect.aspx 的运行界面如图 8-10 所示。

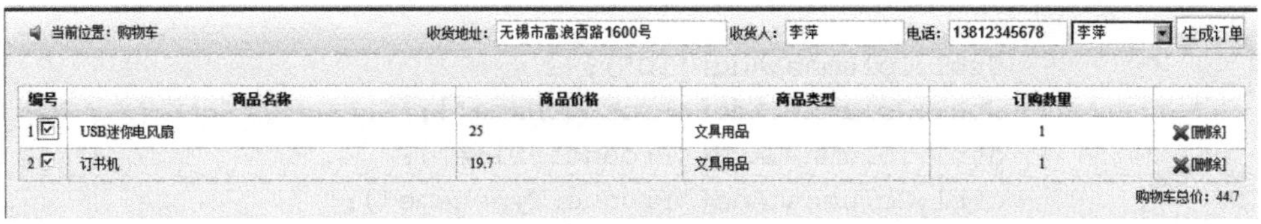

图 8-10　生成订单页面

该页面中通过 GridView 控件显示了购物车中的产品订购信息，输入收货信息后单击"生成订单"按钮即可实现产品订购。

参考代码如下：

```
//页面加载事件
protected void Page_Load(object sender, EventArgs e)
{
    if(! IsPostBack)
    {
        GDBind();
        CustomsBind();
        DelProduct();
    }
}
//绑定购物车信息至 GridView
private void GDBind()
{
    if(Session["ProductLst"] ! = null)
    {
        List < ProductSelect > lst = (List < ProductSelect > )Session["ProductLst"];
        if(lst.Count > 0)
        {
            GDView.DataSource = lst;
            GDView.DataBind();
            for(Int32 i = 0; i < = GDView.Rows.Count - 1; i + +)
            {
                Label Lab = (Label)GDView.Rows[i].FindControl("LabelID");
                Lab.Text = Convert.ToString(i + 1);
            }
            double money = 0;
            for(int i = 0; i < = lst.Count - 1; i + +)
            {
                money = money + lst[i].ProductPrice * lst[i].ProductNums;
            }
            lab.Text = "购物车总价:" + money.ToString();
        }
        else
```

```csharp
            {
                DataTable dtbl = Pub.ListToDataTable(lst);
                if(dtbl.Rows.Count == 0)
                {
                    dtbl.Columns.Add("ID");
                    dtbl.Columns.Add("ProductName");
                    dtbl.Columns.Add("ProductPrice");
                    dtbl.Columns.Add("ProductTypeName");
                    dtbl.Columns.Add("ProductNums");
                    dtbl.Columns.Add("ProductID");
                }
                GDView.DataSource = dtbl;
                GDView.DataBind();
                Pub pub = new Pub();
                pub.DataTalbeFormatRow(GDView, dtbl, "系统暂无购物信息!");
            }
        }
        else
        {
            DataTable dtbl = new DataTable();
            if(dtbl.Rows.Count == 0)
            {
                dtbl.Columns.Add("ID");
                dtbl.Columns.Add("ProductName");
                dtbl.Columns.Add("ProductPrice");
                dtbl.Columns.Add("ProductTypeName");
                dtbl.Columns.Add("ProductNums");
                dtbl.Columns.Add("ProductID");
            }
            GDView.DataSource = dtbl;
            GDView.DataBind();
            Pub pub = new Pub();
            pub.DataTalbeFormatRow(GDView, dtbl, "系统暂无购物信息!");
        }
    }
    //绑定该顾客的已有收货人
    private void CustomsBind()
    {
        Users user = new Users();
        user.UserID = new Guid(Session["UserID"].ToString());
        CustomsOperator customsOperator = new CustomsOperator();
        DataTable dtbl;
        if(Session["UserRole"].ToString() == "4")
        {
            //dtbl = customsOperator.QueryCustomBySaleIDAreaManage(user);
            dtbl = customsOperator.QueryCustomBySaleID(user);
        }
        else
```

```csharp
            }
            dtbl = customsOperator.QueryCustomBySaleID(user);
        }
        dpCustomsLst.DataSource = dtbl;
        dpCustomsLst.DataTextField = "CustomName";
        dpCustomsLst.DataValueField = "CustomID";
        dpCustomsLst.DataBind();
        dpCustomsLst.Items.Insert(0, new ListItem("请选择客户", ""));
    }
    //删除购物车中的产品
    private void DelProduct()
    {
        if(Request["DelId"] != null)
        {
            string productID = Request.QueryString["DelId"].ToString();
            Products product = new Products();
            product.ProductID = new Guid(productID);
            if(Session["ProductLst"] != null)
            {
                List<ProductSelect> lst = (List<ProductSelect>)Session["ProductLst"];
                if(lst.Count > 0)
                {
                    for(Int32 i = 0; i <= lst.Count - 1; i++)
                    {
                        if(lst[i].ProductID == new Guid(productID))
                        {
                            bool success = lst.Remove(lst[i]);
                            if(success == true)
                            {
                                Response.Write("<script>alert('删除成功,请返回!');window.location='CustomerProductHaveSelect.aspx';</script>");
                            }
                            else
                            {
                                Response.Write("<script>alert('删除失败,请返回!');</script>");
                            }
                            break;
                        }
                    }
                }
            }
        }
    }
    //"生成订单"按钮单击事件
    protected void btnSave_Click(object sender, EventArgs e)
    {
```

```csharp
            string chkStr = GetChkStr();
            string[] chkStrArray;
            if(dpCustomsLst.SelectedValue == "")
            {
                Response.Write("<script>alert('请选择客户！');window.location='CustomerProductHaveSelect.aspx';</script>");
                return;
            }
            if(chkStr == "")
            {
                Response.Write("<script>alert('您尚未选择产品！');window.location='CustomerProductHaveSelect.aspx';</script>");
                return;
            }
            else
            {
                chkStrArray = chkStr.Split(',');
            }
        Guid productsSendID = Guid.NewGuid();
        ProductsSend productsSend = new ProductsSend
        {
            ProductsSendID = productsSendID,
            ProductsSendFormID = "",
            CustomID = new Guid(dpCustomsLst.SelectedValue),
            ApplyUserID = new Guid(Session["UserID"].ToString()),
            ApplyTime = DateTime.Now,
            ApproveStatus = 0,
            IsDeleted = 0,
            CustomReceiveAddr = txtContactAddr.Text,
            CustomReceivePerson = txtCustomReceivePerson.Text
        };
        ProductsSendOperator productsSendOperator = new ProductsSendOperator();
        if(productsSendOperator.InsertProductsSend(productsSend))
        {
            if(GDView.Rows.Count > 0)
            {
                for(int i = 0; i <= GDView.Rows.Count - 1; i++)
                {
                    if(((CheckBox)GDView.Rows[i].FindControl("chk")).Checked)
                    {
                        ProductsSendDetails productsSendDetails = new ProductsSendDetails
                        {
                            ProductsSendDetailID = Guid.NewGuid(),
                            ProductsSendID = productsSendID,
                            ProductsSendNums = int.Parse(GDView.Rows[i].Cells[4].Text),
                            ProductID = new Guid(GDView.Rows[i].Cells[5].Text),
```

```csharp
                            IsDeleted = 0
                        };
                        ProductsSendDetailsOperator productsSendDetailsOper-
ator = new ProductsSendDetailsOperator();
                        productsSendDetailsOperator.InsertProductsSendDetail
(productsSendDetails);
                    }
                }
                Session["ProductLst"] = null;
            }
            ModContactAddr();
            Guid customid = new Guid(dpCustomsLst.SelectedValue);
            Response.Write("<script>alert('生成订单成功!');window.location =
'CustomerProductHaveSelect.aspx';</script>");
        }
    }
    //将购物车选中产品写入字符串中,以此判断选择是否为空
    private string GetChkStr()
    {
      string chkStr = "";
      for(int i = 0; i <= GDView.Rows.Count - 1; i++)
      {
          if(((CheckBox)GDView.Rows[i].FindControl("chk")).Checked)
          {
              chkStr += GDView.Rows[i].Cells[5].Text + ",";
          }
      }
      if(chkStr != "")
          chkStr = chkStr.Substring(0, chkStr.Length - 1);
      return chkStr;
    }
    //计算购物车总额
    private double GetTotalMoney()
    {
        double money = 0;
        for(int i = 0; i <= GDView.Rows.Count - 1; i++)
        {
            money = money + Convert.ToDouble(GDView.Rows[i].Cells[2].Text) *
int.Parse(GDView.Rows[i].Cells[4].Text);
        }
        return money;
    }
    //更新收货人信息
    private void ModContactAddr()
    {
        Guid customid = new Guid(dpCustomsLst.SelectedValue);
        Customs custom = new Customs();
        custom.CustomID = customid;
```

```
            custom.CustomAddress = txtContactAddr.Text.Trim();
            custom.CustomReceivePerson = txtCustomReceivePerson.Text.Trim();
            custom.CustomContactPhone = txtPhone.Text.Trim();
            CustomsOperator customsOperator = new CustomsOperator();
            customsOperator.UpdateCustomAddr(custom);
        }
        //选择收货人
        protected void dpCustomsLst_SelectedIndexChanged(object sender, EventArgs e)
        {
            if(dpCustomsLst.SelectedValue != "")
            {
                Guid customid = new Guid(dpCustomsLst.SelectedValue);
                Customs custom = new Customs();
                custom.CustomID = customid;
                CustomsOperator customsOperator = new CustomsOperator();
                DataTable dtbl = customsOperator.QueryCustom(custom);
                if(dtbl.Rows.Count > 0)
                {
                    txtContactAddr.Text = dtbl.Rows[0]["CustomAddress"].ToString();
                    txtPhone.Text = dtbl.Rows[0]["CustomContactPhone"].ToString();
                    txtCustomReceivePerson.Text = dtbl.Rows[0]["CustomReceivePerson"].ToString();
                }
            }
            else
            {
                txtContactAddr.Text = "";
                txtPhone.Text = "";
                txtCustomReceivePerson.Text = "";
            }
            GDBind();
        }
```

4. 销售经理审批订单

销售经理审批订单的页面如图 8-11 所示。

图 8-11　销售经理审批订单页面

销售经理审批过程的参考代码如下:

```csharp
//页面加载事件
protected void Page_Load(object sender, EventArgs e)
{
    if(! IsPostBack)
    {
        ViewState["ProductsSendID"] = Request.QueryString["ProductsSendID"].ToString();
    }
}
//"保存"按钮单击事件
protected void btnSave_Click(object sender, EventArgs e)
{
    ProductsSendOperator productsSendOperator = new ProductsSendOperator();
    bool success = productsSendOperator.UpdateProductsSendApprove(new Guid(Session["UserID"].ToString()), Convert.ToInt32(radApprove.SelectedValue), new Guid(ViewState["ProductsSendID"].ToString()));
    if(success)
    {
        Response.Write("<script>alert('审批成功,请返回！');window.parent.location = 'SaleManagerNeedApproveOrder.aspx'; window.parent.parent.leftFrame.location ='SaleManagerLeft.aspx';</script>");
    }
    else
    {
        Response.Write("<script>alert('审批失败,请返回！');</script>");
    }
}
```

5. 管理员处理订单

管理员处理订单的页面如图 8-12 所示。

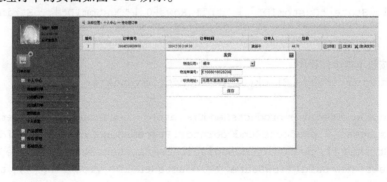

图 8-12　管理员处理订单页面

管理员对订单的处理分为发货与取消发货两种情况，这里选择"发货"进行代码编写：

```csharp
//页面加载事件
protected void Page_Load(object sender, EventArgs e)
{
    if(! IsPostBack)
```

```csharp
        {
            SysInit();
            ViewState["ProductsSendID"] = Request.QueryString["ProductsSendID"].ToString();
            DataInit();
        }
    }
    //绑定物流公司信息
    private void SysInit()
    {
        LogisticsCompanysOperator logisticsCompanysOperator = new LogisticsCompanysOperator();
        DataTable dtbl = logisticsCompanysOperator.QueryLogisticsCompanys();
        dpLogisticsCompanyLst.DataSource = dtbl;
        dpLogisticsCompanyLst.DataTextField = "LogisticsCompanyName";
        dpLogisticsCompanyLst.DataValueField = "LogisticsCompanyID";
        dpLogisticsCompanyLst.DataBind();
    }
    //根据订单编号获取送货地址信息
    private void DataInit()
    {
        ProductsSend productsSend = new ProductsSend();
        productsSend.ProductsSendID = new Guid(ViewState["ProductsSendID"].ToString());
        ProductsSendOperator productsSendOperator = new ProductsSendOperator();
        DataTable dtbl1 = productsSendOperator.QueryProductsSend(productsSend);
        if(dtbl1.Rows.Count > 0)
        {
            txtCustomReceiveAddr.Text = dtbl1.Rows[0]["CustomReceiveAddr"].ToString();
            ViewState["CustomID"] = dtbl1.Rows[0]["CustomID"].ToString();
        }
    }
    //"保存"按钮单击事件程序
    protected void btnSave_Click(object sender, EventArgs e)
    {
        ProductsSendOperator productsSendOperator = new ProductsSendOperator();
        bool success = productsSendOperator.ProcessSendOrder(new Guid(Session["UserId"].ToString()), new Guid(dpLogisticsCompanyLst.SelectedValue), txtLogisticsFormID.Text, new Guid(ViewState["ProductsSendID"].ToString()), txtCustomReceiveAddr.Text);
        if(success)
        {
            ModContactAddr();
            Response.Write("<script>alert('发货成功,请返回!');window.parent.location = 'AdminNeedToProcessOrder.aspx'; window.parent.parent.leftFrame.location ='AdminLeft.aspx';</script>");
```

```
    }
    else
    {
        Response.Write("<script>alert('发货失败,请返回！');</script>");
    }
}
```

8.5 案例开发小结

本章通过对真实的开发案例介绍，希望读者能领略到以下几点：

1）系统的开发设计是一个规范化的过程，需要遵循一定的方式、方法和开发设计步骤。

2）需求分析和数据结构设计非常重要，它是整个系统设计的中心，其设计是否合理将会决定整个系统是否能成功实现。

3）页面设计和代码同样重要，在页面的基础上可以使用数据绑定、ADO.NET、分层开发、Web 服务、Linq 等技术进行数据的访问与存取。

附 录

附录 A 校友录系统数据表结构

表 A-1 用户信息表 tblUser

序号	字段名	含义	类型	宽度	主键/外键	父表/主键	约束
1	User_Name	用户名	varchar	20	P		
2	User_Password	用户密码	varchar	20			
3	User_Role	用户权限	varchar	2			

注：在主键/外键栏中，主键用 P 表示，外键用 F 表示。

表 A-2 系部编码表 tblDepart

序号	字段名	含义	类型	宽度	主键/外键	父表/主键	约束
1	Dpt_Id	系部编码	varchar	10	P		
2	Dpt_Name	系部名称	varchar	20			
3	Dpt_Head	系主任	varchar	20			
4	Dpt_Photo	系部照片	varchar	100			

表 A-3 班级编码表 tblClass

序号	字段名	含义	类型	宽度	主键/外键	父表/主键	约束
1	Class_Id	班级编码	varchar	10	P		
2	Class_Name	班级名称	varchar	20			
3	Class_Enroll	入学年份	char	4			
4	Class_Length	学制	char	1			
5	Class_Num	班级人数	int				取值>0
6	Class_Head	班主任	varchar	10			
7	Class_Status	毕业标志	bit				
8	Class_Dept	系部编码	varchar	10	F	tblDepart/Dpt_Id	

表 A-4 性别编码表 tblSex

序号	字段名	含义	类型	宽度	主键/外键	父表/主键	约束
1	Sex_Id	性别编码	char	1	P		
2	Sex_Name	性别	varchar	10			

表 A-5 民族编码表 tblNation

序号	字段名	含义	类型	宽度	主键/外键	父表/主键	约束
1	Nation_Id	民族编码	char	2	P		
2	Nation_Name	民族	varchar	20			

表 A-6 政治面貌编码表 tblParty

序号	字段名	含义	类型	宽度	主键/外键	父表/主键	约束
1	Party_Id	政治面貌编码	char	2	P		
2	Party_Name	政治面貌	varchar	20			

表 A-7 籍贯编码表 tblNtvPlc

序号	字段名	含义	类型	宽度	主键/外键	父表/主键	约束
1	NtvPlc_Id	籍贯编码	char	6	P		
2	NtvPlc_Name	籍贯	varchar	20			

表 A-8 校友基本信息表 tblAlumni

序号	字段名	含义	类型	宽度	主键/外键	父表/主键	约束
1	Alu_No	校友编号	varchar	10	P		
2	Alu_Order	班内序号	varchar	2			
3	Alu_Name	姓名	varchar	50			
4	Alu_Enroll	入学年月	varchar	10			
5	Alu_Sex	性别	char	1	F	tblSex/Sex_Id	取值'1'~'2'
6	Alu_Birth	出生日期	dateTime				
7	Alu_Nation	民族	char	2	F	tblNation/Nation_Id	取值'01'~'99'
8	Alu_NtvPlc	籍贯	char	6	F	tblNtvPlc/NtvPlc_Id	
9	Alu_Party	政治面貌	char	2	F	tblParty/Party_Id	
10	Alu_Health	健康状况	varchar	50			
11	Alu_Skill	特长	varchar	50			
12	Alu_Card	身份证号	varchar	50			
13	Alu_Class	班级编码	varchar	10	F	tblClass/Class_Id	
14	Alu_ZipCode	邮编码	char	6			
15	Alu_Phone	家庭电话	varchar	50			
16	Alu_Addr	家庭住址	varchar	500			
17	Alu_Photo	校友照片	varchar	100			
18	Alu_Age	校友年龄	int				取值>0

表 A-9　校友通讯录表 tblContact

序号	字段名	含义	类型	宽度	主键/外键	父表/主键	约束
1	Cont_Id	编号	varchar	10	P		
2	Cont_Name	姓名	varchar	50			
3	Cont_Sex	性别	char	2			
4	Cont_BirthDay	出生日期	dateTime				
5	Cont_Email	Email	varchar	50			
6	Cont_Duty	职务	varchar	30			
7	Cont_Unit	工作单位	varchar	50			
8	Cont_Mobile	联系电话	varchar	30			
9	Cont_Address	联系地址	varchar	500			
10	Cont_Group	分组编号	char	1	F	tblGroup/Group_Id	
11	Cont_Class	所在班级	varchar	10	F	tblClass/Class_Id	

表 A-10　通讯录分组表 tblGroup

序号	字段名	含义	类型	宽度	主键/外键	父表/主键	约束
1	Group_Id	分组编号	char	1	P		
2	Group_Name	分组名	varchar	20			

表 A-11　公告信息表 tblNotice

序号	字段名	含义	类型	宽度	主键/外键	父表/主键	约束
1	Notice_Id	公告编号	int		P		
2	Notice_Title	公告标题	varchar	50			
3	Notice_Content	公告内容	varchar	Max			
4	Notice_Time	发布时间	dateTime				
5	Notice_Photo	公告图片	varchar	500			

附录 B　常用 HTML 标记

表 B-1　文件标记

标记名	功能
<html>	文件类型声明
<head>	文件开头
<title>	文件标题
<body>	文体

表 B-2 排版标记

标记名	功能
<!--注解-->	注释标记,在"<!--"与"-->"之间的内容不在浏览器中显示
\<p\>	段落标记
\<br\>	换行
\<hr\>	水平线
\<center\>	居中
\<div\>	区隔标记

表 B-3 字体标记

标记名	功能
\<b\>	加粗
\<i\>	斜体
\<u\>	加上底线
\<h1\>	一级标题标记
\<h2\>	二级标题标记
\<h3\>	三级标题标记
\<h4\>	四级标题标记
\<h5\>	五级标题标记
\<h6\>	六级标题标记
\<font\>	字体标记
\<big\>	令字体稍微加大
\<small\>	令字体稍微缩细
\<strike\>	为字体加删除线

表 B-4 清单标记

标记名	功能
\<ol\>	顺序清单,清单项目将以数字、字母顺序排列
\<ul\>	无序清单,清单项目将以圆点排列
\<li\>	清单项目,每一标记标示一项清单项目

表 B-5 表格标记

标记名	功能
\<table\>	表格标记
\<caption\>	表表标题
\<tr\>	表格列
\<td\>	表格栏
\<th\>	表格标头,但其内的字体会变粗

表 B-6　其他标记

标记名	功　能
< form >	表单
< img >	图像
< a >	链接
< link >	在当前 HTML 文档和其他资源之间建立超链接
< frameset >	框架总定义，取代 < body >
< frame >	子框架
< iframe >	浮动框架标记
< marquee >	建立一个滚动文本、图片区
< meta >	为浏览器、搜索引擎或其他程序提供 HTML 文档信息，必须在 Head 中使用
< object >	在 HTML 文档中插入一个对象
< style >	给页面设置显示样式
< span >	定义一个范围，不影响页面结构和显示

参考文献

[1] 耿超. ASP.NET 4.0 网站开发实例教程 [M]. 北京：清华大学出版社，2013.

[2] IMAR SPAANJAARS. ASP.NET 4 入门经典 [M]. 6 版. 刘伟琴，张格仙，译. 北京：清华大学出版社，2010.

[3] 崔连和. ASP.NET 网络程序设计 [M]. 北京：中国人民大学出版社，2010.

[4] 程琪，张白桦. ASP.NET 动态网站开发项目化教程 [M]. 北京：清华大学出版社，2010.

[5] 温涛. 东软.NET 软件工程师实例参考手册 [M]. 大连：大连理工大学出版社，2011.

[6] WALTHER S. ASP.NET 3.5 揭秘 [M]. 谭振林，等译. 北京：人民邮电出版社，2009.

[7] 程载和. ASP.NET 项目案例导航 [M]. 北京：高等教育出版社，2009.

[8] 刘培林，史荧中. C#可视化程序设计案例教程 [M]. 3 版. 北京：机械工业出版社，2014.